程序员书库

自己动手构建编程语言

如何设计编译器、解释器和DSL

[美] 克林顿 · L. 杰弗瑞（Clinton L. Jeffery）著

李刚强　文家焱　译

Build Your Own Programming Language

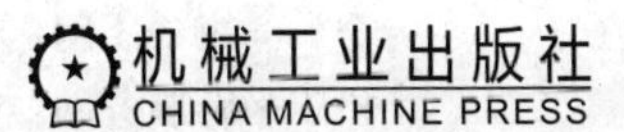

Clinton L. Jeffery：Build Your Own Programming Language（ISBN: 978-1-80020-480-5）.

北京市版权局著作权合同登记　图字：01-2022-3977 号。

图书在版编目（CIP）数据

自己动手构建编程语言：如何设计编译器、解释器和 DSL /（美）克林顿 · L. 杰弗瑞（Clinton L. Jeffery）著；李刚强，文家焱译. —北京：机械工业出版社，2023.10

（程序员书库）

书名原文：Build Your Own Programming Language

ISBN 978-7-111-73821-3

Ⅰ. ①自…　Ⅱ. ①克… ②李… ③文…　Ⅲ. ①程序语言 – 程序设计　Ⅳ. ① TP312

中国国家版本馆 CIP 数据核字（2023）第 171812 号

机械工业出版社（北京市百万庄大街 22 号　邮政编码 100037）

策划编辑：刘　锋　　责任编辑：刘　锋　冯润峰

责任校对：张亚楠　刘雅娜　陈立辉　　责任印制：刘　媛

涿州市京南印刷厂印刷

2023 年 12 月第 1 版第 1 次印刷

186mm × 240mm · 21.5 印张 · 467 千字

标准书号：ISBN　978-7-111-73821-3

定价：129.00 元

电话服务

客服电话：010-88361066

010-88379833

010-68326294

网络服务

机　工　官　网：www.cmpbook.com

机　工　官　博：weibo.com/cmp1952

金　书　网：www.golden-book.com

机工教育服务网：www.cmpedu.com

Preface 前 言

虽然高级语言的开发已经有 60 年之久，但编程仍然非常困难。随着硬件不断进步，软件规模不断增长，软件复杂性也越来越高，而编程语言的进步则要慢得多。为特定用途创建新的编程语言是解决这种软件危机的一剂良药。

本书主要研究如何构建一种新的编程语言。书中将介绍编程语言设计方面的主题，并重点介绍编程语言实现。本书的新颖之处在于将传统的编译器 – 编译器工具（Flex 和 BYACC）与两种更高级的实现语言融合。一种非常高级的语言（Unicon）可以像黄油一样穿透编译器的数据结构和算法，而另一种主流的现代语言（Java）则展示了如何在更典型的生产环境中实现相同的代码。

有一个问题直到我上完大学编译器课程都没有真正理解：编译器只是编程语言实现的一部分。更高级的语言，包括大多数较新的语言，都有一个运行时系统令其编译器相形见绌。为此，本书的后半部分花了大量篇幅介绍语言运行时系统的各个方面，从字节码解释器到垃圾收集。

本书读者对象

本书面向对发明编程语言或开发领域特定语言（Domain-Specific Languages，DSL）感兴趣的软件开发人员。学习编译器构建课程的计算机科学系学生也会发现这本书非常适合作为语言实现的实用指南，可以为理论教材提供有益补充。为了更好地学习本书知识，读者需要具有中等高级语言（如 Java 或 C++）知识水平和使用经验。

本书主要内容

第 1 章讨论何时构建编程语言，以及何时设计函数库或类库。本书的读者大都想构建自己的编程语言，或者想设计一个库。

第 2 章介绍如何精确定义编程语言，这在试图构建编程语言之前了解是非常重要的。这包括语言的词法和语法特征以及语义的设计，好的语言设计通常尽可能多地使用熟悉语法。

第 3 章介绍词法分析，包括正则表达式表示法及 UFlex 和 JFlex 这两个工具。最后，我们将打开源代码文件，逐个字符地读取源代码，并将其内容作为标记（token）流报告。标记流由源文件中的单个单词、运算符和标点符号组成。

第 4 章介绍语法分析，包括上下文无关文法及 iyacc 和 BYACC/J 这两个工具。我们将学习如何对文法中阻挠解析的问题进行调试，并在出现语法错误时报告错误。

第 5 章介绍语法树。解析过程的主要副产品是构造表示源代码逻辑结构的树数据结构，树节点的构造发生在对每个文法规则执行的语义动作中。

第 6 章展示如何构造符号表，将符号插入其中，并使用符号表来识别两种语义错误：未声明的变量和非法重新声明的变量。为了理解可执行代码中的变量引用，必须跟踪每个变量的范围和生存期。这是通过辅助语法树的表数据结构实现的。

第 7 章对类型检查进行介绍，这是大多数编程语言所面临的主要任务。类型检查可以在编译时或运行时执行。本章将介绍对基本类型（也称为原子或标量类型）进行静态编译时类型检查的常见情况。

第 8 章介绍如何对 Java Jzero 子集中的方法调用的数组、参数和返回类型执行类型检查。当涉及多个或复合类型时，类型检查更困难。当必须检查具有多个参数类型的函数，或者必须检查数组、哈希表、类实例或其他复合类型时，就是这种情况。

第 9 章通过剖析由 Jzero 语言编写的示例，介绍如何生成中间代码。在生成要执行的代码之前，大多数编译器将语法树转换为与机器无关的中间代码指令列表。此时将处理控制流的关键方面，例如标签和 `goto` 指令的生成。

第 10 章介绍将语法分析的信息合并到 IDE 中，以便解决提供语法着色和有关语法错误的视觉反馈时所遇到的一些挑战。编程语言不仅需要编译器或解释器，还需要开发人员的工具生态系统。这个生态系统包括调试器、联机帮助或集成开发环境。本章是一个来自 Unicon IDE 的 Unicon 示例。

第 11 章介绍设计指令集和执行字节码的解释器。一种新的领域特定语言可能包括主流 CPU 不直接支持的高级域编程特性。为许多语言生成代码的最实用方法是为抽象机器生成字节码，其指令集直接支持域，然后通过解释该指令集来执行程序。

第 12 章继续介绍代码生成，从第 9 章中提取中间代码，并从中生成字节码。从中间代码到字节码的转换需要遍历一个巨大的链表，将每个中间代码指令转换为一个或多个字节码指令。通常，这是一个遍历链表的循环，每个中间代码指令都有不同的代码块。

第 13 章介绍如何为 x64 生成本机代码。一些编程语言需要本机代码来实现其性能要求。本机代码生成类似于字节码生成，但更复杂，涉及寄存器分配和内存寻址模式。

第 14 章介绍如何通过添加内置在语言中的运算符和函数来支持领域特定语言的高级特性。领域特定语言的高级特性通常最好由内置在语言中的运算符和函数来表示，而不是库函数。添加内置函数可能会简化编程语言，提高其性能，或者在语言语义中产生副作用，否则这些副作用是很难或不可能产生的。本章中的示例来自 Unicon，因为它是比 Java 更高级的语言，并且在其内置函数中实现了更复杂的语义。

第 15 章介绍何时需要新的控制结构，并提供使用字符串扫描处理文本和渲染图形区域的控制结构示例。前几章中的通用代码涵盖了基本的条件和循环控制结构，但领域特定语言通常具有独特或自定义的语义，它们为此引入了新的控制结构。添加新的控制结构比添加新的函数或运算符要困难得多，但这使得领域特定语言值得开发，而不仅仅是编写类库。

第 16 章介绍两种方法，我们可以使用这些方法在编程语言中实现垃圾收集。内存管理是现代编程语言最重要的内容之一，所有很酷的编程语言都具有通过垃圾收集进行自动内存管理的特性。本章提供两种方法来在编程语言中实现垃圾收集，包括引用计数以及标记 – 清理垃圾收集。

第 17 章对书中介绍的主要内容进行回顾，并启发我们深思。本章主要介绍可以从这本书中学到的东西，并给出延伸阅读建议。

附录 A 介绍的 Unicon 编程语言知识是以帮助你理解书中使用的 Unicon 示例。大多数示例都同时给出了 Unicon 和 Java 版本，但 Unicon 版本通常更短，更容易阅读。

附录 B 提供部分章节知识要点。

如何充分利用这本书

为了学习、理解本书的内容，读者应该是 Java 或类似语言的中级或高级程序员，理解面向对象语言的 C 语言程序员也行。

本书涉及的软件 / 硬件	操作系统需求
Unicon 13.2、UFlex 和 iyacc	Windows、Linux
Java、JFlex 和 BYACC/J	Windows、Linux
GNU make	Windows、Linux

本书中关于安装和使用这些工具的说明稍微有些分散，以减少大家学习起步阶段的工作量，这些工具的安装和使用说明在第 3 章和第 5 章介绍。如果你在技术上很有天赋，那么你可以在 macOS 上运行所有这些工具，但在本书的写作过程中我并没有使用或测试过。

下载示例代码文件

你可以从 GitHub 下载本书的示例代码文件，网址为 `https://github.com/PacktPublishing/Build-Your-Own-Programming-Language`。代码更新将在 GitHub 存储库中进行。

彩色图像下载

我们还提供了一个PDF文件，其中包含本书中使用的屏幕截图和彩色图表，你可以从https://static.packt-cdn.com/downloads/9781800204805_ColorImages.pdf下载。

排版约定

本书中使用了如下排版约定。

文本中的代码：表示文本中的代码文字、数据库表名、文件夹名、文件名、文件扩展名、路径名、虚拟URL、用户输入和Twitter句柄。例如："必须将相应的Java `main()` 放在类中。"

代码块设置如下：

```
procedure main(argv)
   simple := simple()
   yyin := open(argv[1])
   while i := yylex() do
      write(yytext, ": ", i)
end
```

当我们希望提醒读者注意代码块的特定部分时，会将相关行或对象设置成粗体，例如：

```
MethodHeader: PUBLIC STATIC MethodReturnVal
                              MethodDeclarator {
  $$=j0.node("MethodHeader",1070,$3,$4);
  j0.calctype($$);
};
```

命令行输入或输出都写成如下形式：

```
$ jflex nnws.l
$ javac simple  .java yylex.java
```

粗体：表示我们在屏幕上看到的新术语、重要单词或短语。例如，菜单或对话框中的单词以**粗体**显示。例如："选择**管理**面板中的**系统信息**。"

> **提示或重要说明**
>
> 提示或重要说明以文本框显示。

Contents 目 录

第一部分 *Part 1*

编程语言导论

在本部分中，我们将创建基本的编程语言设计，并为其实现编译器的前端，包括一个词法分析器，以及一个从输入源文件构建语法树的解析器。

本部分包括以下几章：

- 第 1 章　为什么要构建另一种编程语言
- 第 2 章　编程语言设计
- 第 3 章　扫描源代码
- 第 4 章　解析
- 第 5 章　语法树

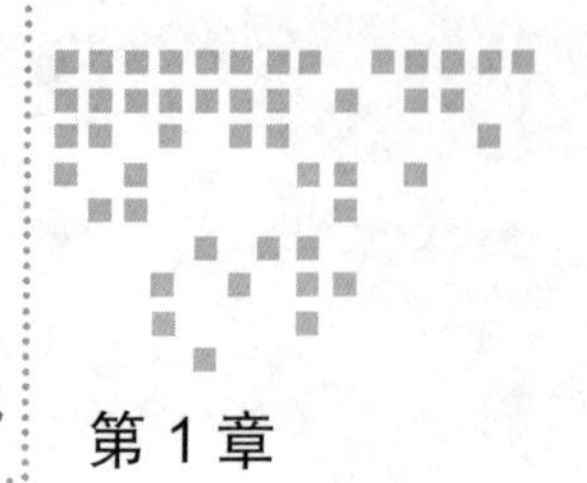

Chapter 1 第1章

为什么要构建另一种编程语言

本书将告诉读者如何建立个人所需的编程语言。但是，我们应该首先自问：为何想要这样做？对于少部分人来说，答案很简单：因为这个过程实在是非常有趣！但对其他人来说，建立一种编程语言实际上是一项艰巨的工作，在开始这项工作之前，我们需要明确这一点。我们是否具备构建编程语言所需的耐心和毅力呢？

本章将指出构建编程语言的一些很好的理由，并说明在什么情况下不必构建另一种编程语言。毕竟，为应用程序领域设计一个类库可能更简单，而且同样有效。然而，类库也有其缺点，有时只有构建一种新的编程语言才能起作用。

在本章之后，本书的其余部分内容将在仔细考虑之后，理所当然地认为你已经决定构建一种编程语言。在这种情况下，你应该确定编程语言的一些要求。

我们从编写动机开始。

1.1 编写自己的编程语言的动机

当然，一些编程语言发明者简直就是计算机科学的摇滚巨星，例如丹尼斯·里奇（Dennis Ritchie）和吉多·范罗苏姆（Guido van Rossum）！但在当时，成为计算机科学的摇滚明星反而更容易。很久以前，我从第二届编程语言史会议一位参会者那里听到了以下报告：**大家一致认为编程语言领域已经灭亡了，所有重要的语言都已经发明出来了！**这一论断直到一两年后 Java 问世才被证明是大错特错的。从那时起，诸如 Go 语言之类的编程语言出现了十几次。仅仅过了 60 年，就声称编程领域已经成熟，并且没有什么新发明可以让你成名，这是不明智的。

不过，名誉并不是构建编程语言的好理由，从编程语言发明中获得名誉或财富的机会微乎其微。只要有时间和兴趣，好奇和渴望知道事物的工作原理都是发明编程语言的正当理由，但也许需求和必要性才是要构建编程语言的最佳理由。

有些人需要构建一种新的编程语言或实现对现有编程语言的新突破，以面向新的处理器或与对手公司竞争。如果你不需要，那么也许你已经找到了可用于你想要开发的程序的某些领域的最佳语言（以及编译器或解释器），但它们缺失你的工作需要的一些关键功能，而正是这些缺失的功能给你带来了痛苦。每隔一段时间，就会有人提出需要一种全新的计算风格，新的编程范式需要新的编程语言来实现。

在讨论构建语言的动机时，我们先谈谈不同类型的语言、组织以及本书中使用的示例，这些主题都值得仔细介绍。

1.1.1　编程语言实现的类型

不论原因是什么，在构建一种编程语言之前，我们都应该选择能找到的最佳工具和技术来完成这项工作。在本书的案例中，我们将对这些工具和技术进行挑选。首先，在构建编程语言的过程中，有一个关于其语言实现的问题。编程语言学者喜欢吹嘘自己用了某种语言编写自己的语言，但这通常只是半真半假（或者有人非常不切实际，同时又在炫耀自己）。还有一个问题是要构建什么样的编程语言实现：

- 执行源代码本身的纯**解释器**。
- **本机编译器**和运行时系统，例如在C语言中。
- 将编程语言翻译成其他高级语言的**转译器**。
- 带有字节码机器的**字节码编译器**，例如Java。

第一个选项很有趣，但通常太慢；第二个选项是最好的，但通常太费力了，一个好的本机编译器可能需要很多人多年的努力。

虽然第三个选项是迄今为止最简单、可能也是最有趣的，并且我以前也成功地使用过它，然而如果这不是一个原型，那么这就是骗人的。当然，C++的第一个版本是一个转译器，但这让路给了编译器，而不仅仅是因为它有缺陷。奇怪的是，生成高级代码似乎使你的语言比其他选项更依赖于底层语言，而且语言是移动的目标。好的语言之所以消亡，是因为对其潜在的依赖性消失了，或者已对其造成了无法修复的损坏，这也许是大量小修改不断累积造成的。

本书选择了第四个选项：我们将构建一个附带一个字节码机器的字节码编译器，因为这是一种最佳选择，它在提供最大灵活性的同时仍提供了相当不错的性能。本章将介绍本机代码编译，适用于那些需要最快执行速度的用户。

字节码机器的概念非常古老，它因UCSD的Pascal实现和经典的SmallTalk-80实现等而闻名。随着Java的JVM的发布，它变得无处不在，甚至可以成为普通的英语词汇。字节码机器是由软件解释的抽象处理器，通常称为**虚拟机**（如Java**虚拟机**），而我不会使用这个术语，因为它有时也指使用真实硬件指令集的软件工具，例如，IBM的经典平台或更现代的工具，如Virtual Box。

字节码机器通常比一块硬件高出一点，因此字节码的实现提供了很大的灵活性，我们下面快速了解一下字节码。

1.1.2 组织字节码语言实现

在很大程度上，本书的结构遵循字节码编译器及其相应虚拟机的经典组织结构。这些组件定义如下，图 1.1 进行了总结：

- **词法分析器**（lexical analyzer）读入源代码字符并计算出它们是如何组合成一系列单词或标记的。
- **语法分析器**（syntax analyzer）读入一系列标记，并根据语言的文法判断该序列是否合法。如果标记的顺序是合法的，则会生成一个语法树。
- **语义分析器**（semantic analyzer）检查并确保所有正在使用的名称对于正使用它们的操作都是合法的。它检查它们的类型，以精准确认正在执行的操作。所有这些检查都会让语法树变得繁重，充满了关于变量声明位置和类型的额外信息。
- **中间代码生成器**（intermediate code generator）计算出所有变量的内存位置以及程序可能突然改变执行流程的所有位置，例如循环和函数调用。中间代码生成器将这些位置添加到语法树中，然后在构建与机器无关的中间代码指令列表之前遍历这棵更大的树。
- **最终代码生成器**（final code generator）将中间代码指令列表转换为文件格式的实际字节码，这样可以有效地加载和执行。

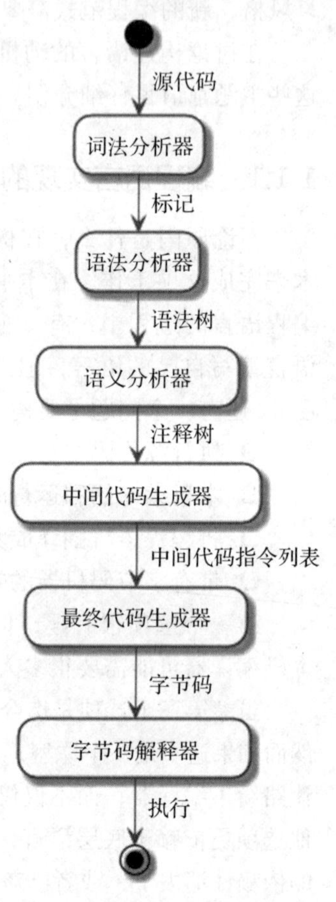

图 1.1　简单编程语言中的各阶段和数据流

在这个字节码虚拟机编译器的步骤之外，可以编写一个**字节码解释器**（bytecode interpreter）来加载和执行程序。这是一个包含 switch 语句的巨大循环，但对于外来编程语言来说，编译器可能没什么大不了的，所有的魔法都将发生在字节码解释器中，整个组织可以通过图 1.1 进行总结。

说明如何构建编程语言的字节码机器实现将需要大量代码。代码的呈现方式很重要，它将告诉我们需要了解的内容，以及我们可能会从本书中学到的许多内容。

1.1.3 示例中使用的语言

本书使用**并行翻译模型**同时提供两种编程语言的代码示例。第一种示例语言是 Java，因为这种语言无处不在。希望读者已了解 Java 或 C++ 语言，并能够以中等熟练程度阅读示例。第二种示例语言是作者自己的编程语言 Unicon。在阅读本书时，读者可以自己判断哪种语言更适合构建自己的编程语言。本书将以这两种语言提供尽可能多的示例，并且两种语言的示例将尽可能类似地编写，这样做有时对较小的语言有利。

Java 和 Unicon 之间的差异是显而易见的，但我们要使用的编译器构建工具在一定程度上降低了这种差异的重要性。我们将使用久负盛名的 Lex 和 YACC 的最新衍生工具来生成扫描器和解析器。通过坚持使用与原始 Lex 和 YACC 尽可能兼容的 Java 和 Unicon 工具，我们的编译器的前端在两种语言中几乎相同。Lex 和 YACC 是声明性编程语言，它们在比 Java 或 Unicon 更高的级别上解决了一些难题。

当使用 Java 和 Unicon 作为实现语言时，我们还需要讨论另外一种语言，即我们正在构建的示例语言。它是我们决定要构建的编程语言的一种替代。出于某种随意性，我将为此引入一种称为 Jzero 的语言。Niklaus Wirth 发明了一种称为 PL/0 的“玩具”语言（**编程语言** zero，该名称是 PL/1 语言名称的一个翻版），用于编译器构造课程。Jzero 是 Java 的一个很小的子集，用于类似的目的。我进行了非常仔细的查找（也就是说，我搜索了 Jzero，然后搜索了 Jzero 编译器），想看看是否有人已经发布了一个我们可以使用的 Jzero 定义，但我没有找到一个同名的定义，所以我们会在工作过程中进行弥补。

本书中的 Java 示例将使用 OpenJDK 14 进行测试。也许其他版本的 Java（如 OpenJDK 12 或 Oracle Java JDK）也会同样工作，也可能不会。可以从 `http://openjdk.java.net` 网站获得 OpenJDK。或者，如果在 Linux 操作系统上，则可能有一个可以安装的 OpenJDK 包。Java 示例所需的其他编程语言构造工具（JFlex 和 BYACC/J）将在后续章节中介绍。我们支持的 Java 实现可能更受运行这些语言构造工具的版本的限制。

本书中的 Unicon 示例使用 Unicon 版本 13.2，可从 `http://unicon.org` 中获得。要在 Windows 上安装 Unicon，必须下载 `.msi` 文件并运行安装程序。要在 Linux 上安装，通常要对源代码做 git 克隆，然后输入 make，还要把 unicon/bin 目录添加到 PATH 中，如下所示：

```
git clone git://git.code.sf.net/p/unicon/unicon
make
```

在了解了本书如何组织和要使用的实现语言之后，也许我们应该再看看什么时候需要设计编程语言，什么时候可以通过开发库来避免另外设计编程语言。

1.2 编程语言与库的差别

当库可以完成某项工作时，不用构造编程语言。库是迄今为止扩展现有编程语言以执行新任务的最常用方法。**库**是一组可以一起用于为某些硬件或软件技术编写应用程序的函数或类。很多编程语言（包括 C 和 Java）几乎完全围绕一组丰富的库设计。该语言本身非常简单和通用，而开发人员开发应用程序必须学习的大部分内容包括如何使用各种库。

库可以完成以下任务：

- 引入新的数据类型（类），并提供用于操作这些数据类型或类的公共函数（API）。
- 在一组硬件或操作系统调用的基础上提供抽象层。

库不能完成以下任务：

- 引入新的控制结构和语法，以支持新的应用程序域。
- 在现有编程语言运行系统中嵌入 / 支持新的语义。

库在某些方面做得很糟糕，正因为如此，我们可能最终更喜欢创建一种新的语言：

- 库往往会变得更大、更复杂，但不是必要的。
- 与编程语言相比，库的学习曲线更陡峭，文档更差。
- 库经常与其他库发生冲突，版本不兼容常常会破坏使用库的应用程序。

从库到编程语言有一条自然的进化路径。构建新语言以支持应用程序域的一种合理方法是首先制作或购买该应用程序域可用的最佳库。如果结果不支持所在领域，以及在简化为该领域编写程序的任务方面也不符合我们的要求，那么我们就有一个强有力的论据来证明：我们需要设计一种新的编程语言。

本书主要讲解构建自己的编程语言，而不仅仅是构建自己的库。事实证明，学习这些工具和技术在其他情况下是有用的。

1.3 适用于其他软件工程任务

从构建自己的编程语言中学到的工具和技术，可以应用于一系列其他软件工程任务。例如，可以将几乎所有文件或网络输入处理任务分为三类：

- 使用 XML 库读取 XML 数据。
- 使用 JSON 库读取 JSON 数据。
- 通过编写代码解析其原始格式来读取其他数据。

本书中介绍的技术在各种软件工程任务中都很有用，这也是其中第三类技术所遇到的问题。通常结构化数据必须以自定义文件格式读取。

对一些人来说，构建编程语言可能是迄今为止所写的最大的一个程序。如果坚持并完成了它，那么除了可以学到有关编译器和解释器的知识外，还会学到很多实用的软件工程技能，包括处理大型动态数据结构、软件测试和调试复杂问题等技能。

这已经足够鼓舞人心了！我们下面来谈谈首先应该做什么：确定语言需求。

1.4 建立语言需求

在确定我们所做的工作需要一种新的编程语言之后，我们需要花几分钟来确定需求。

这个工作是无止境的，取决于要求项目取得什么样的结果。聪明的语言发明者不会从头开始创建全新的语法。相反，他们根据对一种现有流行语言的一系列修改来定义它。许多伟大的编程语言（Lisp、Forth、SmallTalk 等）的成功都受到了极大的限制，因为它们的语法与主流语言有着不必要的差异。不过，我们的语言需求包括它看起来像什么，以及语法。

更重要的是，必须在编程语言需要超越现有语言的地方定义一组控制结构或语义。这有时会包括对现有语言及其库不能很好地服务的应用程序域的特殊支持。这种**领域特定语言**比较常见，整本书都在关注这个话题。我们这本书的目标是专注于为这种语言构建编译器和运行时系统的核心内容，与我们可能从事的领域无关。

在正常的软件工程过程中，需求分析将从功能性和非功能性需求的头脑风暴列表开始。编程语言的功能性需求涉及最终用户开发人员将如何与之交互的细节。我们可能无法预先考虑到语言的所有命令行选项，但可能知道是否需要交互性，或者单独的编译步骤是否可行。1.3 节中对解释器和编译器的讨论，以及本书对编译器的介绍，可能会让我们做出这样的选择，但是 Python 语言是一个提供完全交互式接口的语言示例，即便输入的源代码被压缩成字节码，而不是加以解释。

非功能性需求是编程语言必须实现的属性，这些属性并不直接与最终用户开发人员的交互相关。非功能性需求包括诸如必须在什么操作系统上运行、执行速度必须多快，或者用此编程语言编写的程序必须在多小的空间内运行等。

关于执行速度必须多快的非功能性需求通常决定了我们是可以以软件（字节码）机器为目标还是需要以本机代码为目标。本机代码执行速度更快，但也很难生成，而且它可能会使编程语言在运行时系统特性方面的灵活性大大降低。我们可以选择先以字节码为目标，然后再使用本机代码生成器。

我学习的第一种编程语言是 BASIC 解释器，其程序必须能够在大小为 4KB 的内存中运行。当时 BASIC 对内存占用的要求很低。但是，即使在现代，在一个默认情况下 Java 无法运行的平台上发现自己也是很常见的！例如，在为用户进程配置了内存限制的虚拟机上，我们可能不得不学习一些笨拙的命令行选项，来编译或运行哪怕是简单的 Java 程序。

许多需求分析过程也定义了一组用例，并要求开发者为这些用例写说明。发明一种编程语言不同于一般的软件工程项目，但直到发明编程语言的任务完成，我们都有可能把路走偏。用例是我们使用软件应用程序执行的任务。当软件应用程序是一种编程语言时，如果不小心，用例可能过于笼统而没有用处，例如“编写我的应用程序”以及“运行我的程序”。虽然这两种语言可能不是很有用，但我们可能需要考虑编程语言实现是否必须支持程序开发、调试、单独编译和链接，以及与外部语言和库的集成等。虽然这些话题大多超出了本书的讨论范围，但我们将对其中一些话题展开讨论。

由于本书将介绍一种名为 Jzero 的语言的实现，这里提出一些对它的要求。其中一些要求可能看起来很随意。如果你不清楚其中某个要求来自哪里，那么答案是它要么来自我们的源灵感语言（plzero），要么来自以前教授编译器构造的经验：

- Jzero应该是Java的严格子集。所有合法的Jzero程序同样应该是合法的Java程序。这个要求允许我们在调试语言实现时检查测试程序的行为。
- Jzero应该提供足够的特性，以允许实现有趣的计算，包括 `if` 语句、`while` 循环、多个函数以及参数。
- Jzero应该支持一些数据类型，包括布尔、整数、数组和字符串类型。如后文所述，它只需要支持其功能的一个子集。这些类型足以允许将感兴趣的值输入和输出到计算中。
- Jzero应该发出适当的错误消息，显示文件名和行号，包括试图使用Jzero中没有的Java特性的消息。我们需要合理的错误消息来调试该实现。
- Jzero应该运行得足够快，以达到实用目的。这个要求很模糊，但它意味着我们不会只做一个纯粹的解释器。纯粹的解释器是一种非常复古的东西，让人想起20世纪60年代和70年代。
- Jzero应该尽可能简单，这样我们才能对其加以解释。不幸的是，这排除了生成本机代码甚至JVM字节码的可能性。我们将提供自己的简单字节码机器。

随着过程进一步发展，可能还会出现更多的需求，但这也只是一个开始。由于受时间和空间的限制，也许这个需求列表对于还没考虑到的内容，而不是已经考虑到的内容更为重要。通过比较，以下是一些要创建Unicon编程语言的需求。

1.5 案例研究：Unicon语言的创建需求

本书将使用Unicon编程语言（`http://unicon.org`），以对运行用例进行深入分析。我们可以从合理的问题开始，例如，为什么要建立Unicon，其需求是什么？我们将先从第二个问题开始，再回过头来研究第一个问题。

Unicon源于亚利桑那大学的早期编程语言Icon（`http://www.cs.arizona.edu/icon/`）。Icon具有特别好的字符串和列表处理能力，用于构建许多脚本和实用程序，以及编程语言和自然语言处理项目。Icon奇妙的内置数据类型，包括列表和（哈希）表等结构类型，影响了很多编程语言，包括Python和Unicon。Icon的标志性研究贡献是将目标导向评估（包括回溯和生成器自动恢复）集成到熟悉的主流语法中。Unicon需求#1是保留Icon的这些好特性。

1.5.1 Unicon需求#1——保留人们对Icon的喜爱

人们喜爱Icon的原因之一是它的表达式语义，包括其生成器和目标导向的评估。Icon还提供了一组丰富的内置函数和数据类型，以便许多甚至大多数程序都可以直接从源代码中加以理解。Unicon的目标是与Icon达到100%兼容。最终我们实现了99%的兼容性。

从保留最好的代码到确保旧源代码能永久运行的终极目标，这是一个小小的飞跃，对于 Unicon 来说，我们将其包含在需求 #1 中。与大多数现代语言相比，我们对向后兼容性提出了更严格的要求。虽然 C 语言向后兼容性很好，但 C++、Java、Python 和 Perl 都偏离了向后兼容，这些语言在某些情况下已经远远不能与它们辉煌时期编写的程序兼容。对于 Unicon，可能 99% 的 Icon 程序未经修改就可以作为 Unicon 程序运行了。

Icon 旨在最大限度地提高程序员在小型项目中的工作效率，一个典型的 Icon 程序通常不到 1000 行代码，但 Icon 是非常高级的，只需几百行代码就可以进行大量计算！尽管如此，计算机的功能仍然越来越强大，用户希望编写比 Icon 能处理的程序大得多的程序。Unicon 需求 #2 是支持大型项目中的编程。

1.5.2　Unicon 需求 #2——支持大型大数据项目

出于这个原因，Unicon 将类和包添加到 Icon 中，就像 C++ 将它们添加到 C 中一样。Unicon 还改进了字节码目标文件格式，并对编译器和运行时系统进行了大量可扩展性改进。它还改进了 Icon 的现有实现，使其在许多特定项目中更具可扩展性，例如采用更复杂的哈希函数。

Icon 专为本地文件的经典 UNIX 管道过滤器文本处理而设计。随着时间的推移，越来越多的人想要使用它编写程序，并且需要更复杂的输入 / 输出形式，例如网络或图形。Unicon 需求 #3 是在与内置类型相同的高级别上支持无处不在的输入 / 输出功能。

1.5.3　Unicon 需求 #3——现代应用程序的高级输入 / 输出

对 I/O 的支持是一个不断变化的目标。首先，I/O 包括网络设施、GDBM 和 ODBC 数据库设施，以配合 Icon 的 2D 图形。然后，I/O 发展到包括各种流行的互联网协议和 3D 图形。I/O 功能的定义无处不在，且在不断发展，并因平台而异，例如，触摸输入、手势或着色器编程功能在目前也已经相当普遍。

毫无疑问，尽管 CPU 速度和内存大小提高了数十亿倍，但 1970 年的编程和 2020 年的编程之间的最大区别在于，我们希望现代应用程序能使用各种复杂的 I/O 形式：图形、网络以及数据库等。库可以提供对此类 I/O 的访问，但语言级别的支持可以使其更简单、更直观。

Icon 具有很强的可移植性，可以在 Amigas、Crays、带有 EBCDIC 字符集的 IBM 大型机上运行。尽管这些年来平台发生了难以置信的变化，但 Unicon 仍然保留了 Icon 最大限度地提高源代码可移植性的目标：用 Unicon 编写的代码应该可以继续在各种重要的计算机平台上未经修改即可运行。由此产生了 Unicon 需求 #4。

1.5.4　Unicon 需求 #4——提供可实现的通用系统接口

长期以来，可移植性意味着程序在 PC、Mac 和 UNIX 工作站上都可以运行。不过，计算平台是不断变化的。一段时间以来，Unicon 不断得到改进，以支持 Android 和 iOS，如果将它们也算作计算平台的话。它们是否算计算平台，取决于它们是否足够开放并用于一般计算任务，而它们确实能够如此使用。

所有针对需求 #3 实现的丰富的 I/O 设施必须设计为可以跨所有主要平台进行多平台移植。

在说明 Unicon 的一些主要需求之后，下面是对这个问题的回答：为什么要构建 Unicon？其中一个答案是，在学习了许多语言之后，我们得出结论：Icon 的生成器和目标导向的评估（需求 #1）是我们从现在开始编写程序时想要的特性。但在允许我们在编程语言中添加 2D 图形后，Icon 的发明者不再愿意考虑进一步添加特性，以满足需求 #2 和需求 #3。另一个答案则是公众对新功能的需求，包括志愿者合作伙伴和一些财政支持，于是，Unicon 诞生了。

1.6 本章小结

在本章中，我们了解了创建编程语言和创建库 API 以支持想要做的各种类型的计算之间的区别，并讨论了几种不同形式的编程语言实现。本章让我们思考想创建的编程语言的功能性和非功能性需求。这些需求可能不同于针对 Java 子集 Jzero 和 Unicon 编程语言（这两种语言我们已经做过介绍）讨论的示例需求。

需求非常重要，因为需求允许我们设定目标并定义成功的样子。对于编程语言实现，这些需求包括呈现给使用该编程语言的程序员的外观和感觉，以及必须运行的硬件和软件平台要求。编程语言给程序员的外观和感觉既包括回答有关如何调用语言实现和用该语言编写的程序的一些外部问题，也包括回答诸如冗长性等内部问题：程序员必须编写多少代码才能完成给定的计算任务？

你可能热衷于直接进入编码部分。尽管初级程序员经典的“边做边改”思维可能对处理脚本和短程序有用，但对于编程语言这样大的软件，我们首先需要更多的规划。在本章介绍语言需求之后，第 2 章将构建一个详细的实现计划，本书的剩余部分将主要介绍实现过程。

1.7 思考题

1. 编写生成 C 代码的语言转译器而不是生成汇编程序或本机代码的传统编译器有什么优点和缺点？
2. 传统编译器中有哪些主要组件或阶段？
3. 根据你的经验，编程比想象中更难的痛点是什么？哪些新的编程语言特性可以解决这些痛点？
4. 为新的编程语言编写一组功能需求。

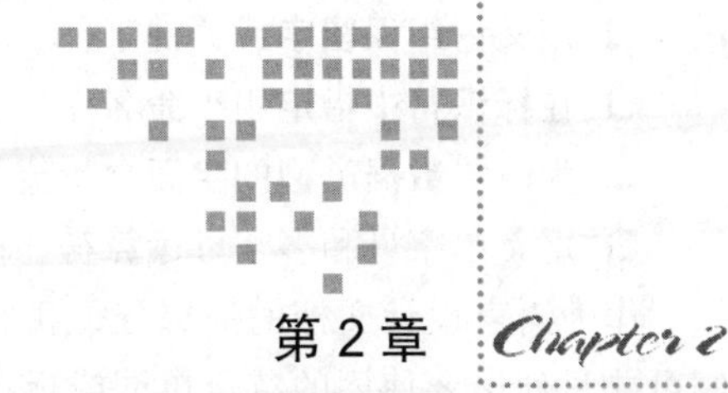

第 2 章 Chapter 2

编程语言设计

在尝试构建编程语言之前，需要对其进行定义，包括语言表面可见特征的设计、构词和标点符号等的基本规则。这还包括称为**语法**的更高级的规则，用于控制较大程序块（如表达式、语句、函数和程序等）中单词和标点的数量和顺序。语言设计还包括潜在的含义设计，也称为**语义**。

编程语言设计通常从编写示例代码开始，以对语言的每个重要特性进行说明，并显示每个结构可能的变化。以批判的眼光编写示例，有助于发现并修复最初想法中可能存在的许多不一致之处。从这些示例中，我们可以捕获每种语言构造遵循的一般规则。写下描述这些规则的语句，并利用示例加以理解。注意，有两种规则。一是**词法规则**，用于控制哪些字符必须一起处理，例如单词或多字符运算符，如 ++。二是**语法规则**，是用于组合多个单词或标点符号以形成更大含义的规则。在自然语言中语法规则通常是指短语、句子或段落，而在编程语言中，它们可能是表达式、语句、函数或程序。

一旦想出了希望编程语言要做的事情的例子，并且写下了词法和语法规则，那么就需要写一份语言设计文档（或语言规范），可以在编写语言时加以参考。后面可以对语言设计文档加以更改，但首先有一个工作计划是有帮助的。

让我们从确定编程语言的源代码中允许的基本元素开始。

2.1 确定要编程语言提供的单词和标点符号的类型

编程语言有几种不同的单词和标点符号。在自然语言中，单词按词类进行归类：如名词、动词、形容词等。通过执行以下操作，可以构建与发明的编程语言的词类相对应的类别：

- ❑ 定义一组**保留字**或关键字。
- ❑ 在**标识符**中指定用于命名变量、函数和常量的字符。
- ❑ 为内置数据类型的**字面**常量值创建格式。
- ❑ 定义单字母和多字母**运算符**和标点符号。

作为语言设计文档的一部分，我们应该对每个类别各写出精确描述。某些情况下，我们可能只列出要使用的特定单词或标点符号，但在其他情况下，需要使用模式或其他方式来传达该类别中允许和不允许的内容。

对于保留字，目前只需列出一个清单。对于事物的名称，精确的描述必须包括一些细节，例如名称中允许使用哪些非字母符号。例如，在 Java 中，名称必须以字母开头，其后可跟字母和数字，允许使用下划线，并等同于字母。在其他语言中，名称间允许使用连字符，所以 a、- 和 b 三个符号可以组成一个有效的名字，而不是表示 a 减去 b 的结果。当一个精确的描述失败时，一套完整的示例就足够了。

常量值，也称**词法**，是词法分析器中令人惊讶的主要复杂性来源。在 Java 中尝试精确描述实数与之类似：Java 有两种不同的实数——浮点型和双精度型，但是直到描述最后，它们看起来都一样，其中用一个可选的字母 f（或 F）或 d（或 D）区分浮点和双精度。在此之前，实数必须有小数点（.）部分或指数（e 或 E）部分，或两者都有。如果有小数点，则小数点右侧必须至少有一个数字。如果是指数部分，则必须带一个字符 e（或 E），后跟一个（可选的）减号和一个或多个数字。更糟糕的是，Java 有一种奇怪的十六进制实数常量格式，很少有程序员听说过，这种格式由 0x 或 0X 后跟十六进制格式的数字组成，附带可选小数和强制指数部分，由 p（或 P）组成，后跟十进制格式的数字。

描述运算符和标点符号通常与列出保留字一样容易，主要区别之一是，运算符通常具有**优先级**规则，并且需要事先确定。例如，在数字处理中，乘法运算符的优先级几乎总是高于加法运算符，因此 x+y*z 将首先计算 y 和 z 的乘积，再与 x 相加。在大多数编程语言中，至少有 3～5 个优先级，许多流行的主流语言都有 13～20 个必须仔细考虑的优先级。图 2.1 展示了 Java 的运算符优先级表，我们在 Jzero 中也需要它。

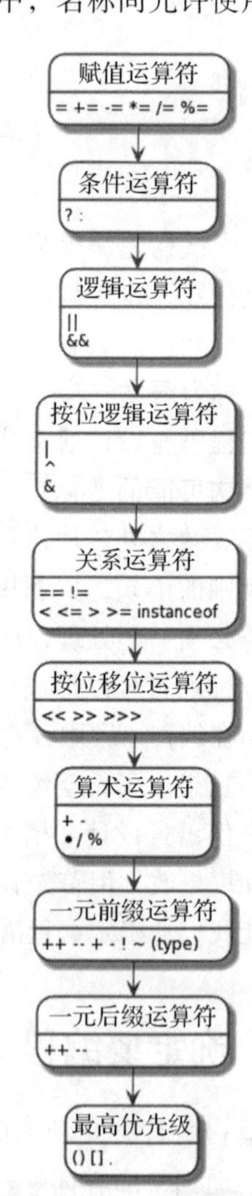

图 2.1 Java 的运算符优先级表

由图 2.1 看出，Java 有许多种运算符，尽管我们对此做了简化，但这些运算符仍可分为 10 个优先级。在拟构建的编程语言中，也许我们只想要较少的优先级，但如果想要构建真正的编程语言，则必须解决运算符优先级问题。

类似的问题还有运算符**结合性**。在许多编程语言中，大多数运算符都是从左到右进行结合，但也有一些奇怪的运算符是从右到左进行结合。例如，x+y+z 表达式等价于 (x+y)+z，但 x=y=0 表达式等价于 x=(y=0)。

最小惊吓原则适用于运算符优先级和结合性，也适于确定在语言中首先要使用什么运算符。如果定义算术运算符并赋予它们奇怪的优先级或结合性，则人们将立马拒绝使用这样的语言。如果在语言中碰巧引入了新的、可能是领域特定的数据类型，那么我们可以对新的运算符更自由地定义运算符优先级和结合性。

一旦确定了语言中的单个单词和标点符号应该是什么，就可以用自己的方法构建更大的结构。这是从词法分析到语法的过渡。语法很重要，因为在语法这一层次，代码已变得足够强大，足以对要执行的计算做出明确规定。我们将在后面的章节中对此进行更详细的讨论，但在设计阶段，至少应该考虑程序员将如何指定控制流、声明数据和构建整个程序。首先，必须对控制流做出规划。

2.2 指定控制流

控制流（control flow）用于显示程序的执行在源代码中是如何从一个地方到另一个地方进行的。大多数控制流结构对于接受过主流编程语言培训的程序员来说应该是熟悉的。语言设计中的创新可以集中在那些新颖或领域特定的功能上，这些功能促使我们首先创造一种新的语言，要让这些新的东西尽可能地简单，尽可能地可读。设想一下这些新特性应该如何融入编程语言的其余部分中。

每种语言都必须有条件和循环语句，几乎所有的语言都使用 if 和 while 来启动。我们可以为 if 表达式发明自己的特殊语法，但除非有充分的理由，否则就是自找麻烦。以下是一些 Java 的控制流结构，这些控制流结构当然也用在 Jzero 中：

```
if (e) s;
if (e) s1 else s2;
while (e) s;
for (…) s;
```

下面是一些其他不太常见的 Java 控制流结构，这些控制流结构不在 Jzero 中使用，如果它们在程序中出现，那么 Jzero 编译器应该如何处理它们？

```
switch (e) { … }
do s while (e);
```

在默认情况下，编译器将输出一条神秘消息，但该消息并不能对问题做出很好的解释。在接下来的两章中，我们将让 Jzero 编译器输出一条关于它不支持的 Java 特性的错误消息。

除了条件和循环结构外，语言往往有一种用于调用子程序然后返回的语法。所有这些无所不在的控制流形式都是底层机器改变指令执行位置能力的抽象——GOTO 指令。如果你能发明一个更好的符号来改变指令执行的位置，那就非常了不起。

在设计许多甚至大多控制流结构时，最大的争议似乎是判断它们是否是**语句**，或者我们是否应该让其成为可以在周围表达式中产生结果的**表达式**。我使用过一些语言，其 if 表达式的结果很有用，C、C++、Java 等甚至配备有专门的运算符：i?t:e 条件运算符。我还没有发现有哪种语言在使 while 循环成为表达式方面做了一些有意义的事情。它们所做的最好的事情就是用 while 表达式生成一个结果，告诉我们循环是否由于达到测试条件或由于内部中断而退出。

如果读者正在从头开始发明一种新的语言，一个大问题是能否想出一些新的控制结构来支持预期应用领域。例如，假设你想让你的编程语言能够为股票市场的投资提供特殊支持，如果你能想出一个更好的控制结构来明确该领域中的条件、约束或迭代操作，那么你可能会给那些在这个领域用你的语言编码的人提供竞争优势。程序必须在底层的冯诺伊曼指令集上运行，所以必须弄清楚：如何将这样的新控制结构映射到布尔逻辑测试和 GOTO 指令等指令上。

无论决定支持什么样的控制流结构，你都需要设计一套数据类型和声明，以反映该语言中程序将要处理的信息。

2.3 决定支持哪种数据

在编程语言设计中，至少有三类数据类型需要考虑。第一种是**原子的**、标量基本类型，通常称为一级数据类型（或原子类型）。第二种是**复合**类型或容器类型，它们能够保存和组织值集。第三种（可能是第一类或第二类的变体）是应用程序的**领域特定**类型。我们应该为每个类型都制定计划。

2.3.1 原子类型

原子类型（automic type）通常内置且不可改变。我们一般不会修改现有值，只会使用运算符创建新值。几乎所有语言都有内置的数字类型和一些附加类型，布尔型、空类型和字符串类型是常见的原子类型，也有其他类型。

原子类型的复杂程度由我们自己决定：对整数和实数各需要多少不同的机器表示？有些语言可能对所有数字类型只提供单一类型表示，而其他语言可能为整数提供 5 或 10（或更多）种类型表示，而为实数提供其他几种类型表示。添加的类型表示越多，我们给使用自己编程语言的程序员的灵活性和控制力就越大，但后续的任务实现会更加困难。

同样，不可能设计某一种单字符串类型，使其能够适用于所有经常使用字符串的应用程序。但是编程语言到底要支持多少种字符串类型？一个极端情况是根本不设字符串类型，只有一个短整数类型，用于保存字符。这样的编程语言将字符串视为复合类型的一部分。

也许字符串只由库支持，而不由语言支持。字符串可以是数组或对象，但即使这样的语言通常也有一些特殊的词法规则，允许字符串常量值以某种用双引号引起来的字符序列给出。另一个极端的情况是，考虑到字符串在许多应用程序域中的重要性，你可能希望编程语言为各种字符集（ASCII、UTF8 等）提供多种字符串类型支持，这些字符集带有辅助类型（字符集）和特殊类型，以及支持分析和构造字符串的控制结构。许多流行语言将字符串视为特殊的原子类型。

如果你特别聪明，那么你可能会决定只支持集中内置数字和字符串类型，但要使这些类型尽可能灵活。在这些经典内置类型以及可能包含的许多其他数据类型中使用多少种数据类型上，现有的流行编程语言有很大差异。一旦超越整数、实数和字符串，唯一通用的类型就是容器类型，它允许对数据结构进行组装。

对于原子类型，必须考虑以下几个方面的问题：

- 它们有多少值？
- 如何在源代码中将所有这些值编码为字面常量？
- 哪些类型的运算符或内置函数使用操作数或参数？

上述第一个问题将告诉我们该类型在内存中需要多少个字节。第二个和第三个问题与确定语言中的单词和标点符号的规则问题有关。第三个问题可以让我们了解，在代码生成器或运行时系统方面，需要多少努力才能在编程语言中实现对该类型的支持。原子类型的实现可能更费力，也可能更省力，但它们很少像复合类型那样复杂。我们接下来将讨论这些问题。

2.3.2 复合类型

复合类型（composite type）是帮助使用者以协同的方式分配和访问多个值的类型。语言对复合类型的语法支持程度有很大差异，有些只支持数组和结构体，并要求程序员在它们之上构建自己的所有数据结构。许多语言通过库提供所有高级复合类型。然而，有些高级语言提供了许多复杂的数据结构作为内置的语法支持。

最常见的复合类型是**数组**（array）类型，通过它可以访问多个使用整数索引的数字连续范围的值。你所设计的编程语言中可能有些类型也像数组。你的主要设计考虑应该是索引如何指定，以及如何处理组合值大小的变化？大多数流行的编程语言使用从零开始的索引。从零开始的数组索引简化了索引计算，对于语言发明家来说更容易实现，但它们对初级程序员不够直观。有些语言使用从 1 开始的索引，或允许程序员指定从非 0 的任意整数开始的索引范围。

关于大小的变化，一些编程语言不允许更改其数组类型的大小，而一些编程语言让程序员跳过障碍，在现有数组的基础上建立不同大小的新数组。其他语言的设计使往数组中添加值成为一种廉价且简单的操作。没有一种设计适合所有应用程序，因此设计者只需选择某一种设计并承担相应的后果，可以设计支持用于不同目的的多个类似数组的数据类型，或者设计一种非常聪明的类型，以很好地覆盖一系列常见应用。

除了数组以外，我们还应该思考需要哪些复合类型。几乎所有的语言都支持记录、结构体或类类型，这些类型用于将几种不同类型的值组合在一起，从而通过名为字段的名称来加以访问。在这方面做得越精细，编程语言实现就越复杂。如果编程语言中需要适当的面向对象设计，就得在编写编译器和运行时代码上花费更多时间。作为一名设计者，我的提醒是设计要保持简单；但作为一名程序员，我不想使用一个没有以某种形式赋予我所需能力的编程语言。

你可能还会想到其他几种对编程语言至关重要的复合类型，这非常好，特别是如果它们要在我们关心的程序中大量使用的话。这里将讨论另一种具有很大实用价值的复合类型：（hash）**表**数据类型，通常也称为**字典**类型。表类型介于数组和记录类型之间。我们使用名称来对值进行索引，这些名称是不固定的，程序运行时可以计算新名称。任何省略这种类型的现代编程语言都只会把许多潜在用户排除在外。为此，你的编程语言可能希望包含表类型。复合类型是用于组装复杂数据结构的万能“胶水”，但还是应该考虑某些专用类型（原子类型或复合类型）是否属于我们的编程语言，以支持难以用通用编程语言编写的应用程序。

2.3.3 领域特定类型

除了决定包含的任何通用原子类型和复合类型之外，你还应该考虑编程语言是否要针对特定领域。如果需要，则编程语言应该包含哪些数据类型来支持该领域？在提供**领域特定**类型和控制结构的领域特定语言以及与 C++ 和 Java 等通用语言之间，存在一种平滑连续体类型，用于为所有内容提供库。类库功能强大，但对某些应用程序和领域，库方法可能比专门为支持该领域而设计的语言更复杂，更容易出错。例如，Java 和 C++ 有字符串类，但和具有用于字符串处理的特殊用途类型和控制结构的语言相比，它们不支持复杂的文本处理应用程序。除了数据类型，编程语言设计需要了解程序是如何组装和组织的。

2.4 整体程序结构

在查看整个程序结构时，我们需要查看整个程序是如何组织起来并串在一起的，以及语言中有多少嵌套的争议性问题。这似乎是事后诸葛亮，但程序中源代码是如何及从何处开始执行的呢？在基于 C 的语言中，程序从执行 `main()` 函数开始，而在脚本语言中，源代码边读取边执行，不需要 `main()` 函数来启动程序。

程序结构还有一个基本问题：整个程序是否必须在一起翻译并运行？或者不同的包、类或函数可以单独编译，然后链接和（/或）加载在一起以运行程序？编程语言设计者可以通过将内容构建到语言中（如果它是内置的，则无须计算链接），要求在运行时显示整个程序的源代码，或者通过为一些大家熟知的标准执行格式生成代码，而其他链接器和加载程序将完成所有的艰苦工作，从而避免实现的复杂性。

也许与整个程序结构相关的最大设计问题是哪些结构可以嵌套，以及对嵌套有什么限制（如果有的话）。这也许最好用一个例子来说明。在1970年左右，有两种晦涩难懂的语言被发明出来，它们为争夺统治地位而斗争，这两种语言就是C和Pascal。

C语言几乎是单调的，其程序就是一组链接在一起的函数，只能嵌套相对较小（细粒度）的东西：表达式、语句，以及结构体定义。

相比之下，Pascal语言更具嵌套性和递归性。程序中几乎所有东西都可以嵌套，尤其是函数也能以任意深度嵌入函数中。虽然C和Pascal在能力上大致相当，并且Pascal稍微领先一步，但是目前大学课程中最受欢迎的还是C语言。C最终还是赢了。为什么？事实证明嵌套增加了复杂性，同时没有增加多少价值，或者仅仅是因为美国公司的实力。

由于C的胜出，许多现代主流语言（我在这里特别想提到C++和Java）开始时几乎都是单调的。但随着时间的推移，它们增加了越来越多的嵌套。为什么？要么是因为隐藏的Pascal信徒潜伏在我们中间，要么是随着时间的推移，编程语言自然会添加一些新特性，直到它们被过度设计。Niklaus Wirth看到了这一点问题，主张回归软件的小型化和简单化，但言者谆谆，听者藐藐，他的编程语言中也支持很多嵌套。

作为一名初露头角的编程语言设计师，你的实际收获是什么？不要过度设计你的语言！要让编程语言尽可能简单！除非需要嵌套，否则不要嵌套。同时，作为一名语言实现者，要准备好在每次忽略这些建议时付出代价！

现在，是时候从Jzero和Unicon中提取出一些语言设计示例了。对于Jzero，因为它是Java的子集，所以设计要么是一个大空心汉堡㊀（我们使用Java的设计），要么是一种**减法**设计：我们从Java中提取了什么来设计Jzero，它看起来怎么样，感觉如何？尽管早期曾试图维持其小型化，但Java仍是一种大型语言。作为设计的一部分，如果我们列出在Java中但不在Jzero中的所有内容，则那会是一个很长的列表。

由于页面空间和编程时间的限制，Jzero必须是非常小的Java子集。然而，在理想情况下，输入到Jzero的任何合法Java程序都不应令人尴尬地失效：它要么能编译并正确运行，要么输出有用的解释性消息，解释用到了Jzero不支持的Java特性。这样你就可以很容易地理解本书其余部分的内容，并有助于将你的期望保持在可控的范围内，2.5节将介绍更多细节，包括哪些特性在Jzero中得到支持，哪些没有。

2.5 完成Jzero语言的定义

在第1章中，我们列出了要在本书中实现的语言需求，2.4节详细介绍了它的一些设计注意事项。出于参考目的，本节将描述其他有关Jzero语言的详细信息。如果你发现本节内容与我们的Jzero编译器存在差异，那么它就是错误。编程语言设计者使用更精确的正规工

㊀ 表示空洞无料。——译者注

具来定义语言的各个方面。词法和语法规则的描述将在接下来的两章中介绍。本节将从外行人的角度来介绍语言。

Jzero 程序由单个文件中的单个类组成。该类可能包含多个方法和变量，但它们都是静态的。Jzero 程序通过执行名 `main()` 的静态方法开始程序，这是必需的。Jzero 中允许的语句类型有赋值语句、if 语句、while 语句和 void 调用方法。Jzero 程序中允许的表达式类型包括算术、关系和布尔逻辑运算符，以及非 void 方法的调用。

Jzero 语言支持 `boolean`、`char`、`int` 和 `long` 原子类型，`int` 和 `long` 类型是等效的 64 位整数数据类型。

Jzero 还支持数组。Jzero 支持内置的 `String`、`InputStream` 和 `PrintStream` 类类型及其常用功能的子集。Jzero 的 `String` 类型支持连接运算符和 `charAt()`、`equals()`、`length()` 和 `substring(b,e)` 方法。还支持 `String` 类的 `valueOf()` 静态方法。Jzero 的 `InputStream` 类型支持 `read()` 和 `close()` 方法，而 Jzero 的 `PrintStream` 类型则支持 `print()`、`println()`、`close()` 方法。

据此，我们定义了用类似 Java 的“玩具”编程语言编写基本计算所需的最小特性，这不是一种真正的编程语言。但是，我们鼓励读者使用本书中没有的其他特性来扩展 Jzero 语言，例如浮点类型和具有非静态类变量的用户定义类。现在让我们了解一下，通过查看 Unicon 语言的某一个方面，我们可以观察到关于该语言设计的哪些内容。

2.6 案例研究：设计 Unicon 中的图形功能

Unicon 的图形是具体的，而且尺寸非同小可。Unicon 的图形功能设计是一个真实的例子，它说明了编程语言设计中的一些权衡问题。大多数编程语言没有内置图形（或任何内置输入 / 输出），而是将所有输入 / 输出转移到库。C 语言当然可以通过库执行输入 / 输出，Unicon 的图形功能基于 C 语言的 API。当涉及库时，许多语言都模拟它们在语言（如 C 或 Java）中实现时使用的较低级语言，并试图提供该实现语言的 API 的精确 1 : 1 转换。当高级语言在较低级别的语言上实现时，此方法提供了对底层 API 的完全访问，代价是在使用这些功能时降低了语言级别。

由于诸多原因，这不是 Unicon 的选择。Unicon 的图形是通过两个独立的大型语言添加的：首先是 2D，然后是 3D，我们将分别考虑它们的设计问题。2.6.1 节将介绍 Unicon 的 2D 图形功能。

2.6.1 2D 图形语言支持

Unicon 的 2D 功能是 Icon 语言冻结前引入的最后一个主要功能。该设计强调语言语法的表面变化最小化，因为大的变化是不允许的。唯一的表面变化是添加了几个表示图形系统中特殊值的关键字。Unicon 中的关键字看起来像变量名，其前面带一个“&”符号。

添加 19 个关键字有助于让图形功能看起来属于以字符串处理为主的语言。你可能会惊讶地发现，图形输出是其中最简单的部分功能，除了 1 个关键字外，其他所有关键字都用于简化输入鼠标和键盘事件的处理。其中 10 个关键字是整数常量，表示鼠标和调整大小事件，都是为了方便。其他 8 个关键字保存有关上一次接收到的事件的关键信息，这些信息将自动更新每个事件。由于使用了整数常量，因此不需要头文件或输入文件来处理鼠标输入。最后也是主要添加的关键字是 `&window`，此关键字用于保存默认窗口，所有图形工具功能都使用此窗口，除非有其他窗口值作为可选的第一个参数提供。

将 Unicon 的图形与底层提供的图形进行比较很有趣，当时底层 C API 是 X Window 系统的高级工具箱（如 HP 和 Athena 组件）及其低级库 Xlib。由于不可预测行为，以及当时缺少可移植性，在原型设计阶段，高级工具箱是被拒绝的。Xlib 库满足行为和可移植性要求，但它是一个巨大的 API，需要许多新类型（例如，在几十种不同类型的事件中，每一种都有一个单独的结构体类型），并具有近千种功能。

学习 Xlib，然后使用 Xlib 在 C 语言中编写图形应用程序是一个非常复杂的任务，而 Unicon 的目标是提供一个非常高级易用的功能。在支持易用性方面，影响最大的是 BASIC。在 20 世纪 70 年代使用 TRS-80 Extended Color BASIC 图形比任何 X Window C API 都更容易。对于非常高级的语言，如 Unicon，其图形功能应与 Extended Color BASIC 提供的功能一样简单，并且功能更强。保持人们对 Icon 的喜爱的要求延伸到尝试使图形功能的设计与 Icon 现有的输入和输出特性保持一致。Icon 的输入和输出特性包括文件类型、内置函数和执行输入 / 输出的运算符。

Unicon 引入了一个新类型（“window”）作为 Icon 的文件数据类型的子类型（和扩展）。窗口是对底层 C 代码中十几个不同 Xlib 实体的抽象。但对于 Unicon 程序员来说，创建和绘制窗口只是一件单一、简单的事情。所有现有的对文件执行（文本）输入 / 输出操作都是在窗口中完成的，然后再添加图形输出功能。图 2.2 展示了一些底层 C 库实体，它们都被合并到一个 Unicon 窗口中。这个结构的叶子因平台而异，平台差异在 Unicon 层级已经被最小化或消除。

Unicon 中的图形输出功能由一组大约 40 个内置函数组成，用于绘制不同的图形图元。输出的具体内容取决于许多状态片段，例如窗口内容的内存副本，以及字体和填充样式等抽象资源。对这些资源并没有引入新类型，而是生成了一个 API，以使用字符串值对这些资源进行操作。一个窗口最终定义为两个底层实体的配对，即画布和上下文。

控制结构和程序组织是设计编程语言特性时要考虑的主要因素。当用 C 语言编写图形程序时，程序员立即被告知（迫使）放弃对库控制流，而把他们的程序组织成一组**回调**（callback）函数。这些函数是在各种事件发生时被调用的函数。围绕这种组织方式重写 Unicon 的字节码解释器是不可能的。字节码解释器需要拥有指令的获取 – 解码 – 执行周期的控制流。一个多线程的解决方案是可以实现的，但线程在此时会带来不可接受的可移植性和性能挑战。相反，当应用程序控制流要求时，一个单线程的、非阻塞的解决方案是通过让字节码解释器不时检查图形事件，处理常见的任务（如从后台存储中重新绘制窗口的内容，并将其他内容排队，以便稍后在 Unicon 语言层面上处理）实现的。

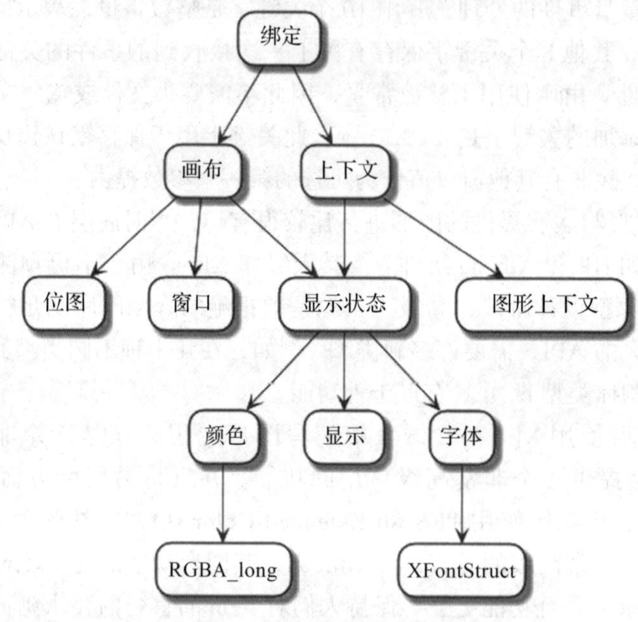

图 2.2 Unicon 窗口的内部结构

本来有可能将二维图形的 C 库原封不动地传播到 Unicon 语言中，但这达不到语言水平和易用性的目标。相反，我们引入了一个高级数据类型，由 C 库状态的多个基础部分组成。支持该高级数据类型的维护和更新操作从语言运行时系统中的多个地方嵌入，以用严格的库方法不可能实现的方式实现了一个易于使用的窗口类型。

若干年后，3D 图形硬件支持变得无处不在，2.6.2 节将介绍在语言中添加 3D 图形的设计问题。

2.6.2 添加 3D 图形支持

2D 图形作为文件数据类型的扩展被添加到 Unicon 中，支持正常的文件操作，如打开、关闭、读取和写入。事实上，有一个相关的窗口，可以对单个像素和其他图元进行操作，这是一个额外的好处。同样，3D 图形也可以作为 2D 图形的扩展而加入。3D 窗口支持 3D 空间中的相机观察图元，但它们以与 2D 功能相同的符号支持相同的属性（如颜色和字体），并提供同样的输入能力和额外的图形输出图元。

在内部，便携式 3D 图形需要 OpenGL 实现。OpenGL 实现带来了很大的改变，并最终回到源语言级别。如果 2D 窗口的画布是一个可以读写的 2D 像素数组，3D 窗口的画布则包含一个**显示列表**，用于重新绘制每个帧。OpenGL 提供了一个显示列表，本质上是一种性能提升，它将图元捆绑在一起以供重用。在 Unicon 中，可以直接操纵此显示列表，以产生各种动画效果，例如改变单个图元的大小或位置。显示列表对于**细节层次**（Level Of Detail，LOD）管理和 3D 对象选择都至关重要。其中添加了一个控制结构来标记和命名显示列表的部分，然后可以启用 / 禁用或选择这些部分以供用户输入。底层 OpenGL 库并不直接支持 3D 对象选择，它是为用户提供与 3D 场景中的对象交互的能力的基础。

由于空间限制，对 Unicon 图形设施设计的讨论必然不完整。最初，在 2D 设施中，设计是有意的极简主义。虽然结果是成功的，但我们可以认为 Unicon 的图形功能应该做得更多。例如，可以发明新的控制结构，进一步简化图形输出操作。无论如何，本设计讨论应该让你对在现有语言中添加对新域的支持时可能出现的问题有了一些了解。

2.7 本章小结

本章介绍了编程语言设计中涉及的一些问题。我们从本章学到的技能包括：与词法设计有关的技能；为数据类型创建字面常量符号；语法设计，包括运算符和控制结构；程序组织，包括决定如何和在何处开始执行程序。

应该在设计上花费一些时间的原因是，我们需要深入了解编程语言的功能，以实现编程语言设计。如果在程序执行时才考虑设计决策问题，那么产生的错误将使我们付出更大的代价。设计语言包括设计其支持的数据类型、声明变量和引入值的方法、控制结构，以及支持不同粒度级别（从单个指令到整个程序）的代码所需的语法。一旦完成了上述工作，或者你自认为已经完成了上述工作，就到编码的时候了，这需要从读取源代码的函数开始，这是第 3 章要介绍的重点。

2.8 思考题

1. 一些编程语言根本没有保留字，但大多数流行的主流编程语言都有几十种保留字，在编程语言中添加更多保留字的优点和缺点是什么？
2. 字面常量的词法规则通常是编程语言词法规范中最大、最复杂的规则。请举例说明，即使是像整数这样简单的文字，也会对语言实现者造成很大的挑战。
3. 分号通常用于终止语句或分隔相邻语句。在许多流行的主流语言中，最常见的语法错误是缺少分号，请提出一种或多种在编程语言语法中不需要分号的方法。
4. 许多编程语言将程序执行定义为从 `main()` 开始。Java 的不同之处在于，尽管程序执行要从 `main()` 开始，但每个类都可以有自己的 `main()` 过程，这是启动程序的另一种方式，这种奇怪的项目组织有什么价值？
5. 大多数语言都具有自动、预打开的文件，用于标准输入、标准输出和错误消息。然而，在现代计算机上，这些预先打开的文件可能没有有意义的映射，程序更可能利用预先打开的标准网络、数据库或图形窗口资源。请解释这一主张是否可行以及原因。

Chapter 3 第3章

扫描源代码

所有程序设计语言的第一步都是阅读输入源代码的单个字符，并找出哪些字符是分组的。在自然语言中，这一操作包括查看相邻的字母序列，以对单词进行识别。在编程语言中，字符簇构成了变量名、保留字，或者有时是运算符或标点符号，长达好几个字符。本章介绍如何使用**模式匹配**（pattern matching）来读入源代码，并从原始字符中识别单词和标点符号。

我们首先看看会在程序源代码中出现的几种单词。正如自然语言读者必须区分名词、动词和形容词才能理解句子的意思一样，编程语言也必须对源代码中的每个实体进行分类，以确定对其如何进行解释。

3.1 技术需求

本章将带我们了解一些真正的技术内容。为了继续学习，我们需要安装一些工具并下载相关示例。我们首先看看如何安装 UFlex 和 JFlex。

UFlex 随 Unicon 提供，不需要单独安装，可以从我们的 GitHub 存储库下载本书的示例：`https://github.com/PacktPublishing/Build-Your-Own-Programming-Language/tree/master/ch3`。

对于 JFlex，可以从以下站点下载 `JFlex-1.8.2.tar.gz`（或更新版本）：`http://jflex.de/download.html`，使用前必须使用 `gunzip` 将其从 `.tar.gz` 文件解压缩到 `.tar` 文件，然后使用 `tar` 从 `.tar` 文件中提取文件，它将自己解压缩到运行 `tar` 的目录下的一个子目录中。

例如，我们会看到一个名为 `jflex-1.8.2` 的子目录。在 Windows 中，无论在哪里提取 JFlex，如果不将 JFlex 安装移到 C:\JFLEX 中，则需要将 JFLEX_HOME 环境变量设置为安装位置，并且需要将 JFLEX\bin 目录添加到 PATH 中。在 Linux 中，可以将 JFLEX/bin 目录添加到 PATH，或创建指向 JFLEX\bin\jflex 脚本的符号链接。

如果在 /home/myname/jflex-1.8.2 中解压缩了 JFlex，则可以利用符号链接将 /usr/bin/jflex 链接到未标记的 /home/myname/jflx-1.8.2/bin/jflix 脚本：

```
sudo ln -s /home/myname/jflex-1.8.2/bin/jflex /usr/bin/jflex
```

之前我们曾提到过，本书中给出的示例将以**并行翻译模型**同时给出对应的 Unicon 和 Java 两种代码。由于印刷出版的纸质书上没有足够的水平空间来并排显示代码，只能先给出 Unicon 示例，然后给出相应的 Java 代码。通常，Unicon 代码构成了很好的可执行**伪代码**，我们可以将其作为 Java 实现的基础。已经安装了 UFlex 和 JFlex 并准备就绪后，是时候讨论我们要做什么了。我们接下来将讨论如何使用 UFlex 和 JFlex 生成扫描代码。

3.2 词素、词类和标记

当相邻字符是语言中同一实体的一部分时，编程语言读取字符并将它们组合在一起。这可以是多字符名称或保留字、常量值或运算符。

词素（lexeme）是构成单个实体的相邻字符组成的字符串。大多数标点符号除了将标点符号之前的内容与之后的内容分开之外，标点符号本身就是词素。大多数语言中一般都将空格和制表符等空白字符忽略，而不是用其来分隔词素。几乎所有语言都有一种在源代码中包含注释的方法，注释通常被视为空白：它们可以是分隔两个词素的边界，但后续处理时一般将它们忽略。

每个词素都有一个**词类**（lexical category）。在自然语言中，词类称为词性。在编程语言实现中，词类通常由整数代码表示，并用于解析。变量名是一种词法类别，常数至少是一个类别；在大多数语言中，不同的常量数据类型一般都有几个不同的类别。大多数保留字都有自己的类别，因为它们允许在语法中的不同位置出现。在许多文法中，它们都会被赋予自己的类别。类似地，操作符通常每个优先级对应至少一个类别，通常每个操作符都会被赋予自己的类别。典型的编程语言一般有 50～100 种不同的词类，这远远超过了大多数自然语言的词性数量。

编程语言为其在源代码中读取的每个词素收集的信息束称为**标记**（token)，标记通常由结构体（指针）或对象表示，标记中的字段包括以下内容：

- 词素（字符串）
- 类别（整数）
- 文件名（字符串）
- 行号（整数）
- 其他可能的数据

在阅读有关编程语言的书籍时，我们可能会发现一些作者根据上下文以各种方式使用单词 token 来表示字符串（词素）、整数类别或结构体 / 对象（标记）。掌握了词素、词类和标记的词汇表之后，是时候看看用于将词素集与其对应类别关联起来的符号了，这种表示模式称为正则表达式（regular expression）。

3.3 正则表达式

正则表达式是使用最广泛的符号，用于描述文件中的符号模式，它们由简单易懂的规则制定而成。编写一组正则表达式的符号集称为**字母表**（alphabet）。简单起见，在本书中，我们采用可以容纳在一个字节中的 0～255 的值作为读取源代码的字母表。

在某些输入符号集中，正则表达式是使用输入符号集成员和一些正则表达式运算符描述字符串集的模式。由于它们是集合的表示法，因此在讨论正则表达式可以匹配的字符串集时，诸如**成员**（member）、**联合**（union）或**交集**（intersection）之类的术语适用。我们将看看本节中构建正则表达式的规则，然后举例说明。

3.3.1 正则表达式规则

本书只介绍示例所需的运算符，这是一个实用的正则表达式超集，理论书上说这些都是需要的；在某些工具的正则表达式实现中找到一个实用的操作符子集是不必要的，我们考虑的正则表达式规则如下。在第一条规则之后，其余规则都是关于将正则表达式链接到更大的正则表达式中，以匹配更复杂的模式。

- 所有符号，例如字母表中的 `a`，都是与该符号匹配的正则表达式。通常的转义符号，即反斜杠（\），将运算符转换为与该运算符符号匹配的正则表达式。
- 括号可以放在正则表达式（`r`）的周围，以便它与 `r` 匹配。这用于强制括号内正则表达式运算符的运算符**优先级**，以便它们先于括号外的运算符之前应用。
- 当两个正则表达式 `re1` 和 `re2` 相邻时，生成的模式 `re1 re2` 匹配左正则表达式的一个实例，后跟右正则表达式的实例。这称为**连接**（concatenation），这不好分辨，因为它是一个不可见或隐式运算符。用双引号括起来的字符串是连接的字符序列。正则表达式运算符不适用于双引号内，可以使用常见的转义序列，例如 `\n`。
- 任何两个正则表达式 `re1` 和 `re2`，都可以在它们之间放置一个竖线，以创建一个正则表达式 `re1|re2`，该表达式匹配 `re1` 或 `re2` 的一个成员。这称为**交替**（alternation），因为它允许其中任何一种选择。方括号作为由多条竖线运算符组成的正则表达式的特殊速记：`[abcd]` 相当于 `(a|b|c|d)`，可以是 `a`、`b`、`c` 或 `d`。该速记可以进一步缩写：`[a-d]` 等价于 `(a|b|c|d)`，而 `[^abcd]` 正则表达式表示不是其中任何一个字符：不是 `a`、`b`、`c` 或 `d`。速记中一个有用的速记是句点字符或点（.），句点或点字符 . 等同于 `[^\n]`，可以匹配除换行符外的任何字符。

- ❑ 任何正则表达式 re 后面都可以跟星号或星运算符，re* 正则表达式可以匹配零次或多次出现的 re 正则表达式。类似地，任何正则表达式都可以后跟加号，re+ 正则表达式可以匹配该正则表达式的一个或多个表示。

这些规则不涉及正则表达式或注释中的空白，编程语言中会有这些东西出现，但它们不是正则表达式符号的一部分！如果需要将一个空格字符作为要匹配的模式的一部分，可以对其进行转义，或者将其放在双引号或方括号中。但是，如果在正则表达式中出现未转义的注释或空格，这就是一个错误。如果想在正则表达式中插入空格以使其更美观，那么我们不能这样做。如果需要写注释来说明正则表达式的作用，那么也许是因为该正则表达式太复杂了。正则表达式应该是自记录的，如果你没有做到这一点，那么应该停止正在做的事情，回家，重新思考你的生活。

尽管我们主张保持简单，但上述正则表达式的五条简单规则可以以各种方式组合起来，形成与非常有趣的字符串集相匹配的强大模式。在深入研究使用它们的词法分析器生成器工具之前，我们看一些额外的示例，这些示例将使你了解可以由正则表达式描述的某些类型的模式。

3.3.2 正则表达式示例

一旦你编写过几个正则表达式后，正则表达式的编写就很容易了，以下是一些可以在扫描器中使用的工具：

- ❑ while 正则表达式是五个正则表达式的连接，每个字母对应一个表达式：w、h、i、l 和 e，它匹配 "while" 字符串。
- ❑ "+"|"-"|"*"|"/" 正则表达式匹配长度为 1 的字符串，该字符串为加号、减号、星号或斜线。双引号用于确保这些标点符号都不会被解释为正则表达式运算符。我们可以指定与 [+\-*/] 相同的模式。正则表达式运算符（如 *）不能用于方括号内，但在方括号内具有特殊解释的字符（如减号或插入符号）必须用反斜杠转义。
- ❑ [0-9]*\.[0-9]* 正则表达式可以匹配零个或多个数字，后跟句点，再后跟零个或更多数字。必须对 . 点转义，否则它会表示新行以外的任何字符。虽然这种模式看起来很适合匹配实数，但它允许点在两边没有任何数字！我们必须做得比这更好。我们承认，说 ([0-9]+\.[0-9]*|[0-9]*.[0-9]+) 很麻烦，但至少我们知道它是某种类型的数字。
- ❑ "\""[^"]*"\"" 正则表达式匹配双引号字符，后跟零个或多个非双引号字符的字符，再后跟双引号字符。这是一个典型的新手尝试使用字符串常量的正则表达式。其中一个问题是它允许在字符串中间换行，这是大多数编程语言不允许的。其另一个问题是，它无法将双引号字符放入字符串常量中。大多数编程语言都会提供一种允许这种情况的转义机制。一旦开始允许使用转义字符，必须写得非常具体。如果只允许转义双引号，那么可以写 "\""([^"\\\n]|\\")*"\""。C 语言等更通用

的语言版本的写法更接近于："\""([^\\\n]|\\([abfnrtv\\?0]|[0-7][0-7][0-7]|x[0-9a-fA-F][0-9a-fA-F]))*"\""。

上述示例表明，正则表达式的范围从小到大。正则表达式有点像只写符号——读起来比写起来难。有时，如果正则表达式出错，那么重写它可能比尝试调试它更容易。在了解了几个正则表达式示例之后，是时候学习使用正则表达式表示法生成用于读取源代码的扫描器（即 UFlex 和 JFlex）了。

3.4 使用 UFlex 和 JFlex

对于一名渴求知晓所有操作是如何工作的程序员来说，手工编写扫描器是一项有趣的任务，但从事这项任务会减慢对编程语言的开发速度，并让以后维护代码变得更加困难。

但也有消息。基于 UNIX 衍生的一系列工具 lex，能够接收正则表达式并生成扫描器函数。与 lex 兼容的工具可用于大多数流行的编程语言。对于 C/C++，最广泛使用的兼容 lex 工具是 Flex，参见 https://github.com/westes/flex/。对于 Unicon，我们使用 UFlex，对于 Java，可以使用 JFlex。这些工具可能有各种自定义扩展，但只要它们与 UNIX lex 兼容，我们就可以将它们作为一种编写扫描器的语言来使用。本书的示例经过精心设计，因此我们甚至可以在 Unicon 和 Java 实现中使用相同的 lex 输入！

lex 的输入文件通常称为 lex 规范。它们使用 .l 扩展，由几个部分组成，各部分之间由 %% 分隔。本书一般参考 lex 规范，这意味着输入文件可以提供给 UFlex 或 JFlex，在大多数情况下，这些文件也可以是 C Flex 的有效输入。

lex 规范中有一些必需的部分：**头部分**（即定义段），后跟**正则表达式部分**（即规则段），以及可选**帮助函数部分**。JFlex 在其前面还添加了一个**导入部分**，因为 Java 需要导入，并且需要在类之前和类定义内部分别插入代码片段。lex 头部分和正则表达式部分是我们现在需要了解的部分，我们将从查看头部分开始。

3.4.1 头部分

大多数 Flex 工具都有可以在头部分启用的选项，它们各不相同，如果要使用这些选项，那么我们将只覆盖它们。你还可以在其中包含一些宿主语言代码，例如变量声明。但头部分的主要目的是为可能在正则表达式部分中多次出现的模式定义命名的宏。在 lex 中，这些命名的宏位于以下形式的单行：

```
name        regex
```

在宏行中，名称 name 由一列字母组成，然后是一个或多个空格，然后是正则表达式。再往后，在正则表达式部分，可以用花括号将这些宏替换为正则表达式，例如 {name}。新手在使用 lex 宏时最常见的错误是尝试在正则表达式后插入注释，所以不要这样做。lex

语言不支持对这些行的注释，并会尝试将我们编写的内容解释为正则表达式的一部分。

在一种史诗般的悲剧中，JFlex 打破了兼容性，要求在名称后加上等号，因此其宏如下：

```
name=regex
```

这种与 UNIX `lex` 的不兼容情况很恶劣，以至于我们宁愿选择在本书中不使用宏。在编写这本书的时候，我们对 UFlex 进行了扩展，以处理任意语法的宏。如果添加一些宏，那么这里的代码可以缩短一点。如果没有宏，则头部分将几乎为空，因此让我们看看 `lex` 规范的下一部分：正则表达式部分。

3.4.2 正则表达式部分

`lex` 规范的主要部分是正则表达式部分。每个正则表达式都是在一行中单独给出的，后面跟一些空格，再往后面是由一些宿主语言代码（在我们的例子中是 Unicon 或 Java）组成的**语义动作**，在匹配正则表达式时执行。注意，虽然每个正则表达式规则都从新行开始，但如果语义动作使用大括号以通常的方式将语句块括起来，则可以跨越多行源代码，并且 `lex` 在找到匹配的右大括号之前不会开始查找下一个正则表达式。

新手在正则表达式部分最常犯的错误是，试图在正则表达式中插入空格或注释，以提高正则表达式的可读性。不要这样做！如果在正则表达式中间插入一个空格，则会在空格处切断正则表达式，并且正则表达式的其余部分会被解释为是宿主语言代码。在执行此操作时，我们可能会收到一些晦涩难懂的错误消息。

在运行 UNIX `lex`（这是一个 C 工具）时，会生成一个名为 `yylex()` 的函数，为每个词素返回一个整数类别，全局变量是用其他有用的信息位设置的。一个名为 `yychar` 的整数保存类别；一个名为 `yytext` 的字符串保存与该词素匹配的字符；`yyleng` 告诉我们匹配的字符数。lex 工具与这个公共接口的兼容性各不相同，有些工具会自动计算更多。例如，JFlex 必须在类中生成扫描器，并使用成员函数提供 `yytext()`。编程语言当然需要更多的细节，比如标记来自哪个行号。现在，是时候通过示例来实现我们的目标了。

3.4.3 编写一个简单的源代码扫描器

本示例允许我们检查是否可以运行 UFlex 和 JFlex，这也有助于确定它们的使用在多大程度上相似或不同。示例扫描器只识别名称、数字和空白，`nnws.l` 文件名用于 `lex` 规范。阅读源代码时必须做的第一件事是识别每个词素的类别并返回找到的类别。此示例为名称返回 1，为数字返回 2，空白则丢弃，其他结果都是错误的。

本节给出了 `nnws.l` 的主体。本规范将作为 UFlex 和 JFlex 的输入。由于 UFlex 的语义动作是 Unicon 代码，而 JFlex 的则是 Java 代码，这需要一些约束。语义动作在 Java 和 Unicon 中都是合法的，但前提是语义动作代码要限制于各自的通用语法，例如方法调用和 `return` 表达式。如果你开始插入 `if` 语句或赋值以及特定于语言的语法，那么该 `lex` 规范将特定于某一种宿主语言，如 Unicon 或 Java。

即使是这个简短的例子，也包含了一些我们今后所需的想法。例子中前两行是 JFlex 所用的，UFlex 会忽略掉。初始 %% 结束一个空的 JFlex 导入部分。第二行是头部分中的 JFlex 选项。默认情况下，JFlex 的 yylex() 函数返回 Yytoken 类型的对象，其中 %int 选项告诉函数返回类型是整数。以 %% 开头的第三行直接转换到正则表达式部分。在第四行，[a-zA-Z]+ 正则表达式匹配一个或多个小写或大写字母，它匹配尽可能多的相邻字母，并返回 1。作为副产品，匹配的字符将存储在 yytext 变量中。在第五行，[0-9]+ 正则表达式匹配尽可能多的数字，并返回 2。在第六行，空白与 [\t\r\n]+ 正则表达式匹配，但没有返回任何内容。扫描器继续扫描输入文件，通过匹配其他正则表达式来查找下一个词素。你可能知道除方括号内的实际空格字符之外的其他空格，但 \t 是制表符，\r 是回车符，\n 是换行符。第七行上的点（.）将匹配除换行符之外的任何字符，因此它将捕获任何先前模式中不允许的源代码，并在出现那种情况时报告错误。在名为 simple 的对象中，使用名为 lexErr() 的函数报告词法错误。我们将需要额外的错误报告函数，用于编译器的后期阶段：

```
%%
%int
%%
[a-zA-Z]+  { return 1; }
[0-9]+     { return 2; }
[ \t\r\n]+ {  }
.          { simple.lexErr("unrecognized character"); }
```

这个规范将从 main() 函数中调用，对输入中的每个单词调用一次。每次调用时，它都会将当前输入与所有正则表达式（在本例中为四个）进行匹配，并选择与当前位置最匹配的正则表达式。如果有两个或多个正则表达式匹配时间最长，则以规范文件中最先出现的正则表达式为准。

各种 lex 工具都可以提供默认的 main() 函数，但要实现完全控制，就要编写自己的函数。编写我们自己的 main() 函数也允许示例演示如何从单独的文件调用 yylex()。在第 4 章中，我们需要这样做才能将扫描器连接到解析器。

main() 函数因语言而异。Unicon 有一个 C++ 风格的程序组织模型，其中 main() 可从任何对象外部启动，而 Java 将 main() 函数人为地放置在类内部，但除此之外，Unicon 和 Java 代码有许多相似之处。

main() 函数的 Unicon 实现可以放在带 Unicon 扩展名 .icn 的任何文件名中，暂且称之为 simple.icn。这个文件包含一个 main() 过程和一个名为 simple 的**单例**类（singleton class），该单例类只有 nnws.l 中才需要。我们以 Java 兼容的方式调用了词法错误帮助函数，即 simple.lexErr()。main() 过程通过将类构造函数替换为该函数返回的单个实例来初始化 simple 类。然后 main() 从第一个命令行参数中指定的名称打开输入文件，yyin 通知词法分析器要读取哪个文件，然后代码在循环中调用 yylex()，直到扫描器完成任务：

```
procedure main(argv)
   simple := simple()
   yyin := open(argv[1])
   while i := yylex() do
      write(yytext, ": ", i)
end
class simple()
   method lexErr(s)
      stop(s, ": ", yytext)
   end
end
```

Java 中对应的 main() 函数必须放在类中，文件名必须是带 .java 扩展名的类名，我们称其为 simple.java。它通过创建 FileReader 对象打开文件，并在创建词法分析器 Yylex 对象时将 FileReader 作为参数传递，从而将文件附加到词法分析器。因为 FileReader 可能失败，所以我们必须声明 main() 函数抛出异常。在构造了 Yylex 对象之后，main() 会反复调用 yylex()，直到输入耗尽，由 Yylex 所示。YYEOF 哨兵值由 yylex() 返回。尽管 main() 有点长，但它的功能与 Unicon 版本相同。与 Unicon 的 simple 类相比，Java 版本有一个额外的代理方法 yytext()，因此 simple 类中的其他函数或编译器的其余部分可以访问最新的词素字符串，无须引用 simple 类的 Yylex 对象：

```
import java.io.FileReader;
public class simple {
   static Yylex lex;
   public static void main(String argv[]) throws Exception{
      lex = new Yylex(new FileReader(argv[0]));
      int i;
      while ((i=lex.yylex()) != Ylex.YYEOF)
         System.out.println("token "+ i +": "+ yytext());
   }
   public static String yytext() {
      return lex.yytext();
   }
   public static void lexErr(String s) {
      System.err.println(s + ": " + yytext());
      System.exit(1);
   }
}
```

这个简单的扫描器主要用于向我们展示扫描器各个部分是如何连接在一起的，为了确保扫描器按预期运行，我们最好运行它并找出原因。

3.4.4 运行扫描器

我们在以下（普通）输入文件 dorrie.in 上运行此示例，如下所示：

```
Dorrie is 1 fine puppy
```

在运行此程序之前，必须首先对其编译。UFlex 和 JFlex 写出了 Unicon 和 Java 代码，这些代码是从编程语言的其余部分调用的，这些语言是用 Unicon 或 Java 编写的。如果读者想知道编译是什么样子的，可以参见图 3.1。在 Unicon 中，两个源文件被编译并链接到一个名为 simple 的可执行文件中。在 Java 中，这两个文件被编译成单独的 .class 文件，我们可以在 main() 方法所在的 simple.class 文件上运行 Java，并根据需要加载其他文件。

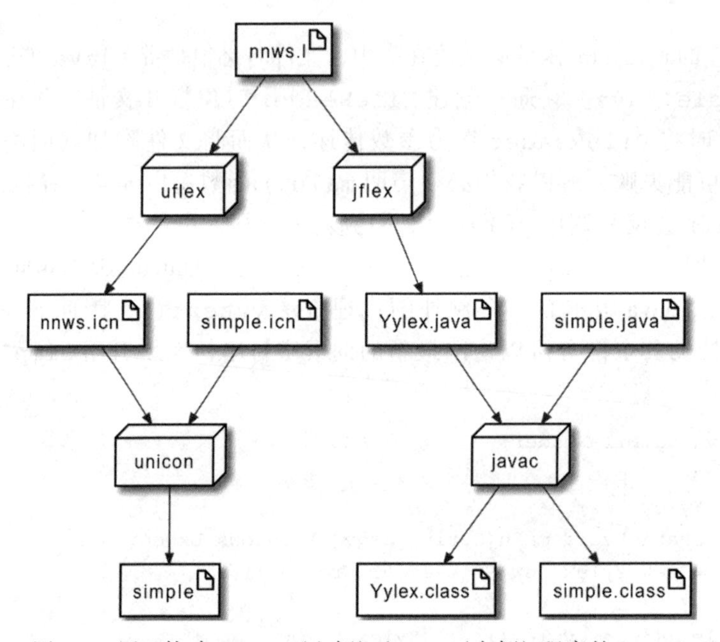

图 3.1 用于构建 Unicon（左侧）和 Java（右侧）程序的 nnws.l

我们可以选择在左侧 Unicon 中或右侧 Java 中编译和运行程序，如下所示：

```
uflex nnws.l                 jflex nnws.l
unicon simple nnws           javac simple.java Yylex.java
simple dorrie.in             java simple dorrie.in
```

在以上任一实现中，我们应该看到的输出是如下所示的五行：

```
token 1: Dorrie
token 1: is
token 2: 1
token 1: fine
token 1: puppy
```

目前为止，该示例所做的只是使用正则表达式对输入字符组进行分类，以确定会找到什么样的词素，为了让编译器的其余部分工作，我们需要更多关于该词素的信息，并将其存储在标记中。

3.4.5　标记和词法属性

除了识别每个词素所属的整数类别之外，编程语言实现的其余部分（在我们的例子中是编译器）还要求扫描器分配一个对象，该对象包含关于词素的所有信息，此对象称为**标记**。

标记包含一组命名字段，称为**词法属性**（或词性）。对给定词素必须记录的信息取决于语言及其实现。标记通常会跟踪整数类别、字符串词素和标记所在的行号。在真正的编译器中，标记通常包含关于词素的附加信息，可能包括文件名和词素所在行中的列。对于某些标记（字面常量），编译器或解释器可能会发现存储该文字表示的实际二进制值很有用。

读者可能想知道为什么要对标记来自哪一列的信息进行保存。给定词素文本，通常只需查看源代码行就可以很容易地看到它，大多数编译器只在报告错误时给出行号，而不是列号。事实上，并非所有编程语言实现都在其词法属性中存储列号。但是，当同一个标记在一行中出现多次时，这样做可以消除错误的歧义，例如：错误是在第一个右括号处，还是在第三个右括号处？可以让人来猜，但也可以记录下额外的细节。是否选择存储列信息，也可能取决于词法分析器是否会在 IDE 中使用，当出现错误时，该 IDE 会将光标跳转到有问题的标记。如果这是你的需求，那么你就需要存储的列信息，以确保该功能是正确的。

3.4.6　扩展示例以构造标记

每个对 `yylex()` 的调用都会分配一个新的标记实例。在 `lex` 中，每次调用 `yylex()` 时，通过在名为 `yylval` 的全局变量中放置指向新实例的指针，都会将标记传输到解析器。作为向真正的编程语言扫描器的过渡，我们将扩展前面给出的示例，以便它分配这些标记对象。最优雅和可移植的方法是在语义动作中插入一个名为 `scan()` 的函数，`scan()` 函数分配标记对象，然后（通常）返回其参数，这是前面示例中的整数类别代码。

可以在 `nnws-tok.l` 文件中找到实现这一功能的 `lex` 规范。有趣的是，在 JFlex 中，回车符既不是换行符的一部分，也不是换行点运算符的一部分。所以，如果使用 JFlex，则必须明确说明回车符。在本例中，它们在新行前面是可选的：

```
%%
%int
%%
[a-zA-Z]+   { return simple2.scan(1); }
[0-9]+      { return simple2.scan(2); }
[ \t]+      {  }
\r?\n       { simple2.increment_lineno(); }
.           { simple2.lexErr("unrecognized character"); }
```

Unicon 中修改后的 main() 过程显示在下面的 simple2.icn 中。scan() 函数依赖于一个名为 yylineno 的全局变量，该变量从 main() 设置，并在每次匹配换行符时在 yylex() 中更新。如前一个示例所示，simple2 类是一个单例类，因此 lex 规范可以在 Unicon 和 Java 中保持不变。标记的表示由 Unicon 记录类型定义，它类似于 C/C++ 中的结构体（struct）或不带方法的类。到目前为止，它只包含整数类别代码、词素字符串本身以及它所在的行号：

```
global yylineno, yylval
procedure main(argv)
   simple2 := simple2()
   yyin := open(argv[1]) | stop("usage: simple2 filename")
   yylineno := 1
   while i := yylex() do
      write(yytext, " (line ",yylval.lineno, "): ", i)
end
class simple2()
   method lexErr(s)
      stop(s, ": line ", yylineno, ": ", yytext)
   end
   method scan(cat)
      yylval := token(cat, yytext, yylineno)
      return cat
   end
   method increment_yylineno()
      yylineno +:= 1
   end
end
record token(cat, text, lineno)
```

simple2.java 文件中对应的 Java main() 函数如下所示：

```
import java.io.FileReader;
public class simple2 {
   static Yylex lex;
   public static int yylineno;
   public static token yylval;
   public static void main(String argv[]) throws Exception {
      lex = new Yylex(new FileReader(argv[0]));
      yylineno = 1;
      int i;
      while ((i=lex.yylex()) != Yylex.YYEOF)
         System.out.println("token "+ i +
                  " (line " +yylval.lineno + "): "+ yytext());
   }
   public static String yytext() {
```

```
        return lex.yytext();
    }
    public static void lexErr(String s) {
        System.err.println(s + ": line " + yylineno +
            ": " + yytext());
        System.exit(1);
    }
    public static int scan(int cat) {
        yylval = new token(cat, yytext, yylineno);
        return cat;
    }
    public static void increment_lineno() {
        yylineno++;
    }
}
```

simple2 示例还需要另一个 Java 文件，token.java 文件包含类标记的表示，该类标记将在 3.5 节中详细介绍：

```
public class token {
    public int cat;
    public String text;
    public int lineno;
    public token(int c, String s, int l) {
        cat = c; text = s; lineno = l;
    }
}
```

以下输入文件 dorrie2.in 已扩展到多行，并添加了句点，以便在报告无法识别的字符时查看行号：

```
Dorrie
is 1
fine puppy.
```

可以在 Unicon 或 Java 中运行该程序，如下所示：

uflex nnws-tok.l	**jflex nnws-tok.l**
	javac token.java
unicon simple2 nnws-tok	**javac simple2.java Yylex.java**
simple2 dorrie2.in	**java simple2 dorrie2.in**

在这两种实现中，都应该可以看到如下输出：

```
token 1 (line 1): Dorrie
token 1 (line 2): is
token 2 (line 2): 1
token 1 (line 3): fine
token 1 (line 3): puppy
unrecognized character: line 3: .
```

此示例的输出包含行号，输入文件包含无法识别的字符，因此我们可以看到错误消息也包含行号。

3.5 为 Jzero 编写扫描器

在本节中，我们将为Java语言的子集Jzero构建一个扫描器。这将前面介绍的simple2示例扩展到了实际的编程语言规模，并添加了列信息以及字面常量的附加词法属性。其中最大的变化是引入了许多正则表达式，以用于比我们之前看到的更复杂的模式。整个Java语言都能被识别，但Java类别很大一部分会导致程序执行终止并出现错误，因此在第4章中，我们的文法以及编译器的其他部分不必考虑它们。

3.5.1 Jzero Flex 规范

与前面的示例相比，真正的编程语言 lex 规范将有更多、更复杂的正则表达式。接下来，我们将其分几个部分介绍 javalex.l。

javalex.l 的开始部分包括头部分和正则表达式部分，用于注释和空白。这些正则表达式匹配并使用源代码中的字符，而不返回它们的整数代码。它们对编译器的其余部分是不可见的。作为 Java 的一个子集，Jzero 既包括以 /* 和 */ 为界的 C 语言风格注释，也包括以 // 开始直到行末的 C++ 语言风格注释。C 语言注释的正则表达式是个大块头，如果你的编程语言有这样的模式，那么很容易出错。其意思是：以 /* 开头，然后是大块的非星号字符或星号，它们直到发现星号后面有斜杠时才结束注释：

```
%%
%int
%%
"/*"([^*]|"*"+[^/*])*"*"+"/"  { j0.comment(); }
"//".*\r?\n                   { j0.comment(); }
[ \t\r\f]+                    { j0.whitespace(); }
\n                            { j0.newline(); }
```

javalex.l 的下一部分包含保留字，其正则表达式不重要。由于这些单词在语义动作中很常见，所以使用双引号来强调它们只是字符本身，并且我们不会无意中看到一些语义动作代码。这里的许多整数类别代码都是从解析器（parser）类访问的，parser 类在一个单独的文件中指定。在本书的其余章节中，整数代码都由解析器指定。词法分析器必须在编译器的这两个阶段使用解析器的代码才能成功通信。

你可能会想，为什么要为每个保留字使用单独的整数类别代码？对于语法中的每个唯一角色，你只需要单独的类别代码。可以在相同位置使用的保留字可以使用相同的整数类别代码。如果你这样做，则文法会更短，但这会把它们的差异推迟到以后的语义分析中，使得文法有些模糊。这方面的一个例子是 true 和 false，它们在语法上是相同的类型，因此它们都作为 BOOLLIT 返回。我们可能会找到其他保留字，例如类型的名称，在这里我们可以为它们分配相同的类别代码。这是一个需要研究的设计决策问题。当有疑问时，请谨慎行事，不要含糊，给每个保留字一个整数：

```
"break"                 { return j0.scan(parser.BREAK); }
"double"                { return j0.scan(parser.DOUBLE); }
"else"                  { return j0.scan(parser.ELSE); }
"false"                 { return j0.scan(parser.BOOLLIT); }
"for"                   { return j0.scan(parser.FOR); }
"if"                    { return j0.scan(parser.IF); }
"int"                   { return j0.scan(parser.INT); }
"null"                  { return j0.scan(parser.NULLVAL); }
"return"                { return j0.scan(parser.RETURN); }
"string"                { return j0.scan(parser.STRING); }
"true"                  { return j0.scan(parser.BOOLLIT); }
"bool"                  { return j0.scan(parser.BOOL); }
"void"                  { return j0.scan(parser.VOID); }
"while"                 { return j0.scan(parser.WHILE); }
"class"                 { return j0.scan(parser.CLASS); }
"static"                { return j0.scan(parser.STATIC); }
"public"                { return j0.scan(parser.PUBLIC); }
```

javalex.l 的第三部分由运算符和标点符号组成，引用正则表达式表示它们只是指字符本身。与保留字一样，在某些情况下，如果运算符看起来具有相同的运算符优先级和关联性，则可以将它们合并到共享类别代码中。这将使文法更短，但代价是更模糊。与保留字相比，另一个区别是许多运算符和标点符号仅是一个字符。在这种情况下，使用它们的 ASCII 码作为它们的整数类别代码会更短，更容易阅读，所以我们这样做了。j0.ord(s) 函数提供了一种在 Unicon 和 Java 上运行的方法。对于多字符运算符，我们为每个保留字定义了一个解析器常量：

```
"("             { return j0.scan(j0.ord("(")); }
")"             { return j0.scan(j0.ord(")")); }
"["             { rcturn j0.scan(j0.ord("[")); }
"]"             { return j0.scan(j0.ord("]")); }
"{"             { return j0.scan(j0.ord("{")); }
"}"             { return j0.scan(j0.ord("}")); }
";"             { return j0.scan(j0.ord(";")); }
":"             { return j0.scan(j0.ord(":")); }
"!"             { return j0.scan(j0.ord("!")); }
"*"             { return j0.scan(j0.ord("*")); }
"/"             { return j0.scan(j0.ord("/")); }
"%"             { return j0.scan(j0.ord("%")); }
"+"             { return j0.scan(j0.ord("+")); }
"-"             { return j0.scan(j0.ord("-")); }
```

```
"<"                 { return j0.scan(j0.ord("<")); }
"<="                { return j0.scan(parser.LESSTHANOREQUAL);}
">"                 { return j0.scan(j0.ord(">")); }
">="                { return j0.scan(parser.GREATERTHANOREQUAL);}
"=="                { return j0.scan(parser.ISEQUALTO); }
"!="                { return j0.scan(parser.NOTEQUALTO); }
"&&"                { return j0.scan(parser.LOGICALAND); }
"||"                { return j0.scan(parser.LOGICALOR); }
"="                 { return j0.scan(j0.ord("=")); }
"+="                { return j0.scan(parser.INCREMENT); }
"-="                { return j0.scan(parser.DECREMENT); }
","                 { return j0.scan(j0.ord(",")); }
"."                 { return j0.scan(j0.ord(".")); }
```

javalex.l 的第四部分（也是最后一部分）包含更难的正则表达式。整数类别为 IDENTIFIER 的变量名规则必须位于所有保留字之后。保留字正则表达式覆盖了更通用的标识符正则表达式，但这仅仅是因为 lex 的语义通过选择 lex 规范中最先出现的正则表达式打破了联系。

如果这会使代码更具可读性，那么我们就可以拥有任意多的正则表达式，所有正则表达式都返回相同的整数类别。本例使用多个正则表达式表示实数，实数是带有小数点、科学符号或两者兼有的数字。在最后一个正则表达式之后，如果在源代码中出现一些二进制或其他奇怪字符，则使用全捕获模式生成词法错误：

```
[a-zA-Z_][a-zA-Z0-9_]*{ return j0.scan(parser.IDENTIFIER);}
[0-9]+                { return j0.scan(parser.INTLIT); }
[0-9]+"."[0-9]*([eE][+-]?[0-9]+)? { return j0.scan
                                    (parser.DOUBLELIT);}
[0-9]*"."[0-9]+([eE][+-]?[0-9]+)? { return j0.scan
                                    (parser.DOUBLELIT);}
 ([0-9]+)([eE][+-]?([0-9]+))   {return j0.scan
                                    (parser.DOUBLELIT);}
\"([^\"])|(\\.)*\"    { return j0.scan(parser.STRINGLIT); }
.                   { j0.lexErr("unrecognized character");}
```

尽管 javalex.l 文件在这里被分为四个部分进行介绍，但该文件并不长，大约有 58 行代码。由于它同时适用于 Unicon 和 Java，这对我们的编码工作来说是一个很大的挑战。支持 Unicon 和 Java 代码是非常重要的，但我们让 lex（UFlex 和 JFlex）完成这里的大部分工作。

3.5.2 Unicon Jzero 代码

Jzero 扫描器的 Unicon 实现位于名为 j0.icn 的文件中。Unicon 有一个预处理器，通常通过 $include 文件引入定义的符号常量。为了在 Unicon 和 Java 中使用相同的 lex 规范，该Unicon扫描器创建了一个parser对象，该对象的字段（如parser.WHILE）包含整数类别代码：

```
global yylineno, yycolno, yylval
procedure main(argv)
   j0 := j0()
   parser := parser(257,258,259,260,261,262,263,264,265,
                    266, 267,268,269,270,273,274,275,276,
                    277,278,280,298,300,301,302,303,304,
                    306,307,256)
   yyin := open(argv[1]) | stop("usage: simple2 filename")
   yylineno := yycolno := 1
   while i := yylex() do
      write(yytext, ":",yylval.lineno, " ", i)
end
```

j0.icn的第二部分由j0类组成，与之前simple2.icn示例中的simple2类相比，添加了额外的方法，以便在遇到各种空格和注释时调用语义动作。这允许在名为yycolno的全局变量中计算当前列号：

```
class j0()
   method lexErr(s)
      stop(s, ": ", yytext)
   end
   method scan(cat)
      yylval := token(cat, yytext, yylineno, yycolno)
      yycolno +:= *yytext
      return cat
   end
   method whitespace()
      yycolno +:= *yytext
   end
   method newline()
      yylineno +:= 1; yycolno := 1
   end
   method comment()
      yytext ? {
         while tab(find("\n")+1) do newline()
         yycolno +:= *tab(0)
      }
   end
   method ord(s)
      return proc("ord",0)(s[1])
   end
end
```

在 j0.icn 的第三部分中，标记类型已从记录提升为类，因为现在它增加了构造函数的复杂性，以及处理字符串转义字符和计算字符串字面常量的二进制表示的方法。在 Unicon 中，构造函数代码在 initially 部分中方法的结束部分出现。

deEscape() 方法丢弃首字符及其后续双引号字符，然后使用 Unicon 字符串扫描逐个字符处理字符串文本。在字符串扫描控制结构内部，s ? { … } 从左到右检查 s 字符串。move(1) 函数从字符串中获取下一个字符，并将扫描位置向前移动 1。有关字符串扫描的详细说明，请参见附录。

在 deEscape() 方法中，普通字符从 sin 输入字符串复制到 sout 输出字符串。如果有转义字符，则转义字符后面的一个或多个字符根据转义字符作出相应的解释。Jzero 子集只处理制表符和换行符，Java 有更多可以添加的转义字符。将后跟 "t" 的反斜杠转换为制表符有点可笑，但你使用过的每个编译器都不得不这样做：

```
class token(cat, text, lineno, colno, ival, dval, sval)
   method deEscape(sin)
      local sout := ""
      sin := sin[2:-1]
      sin ? {
         while c := move(1) do {
            if c == "\\" then {
               if not (c := move(1)) then
                  j0.lexErr("malformed string literal")
               else case c of {
                  "t":{ sout ||:= "\t" }
                  "n":{ sout ||:= "\n" }
                  }
               }
            }
            else sout ||:= c
         }
      }
      return sout
   end
initially
   case cat of {
     parser.INTLIT:    { ival := integer(text) }
     parser.DOUBLELIT: { dval := real(text) }
     parser.STRINGLIT: { sval := deEscape(text) }
   }
end
record parser(BREAK,PUBLIC,DOUBLE,ELSE,FOR,IF,INT,RETURN,VOID,
              WHILE,IDENTIFIER,CLASSNAME,CLASS,STATIC,STRING,
              BOOL,INTLIT,DOUBLELIT,STRINGLIT,BOOLLIT,
              NULLVAL,LESSTHANOREQUAL,GREATERTHANOREQUAL,
```

```
ISEQUALTO,NOTEQUALTO,LOGICALAND,LOGICALOR,
INCREMENT,DECREMENT,YYERRCODE)
```

对一名经验丰富的 Unicon 程序员来说，这里的单例类解析器记录看起来非常愚蠢，只需要 `$define` 所有这些标记类别名称，而不需要引入解析器类型。如果你是 Unicon 程序员，那么记住这是为了 Java 兼容性，特别是 `byacc/j` 兼容性。

3.5.3 Java Jzero 代码

Jzero 扫描器的 Java 实现在 `j0.Java` 文件中包含一个主类，它类似于 `simple2.java` 示例。本文分为四个部分。第一部分包括 `main()` 函数，除了添加额外的变量（如跟踪当前列号的 yycolno 变量）之外，你对此函数应该很熟悉：

```
import java.io.FileReader;
public class j0 {
   static Ylex lex;
   public static int yylineno, yycolno;
   public static token yylval;
   public static void main(String argv[]) throws Exception {
      lex = new Ylex(new FileReader(argv[0]));
      yylineno = yycolno = 1;
      int i;
   while ((i=lex.yylex()) != Ylex.YYEOF) {
      System.out.println("token " + i + ": " +
          yytext());
   }
}
```

`j0` 类同样包含前面示例中看到的几个帮助函数：

```
public static String yytext() {
   return lex.yytext();
}
public static void lexErr(String s) {
   System.err.println(s + ": line " + yylineno +
                      ": " + yytext());
   System.exit(1);
}
public static int scan(int cat) {
   last_token = yylval =
      new token(cat, yytext(), yylineno, yycolno);
   yycolno += yytext().length();
   return cat;
}
public static void whitespace() {
   yycolno += yytext().length();
```

```
   }
   public short ord(String s) {return(short)(s.charAt(0));}
```

j0 类用于处理源代码中换行符的函数比我们预期的要长。当然，它会增加行号并将列设置回 1，但对于分号插入，它现在包含一个 switch 语句，用于确定是否插入分号，以代替换行符。注释处理方法是逐个字符遍历注释，以确保行号和列号正确：

```
public static void newline() {
   yylineno++; yycolno = 1;
   if (last_token != null)
      switch(last_token.cat) {
            case parser.IDENTIFIER: case parser.INTLIT:
            case parser.DOUBLELIT: case parser.STRINGLIT:
            case parser.BREAK: case parser.RETURN:
            case parser.INCREMENT: case parser.DECREMENT:
            case ')': case ']': casc '}':
               return true;
         }
      return false;
   }
   public static void comment() {
      int i, len;
      String s = yytext();
      len = s.length();
      for(i=0; i<len; i++)
         if (s.charAt(i) == '\n') {
            yylineno++; yycolno=1;
         }
         else yycolno++;
   }
}
```

这里有一个名为 parser.java 的支持模块，它提供了一组命名常量，类似于枚举类型，但它直接将常量声明为短整数，以便与 iyacc 解析器兼容，这将在第 4 章中讨论。所选择的整数则从 256 开始，因为这是 iyacc 启动它们的地方，这样它们就不会与我们通过调用 j0.ord() 生成的单字节词素的整数代码相冲突：

```
public class parser {
public final static short BREAK=257;
public final static short PUBLIC=258;
public final static short DOUBLE=259;
public final static short ELSE=260;
public final static short FOR=261;
public final static short IF=262;
public final static short INT=263;
```

```
public final static short RETURN=264;
public final static short VOID=265;
public final static short WHILE=266;
public final static short IDENTIFIER=267;
public final static short CLASSNAME=268;
public final static short CLASS=269;
public final static short STATIC=270;
public final static short STRING=273;
public final static short BOOL=274;
public final static short INTLIT=275;
public final static short DOUBLELIT=276;
public final static short STRINGLIT=277;
public final static short BOOLLIT=278;
public final static short NULLVAL=280;
public final static short LESSTHANOREQUAL=298;
public final static short GREATERTHANOREQUAL=300;
public final static short ISEQUALTO=301;
public final static short NOTEQUALTO=302;
public final static short LOGICALAND=303;
public final static short LOGICALOR=304;
public final static short INCREMENT=306;
public final static short DECREMENT=307;
public final static short YYERRCODE=256;
}
```

还有一个名为token.java的支持模块，它包含token类。它已经扩展为包括一个列号，对于字面常量，其二进制表示分别存储在对应表示整数、字符串和双精度数的ival、sval和dval变量中。deEscape()方法用于构造字符串文本的二进制表示，我们在该类的Unicon实现中进行了讨论。再次，算法逐个字符运行，只复制字符，除非它是反斜杠，在这种情况下，它获取下面的字符并对其进行不同的解释。通过将此代码与Unicon版本进行比较，我们可以看到Java String类的功效：

```
public class token {
   public int cat;
   public String text;
   public int lineno, colno, ival;
   String sval;
   double dval;
private String deEscape(String sin) {
   String sout = "";
   sin = String.substring(sin,1,sin.length()-1);
   int i = 0;
   while (sin.length() > 0) {
      char c = sin.charAt(0);
      if (c == '\\') {
```

```
            sin = String.substring(sin,1);
            if (sin.length() < 1)
               j0.lexErr("malformed string literal");
            else {
               c = sin.charAt(0);
               switch(c) {
               case 't': sout = sout + "\t"; break;
               case 'n': sout = sout + "\n"; break;
               default: j0.lexErr("unrecognized escape");
               }
            }
             else sout = sout + c;
         }
      }
      return sout;
   }
   public token(int c, String s, int ln, int col) {
      cat = c; text = s; lineno = ln; colno = col;
      switch (cat) {
      case parser.INTLIT:
         ival = Integer.parseInt(s);
         break;
      case parser.DOUBLELIT:
         dval = Double.parseDouble(s);
         break;
      case parser.STRINGLIT:
         sval = deEscape(s);
         break;
         }
      }
   }
```

token 构造函数执行相同的四个赋值操作，初始化所有标记的标记字段。然后使用带有分支的 switch 语句来处理三类标记。只是对于字面常量值，有一个额外的词法属性必须初始化。使用 Java 内置的 Integer.parseInt() 和 Double.parseDouble() 来转换词素是对 Jzero 的一种简化，因为真正的 Java 编译器在这方面需要做更多的工作。sval 字符串是由 deEscape() 方法构造的，因为 Java 中没有内置的转换器接收 Java 源代码字符串并为我们构建实际的字符串值。你可以找到第三方库，但出于 Jzero 的目的，提供我们自己的库会更简单。

3.5.4 运行 Jzero 扫描器

在 Unicon 或 Java 上都可以运行 Jzero 扫描器程序，如下所示。这次，我们在下面的示例输入文件 hello.java 上运行程序：

```
public class hello {
   public static void main(String argv[]) {
      System.out.println("hello, jzero!");
   }
}
```

记住，对于扫描器，hello.java 程序只是一个词素序列，编译和运行 Jzero 扫描器的命令与前面的示例中的命令类似，其中有更多的 Java 文件：

```
uflex javalex.l                 jflex javalex.l
unicon j0 javalex               javac j0.java Yylex.java
                                javac token.java parser.java
j0 hello.java                   java j0 hello.java
```

对所有程序实现，都应该看到如下所示的输出：

```
token 258: public
token 269: class
token 267: hello
token 123: {
token 258: public
token 270: static
token 265: void
token 267: main
token 40: (
token 267: String
token 267: argv
token 91: [
token 93: ]
token 41: )
token 123: {
token 267: System
token 46: .
token 267: out
token 46: .
token 267: println
token 40: (
token 277: "hello, jzero!"
token 41: )
token 59: ;
token 125: }
token 125: }
```

如果 Jzero 扫描器的输出能提供解析器的输入，那它在第 4 章中将更有意义。不过，在我们继续讨论之前，我们应该提醒读者的是，正则表达式不能完成编程语言词法分析器可能需要的一切。有时你必须超越 lex 扫描模型，3.6 节是一个真实的例子。

3.6 正则表达式并不总是足够的

如果学习过计算理论课程，那么你可能会试图证明正则表达式无法匹配编程语言中出现的一些常见模式，尤其是将相同模式的实例**嵌套**在自己内部的模式。本节将说明正则表达式在其他方面并不总是足够的。

如果正则表达式并不总是能处理语言中的每一个词法分析任务，那该怎么办？手工编写的词法分析器可以处理由正则表达式生成的词法分析器无法处理的奇怪情况，可能会牺牲一天、一周甚至一个月的时间。然而，在几乎所有真正的编程语言中，正则表达式都可以使我们达到完成扫描器生成的目标，只需要一些额外技巧。这里有一个真实世界的小例子。

Unicon 和 Go 是提供**分号插入**的语言示例，该语言定义了插入分号的词法规则，这样程序员在大多数情况下都不必担心。你可能已经注意到，Unicon 代码示例往往包含很少的分号。不幸的是，这些分号插入规则不能用正则表达式描述。

在 Go 语言中，我们几乎都可以通过记住先前返回的标记，并在换行符的语义动作中进行一些检查来实现。如果满足检查条件，该换行符就可以作为分号返回。但是在 Unicon 中，你必须进一步向前扫描并读取换行符后的下一个标记，以决定是否应该插入分号！这使得 Unicon 分号插入比 Go 语言更精确，并且产生的问题更少。例如，在 Go 语言中，我们不能以经典的 C 语言样式对代码进行格式化：

```
func main()
{
   ...
}
```

相反，必须在函数标题行上写大括号：

```
func main() {
   ...
}
```

为了避免这种可笑的限制，词法分析器必须提供一个先行标记，它必须读取下一行的第一个标记，以决定是否应该在新行插入分号。

在我们的 Jzero 扫描器中实现分号插入是非常不符合 Java 规范的。要做到这一点，我们可以用 Go 方式，也可以用 Unicon 方式。我们将展示采用 Go 方式的一个子集。

这个例子说明了 Go 分号插入语义中的规则 #1。好的，所以你看到了一个换行符——你插入分号了吗？让我们记住我们看到的最后一个标记，如果该标记是标识符、文字、`break`、`continue`、`return`、`++`、`--`、`)`、`]` 或 `}`，那么换行符本身应该返回一个新的伪分号标记。我们可以修改 `newline()` 方法，以便在插入分号时返回布尔值 `true`。

这挫败了我们为 Unicon 和 Java 使用通用 `lex` 规范的策略。我们需要在 `lex` 规范中编写一个条件来确定是否返回分号，但这两种语言的语法不同。在 Unicon 中，我们的 lex 规范将有一个 if 语句，该语句可能如下所示：

```
\n          { if j0.newline() then return j0.semicolon() }
```

但是在 Java 中，它需要括号，而不是 then 保留字：

```
\n          { if (j0.newline()) return j0.semicolon(); }
```

带有分号插入代码的修改后的 j0 主模块的 Unicon 版本已在本书的 GitHub 存储库的 j0go.icn 文件中提供。它是 j0.icn，带有一个名为 last_token 的新全局变量，对 scan() 和 newline() 方法进行了修改，并添加了一个称为 semicolon() 的方法来构造人工标记。以下是更改后的方法。检查最后一个标记类别是否是几个触发分号的类别之一，可以显示 Unicon 的生成器。这个 !")]}" 表达式是编写 ")"|"]"|"}" 的一种巧妙方法，它将一次输入一个到 ord()，直到所有三个都被尝试：

```
method scan(cat)
   last_token := yylval := token(cat, yytext, yylineno)
   return cat
end
method newline()
   yylineno +:= 1
   if (\last_token).cat ===
        ( parser.IDENTIFIER|parser.INTLIT|
          parser.DOUBLELIT|parser.STRINGLIT|
          parser.BREAK|parser.RETURN|
          parser.INCREMENT|parser.DECREMENT|
          ord(!")]}") ) then return
end
method semicolon()
   yytext := ";"
   yylineno -:= 1
   return scan(parser.SEMICOLON)
end
```

这里有两件有趣的事情。一个是给定的源代码元素（换行符，在大多数语言中只是空白）有时会返回整数代码（对于插入的分号），有时不会。这就是为什么我们在换行的 lex 规范语义动作中引入了 if 语句。另一个有趣的事情是由 semicolon() 方法生成的人工标记。它生成的输出与程序员在编程语言的源代码输入中键入分号时的输出是不可区分的。

注意事项：

在这方面，Java 语言实现代码太长，无法在这里展示，所以已经安排在本书的 GitHub 存储库的 j0go.java 文件中提供，下一段将介绍其中的关键部分。

Java实现与j0go.icn中的Unicon版本相同，有一个名为last_token的新全局变量，对scan()和newline()方法进行了修改，并添加了semicolon()方法，该方法构造了一个人工标记，但是有点长。在下面的块中的newline()方法中，Java switch语句用于检查最后一个标记的类别是否触发分号插入：

```
public static int scan(int cat) {
   last_token = yylval =
      new token(cat, yytext(), yylineno);
   return cat;
}
public static void newline() {
   yylineno++;
   if (last_token != null)
      switch(last_token.cat) {
         case parser.IDENTIFIER: case parser.INTLIT:
         case parser.DOUBLELIT: case parser.STRINGLIT:
         case parser.BREAK: case parser.RETURN:
         case parser.INCREMENT: case parser.DECREMENT:
         case ')': case ']': case '}':
            return true;
      }
   return false;
}
public int semicolon() {
    yytext = ";";
    yylineno--;
    return scan(parser.SEMICOLON);
}
```

完整的Go分号插入语义有点复杂，但当扫描器看到换行符的正则表达式时插入分号相当容易。如果你想了解在Unicon中如何更好地插入分号，那么可以查看Unicon Implementation Compendium，网址为http://www.unicon.org/book/ib.pdf。

3.7 本章小结

在本章中，我们学习了当编程语言阅读程序源代码的字符时使用的关键技术和工具。得益于这些技术和工具，我们的编程语言编译器或解释器的其余部分需要处理的单词/标记序列要小得多，不再是源文件中的大量字符。如果我们成功了，我们将掌握以下技能，并可以在编程语言或类似项目中使用这些技能。

当读入输入字符时，这些字符被分析并分组为词素。词素要么被丢弃（在注释和空白的情况下），要么被分类以用于后续解析。

除了对词素进行分类，我们还学会了从中制作标记。标记是在对每个词素进行分类时为其创建的对象实例。标记是该词素、词素类别及其来源的记录。

词素的类别是第 4 章将要介绍的解析算法的主要输入。在解析过程中，标记最终将作为叶子插入一个称为语法树的重要数据结构中。

现在，我们可以开始在源代码中将单词连接成短语了。第 4 章将介绍语法分析，其根据语言的语法来检查短语是否有意义。

3.8　思考题

1. 编写一个正则表达式，用于匹配 dd/mm/yyyy 格式的日期。是否可以编写此正则表达式，使其只允许合法日期？
2. 请对如下三者的差别做出解释：`yylex()` 返回给调用方的返回值、`yylex()` 在 `yytext` 中留下的词素，以及 `yylex()` 留在 `yylval` 中的标记值。
3. 并非所有的 `yylex()` 正则表达式在匹配后都返回整数类别。当正则表达式不返回值时，会发生什么？
4. 词法分析必须处理歧义，完全有可能编写几个正则表达式，所有这些表达式都可以在输入中的给定点匹配。请对 Flex 在同一位置可以匹配多个正则表达式时的打破平局规则做出描述。

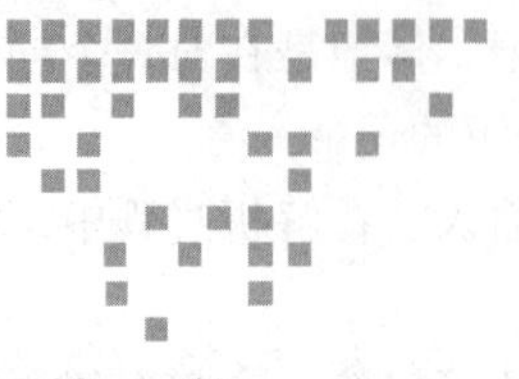

Chapter 4 第4章

解析

在本章中，我们将学习如何使用单个单词和标点符号、**词素**，并将它们组成更大的编程结构，如表达式、语句、函数、类和包等，这一任务称为**解析**，其代码模块称为**解析器**。我们将通过使用文法详细指定语法规则来创建解析器，然后用解析器生成器工具采用我们的编程语言文法来生成解析器，我们还将讨论如何编写有用的语法错误消息。

我们将首先分析本章的技术需求，然后提炼我们的语法和语法分析思想。

4.1 技术需求

在本章中，我们需要以下工具：

- IYACC，这是 Unicon 的解析器生成器，我们要使用本书网站（`https://github.com/PacktPublishing/Build-Your-Own-Programming-Language`）上的版本。
- BYACC/J，这是一个 Java 解析器生成器（`http://byaccj.sourceforge.net`）。
- 可以从 GitHub 存储库下载本章代码：`https://github.com/PacktPublishing/Build-Your-Own-Programming-Language/tree/master/ch4`。

在编写本书时，Windows BYACC/J 二进制发行版由一个 `byaccj1.15_win32.zip` 文件组成，该文件看起来很旧，包含一个名为 `yacc.exe` 的文件。该文件中没有安装程序，需要解压缩并复制 `yacc.exe` 文件到路径上的目录中，或者为其创建一个新目录并将该目录添加到路径中。通过打开新的命令提示符或终端窗口并尝试输入 `iyacc` 和 `yacc` 命令，可以验证这些包是否已添加到相应路径中。注意，你的计算机上可能已经有一个名为 `yacc` 的不同程序！在这种情况下，我们建议将为本书安装的 BYACC/J 实例重命名为

byaccj 或 byaccj.exe，而不是 yacc 或 yacc.exe。如果你这样做了，那么在这本书中每一处指出需要使用 yacc 的地方，都应该改为键入 byaccj。要想成功地使用这本书，你必须保持 yacc 准确。请注意这一点！

本章还有一个附加的技术需求：必须设置 CLASSPATH 环境变量。如果在 C:\users\Alfrede Newmann\ch4 中使用本章的示例，可能需要将 CLASSPATH 设置为指向 ch4 目录上方的 Alfrede Newmann 目录。在 Windows 中，最好在“控制面板”或“设置”中一劳永逸地进行设置，但如果必须使用以下命令，我们可以手动进行设置：

```
set CLASSPATH=".;c:\users\Alfrede Newmann"
```

在 Linux 中使用 . 可以在 CLASSPATH 上添加上面的目录，而在 Windows 中必须提供父目录的完整路径。在 Linux 中，最好在 ~/.bashrc 或类似目录设置，但在命令行上，它看起来应该像这样：

```
export CLASSPATH=.:..
```

在深入讨论 yacc 的基本内容之前，我们先来看看我们试图通过解析来实现的更大的目标，即分析输入程序的语法。

4.2 语法分析

作为程序员，我们可能已经熟悉**语法错误消息**和语法的一般概念，这是为了理解哪些单词或词素必须以什么顺序出现才能使指定的通信在语言中具有良好的形式。大多数人类语言对此都很挑剔，少数语言在语序方面则更灵活。幸运的是，大多数编程语言比自然的人类语言更简单、更严格地规定了什么才是合法输入。

语法分析的输入包括第 3 章**词法分析**的输出。通信（如消息或程序）被分解为一系列复合词和标点符号。这可以是一个标记对象的数组或列表，尽管对于解析来说，所有算法所需要的只是一个接一个地调用 yylex() 返回的整数代码序列。语法分析的工作就是判断以某种语言（如英语或 Java）进行的通信是否正确。语法分析的结果是一个简单的布尔值 true 或 false。实际上，为了解释或翻译消息，需要的不仅仅是一个布尔值，该布尔值告诉我们其语法是否正确。在第 5 章中，我们将学习如何构建语法树，为后续将程序转换为代码奠定基础。但首先，我们必须检查语法，因此我们看看编程语言语法是如何规定的，这称为**上下文无关文法**表示。

4.3 理解上下文无关文法

在本节中，我们将定义编程语言发明者用来描述其语言语法的表示法。学习完本节内容后，我们就能够用所学的知识为 4.4 节要使用的解析器生成器输入提供语法规则。首先让我们从理解什么是上下文无关文法开始。

上下文无关文法是最广泛使用的表示法，用于描述编程语言中允许使用的语法（以词素模式表示）。它们由非常简单的、易于理解的规则制定。上下文无关文法由以下组件构建：

- **终结符**（terminal symbol）——一组输入符号。文法中的终结符是从扫描器读取的，比如我们在第3章中制作的扫描器。尽管它们被称为符号，但终结符对应于整个单词、运算符或标点符号，它会标识词素的类别。正如第3章中所见，这些符号的类别由整数代码表示，这些整数代码通常都被赋予助记符名称，如 `IDENTIFIER`、`INTCONST` 或 `WHILE`。在我们的文法中，我们还将使用字符文字符号来表示更普通的终结符，撇号内的单个字符只是由该字符本身组成的终结符。例如，‘;’是仅由一个分号组成的终结符，字面上表示整数59，这是分号的ASCII码。
- **非终结符**（non-terminal symbol）——与正则表达式不同，上下文无关文法规则使用第二组符号，称为非终结符。非终结符是指一组有意义的其他符号序列，如名词短语或句子（在自然语言中）、函数或类定义，或者整个程序（在编程语言中）。一个特殊的非终结符被指定为整个文法的**开始符号**。在编程语言文法中，开始符号表示整个格式良好的源文件。
- **产生式规则**（production rule）——一组称为产生式规则的规则，该规则解释了如何从较小的单词和组成短语中形成非终结符。因为产生式规则控制使用什么终结符和非终结符，所以我们通常只通过给出产生式规则来给出文法。

现在可以更详细地研究构建上下文无关文法的规则了，示例如下。

4.3.1 编写上下文无关文法规则

产生式规则，也称为**上下文无关文法**规则，是使用终结符和表示零个或多个符号的其他序列的附加非终结符来描述合法词素序列的模式。在本书中，我们将使用 yacc 符号来编写上下文无关文法。每个产生式规则由一个非终结符组成，后跟一个冒号，再后跟零个或多个终结符和非终结符，以分号结尾，如以下符号所示：

```
X : symbols ;
```

冒号左边只有一个符号，根据定义，它是非终结符，因为文法规则的含义如下：非终结符 X 可以由出现在右侧的终结符和非终结符序列构成。

上下文无关文法可以有任意多个这样的规则，包括多个规则，这些规则通过右侧的不同符号组合来构建相同的非终结符。事实上，同一个非终结符有多个规则是非常常见的，它们有自己的速记形式，相互之间用竖线（|）隔开，可以在以下代码中看到竖线的例子：

```
X : symbols | other_symbols ;
```

当在文法中使用竖线［读作或（or）］时，表示有不同的方法来构建非终结符 X。使用竖线是可选的，因为可以将相同的规则编写为非终结符、冒号、右侧和分号的单独语句。例如，以下是以不同方式构建规则 X 的声明：

```
X : A | B | C ;
```

该行等同于以下三行：

```
X : A ;
X : B ;
X : C ;
```

前面两个案例描述了相同的三个产生式规则，竖线只是书写多个产生式规则的速记符号。

那么，产生式规则到底意味着什么？它可以向前或向后读取和使用。如果从开始符号开始，并用其产生式规则的右侧部分之一替换非终结符（称为**推导步骤**），则你从顶部开始向下工作。如果重复这个过程，并且最终得到一个没有非终结符的终结符序列，那么你已经生成了该文法的合法实例。

另外，编程语言从另一端开始。第 3 章的扫描器将生成一系列终结符。给定一系列终结符，你能在其中找到产生式规则的右边部分，并将其替换为非终结符吗？如果你能反复这样做，并且回到开始符号，则你已经证明输入源程序根据文法是合法的，这称为**解析**。

现在，是时候看一些简单的文法示例了。我们可以建议的一些最直观的文法来自自然（人类）语言，其他简单的示例展示了上下文无关文法如何应用于编程语言语法。

递归

你在**递归**之上吗？在数学和计算机科学中，递归是指以自身更简化的版本形式再定义自身。你需要这个概念来构建编程语言语法。在上下文无关文法中，非终结符 X 通常用于构建 X 的产生式规则的右侧，这是递归的一种形式。使用递归时必须学习的一个逻辑规则是：必须有另一个非递归的文法规则（**基本情形**）。否则，递归永远不会结束，文法也没有意义。

4.3.2　编写编程构造规则

只要你写过几次，上下文无关文法很容易编写。我们应该从我们能想到的最简单的规则开始，一次一点地提高，语言中最简单的值是其字面常量，假设我们的语言中有两种值——布尔值和整数：

```
literal : INTLIT | BOOLLIT ;
```

上述产生式规则表示有两种文字值——布尔值和整数。某些语言构造（如加法）可能仅为某些类型定义，而其他构造（如赋值）则为所有类型定义。通常最好为所有类型提供一个通用语法，然后在语义分析期间确保类型正确。我们将在第7章和第8章中介绍这一点，现在考虑一个允许变量或字面常量的文法规则：

```
simple_expr : IDENTIFIER | literal ;
```

正如在第3章中看到的，IDENTIFIER表示一个名称。前面的产生式规则指出，简单表达式中允许变量和文字（literal）。可以通过将运算符或函数应用于简单表达式来构造复杂表达式：

```
expr : expr '+' expr | expr '-' expr | simple_expr ;
```

前面三个产生式规则提出了一个常见的设计问题。前两个规则是递归的，多次重复，这些规则也是有歧义的。当多个运算符链接在一起时，文法不会指定首先应用哪个运算符。

歧义

当文法可以以两种或多种不同的方式接受同一字符串时，文法就变得**有歧义**。在前面的示例中，要解析1+2-3，可以通过首先应用加法产生式规则，然后应用减法产生式规则，反之亦然。歧义有时会迫使你重写文法，因此只有一种方法可以解析输入。

实际编程语言中有很多运算符，需要考虑运算符优先级的问题，读者可以在4.5节查看这些主题。我们现在简要探讨更大的语言结构，如语句。这里给出了赋值语句的一种简单表示：

```
statement : IDENTIFIER '=' expr ';' ;
```

此版本的赋值在等号左侧只允许有一个名称出现，右侧则可以接受任何表达式。在许多编程语言中，还有其他几种基本类型的语句。其中，考虑两个最常见的语句，IF语句和WHILE语句：

```
statement : IF '(' expr ')' statement ;
statement : WHILE '(' expr ')' statement ;
```

这些语句包含其他（子）语句，编程文法使用类似这样的递归规则从较小的结构构建较大的结构。对于前面使用条件表达式的语句，IF和WHILE语句的语法几乎相同：

```
statements : statements statement | statement ;
```

通过重复应用该文法中的第一条规则，可以接受多条语句。优秀的语言设计师总是编写递归规则，以便重复一个构造。在Java等语言中，分号在该文法规则中不作为语句分隔符出现，但它们作为终结符出现在各种文法规则的末尾，就像前面的赋值语句规则一样。

在本节中，我们看到编程语言的文法规则使用保留字和标点符号作为构建块。通过使用递归，较大的表达式和语句可以由较小的表达式组成。现在是时候学习使用上下文无关文法符号生成用于读取源代码解析器的工具了，即 iyacc 和 BYACC/J。

4.4　使用 iyacc 和 BYACC/J

名称 yacc 代表 yet-another-compiler-compiler。这类工具将上下文无关文法作为输入，并从中生成解析器。yacc 兼容工具可用于大多数流行的编程语言。

在本书中，对于 Unicon，我们使用 iyacc（Icon yacc 的缩写），对于 Java，可以使用 BYACC/J（针对 Java 的扩展版 Berkeloy YACC 的缩写）。它们与 UNIX yacc 高度兼容，我们可以将它们作为编写解析器的一种语言来介绍。在本章的其余部分内容中，当我们说 yacc 时，既表示 iyacc，也表示 BYACC/J（至少在 Windows 上被称为 yacc）。完全兼容需要小林丸（Kobayashi Maru）的支持，主要是在语义动作方面，它们分别用本地 Unicon 和 Java 编写。

> **小林丸**
>
> **小林丸**情形是一种无赢家的情况，最佳答案就是改变游戏规则。在这种情况下，我对 iyacc 和 BYACC/J 进行了一些修改，使我们从无赢家的局面变成可以赢的情况。

yacc 文件通常称为（yacc）规范，文件使用扩展名 .y，由几个部分组成，彼此用 %% 分隔。本书泛指 yacc 规范表示提供给 iyacc 或 BYACC/J 的输入文件，在大多数情况下，这些文件也能作为 C yacc 的有效输入。

yacc 规范由几个必要部分组成：**头部分**，后跟**上下文无关文法部分**，以及一个可选的**辅助函数部分**。yacc 头部分和上下文无关文法部分是本书需要了解的部分。在 4.4.1 节中，我们将学习如何在 yacc 头部分中声明终结符，yacc 的某些版本需要这些声明。

4.4.1　声明头部分中的符号

大多数 yacc 工具都有可以在头部分启用的选项，它们各不相同，我们只在使用这些选项时介绍它们。还可以在 %{…%} 块中包含宿主语言代码的位，例如变量声明。头部分的主要目的是声明文法中的终结符和非终结符。在上下文无关文法部分，这些符号用于产生式规则。

符号是终结符还是非终结符可以从文法中符号的使用方式推断出来，但除非它们是 ASCII 码，否则无论如何都必须声明所有终结符。终结符在头部分的声明行以 %token 作为开头，后跟任意多个终结符名称，以空格分隔。非终结符可以由类似的 %nonterm 行声明。此外，yacc 使用终结符声明来生成一个文件，该文件将整数常量分配给这些名称，以便在扫描器中使用。

> **高级 yacc 声明**
>
> 除了本书中使用的声明之外，还有其他声明可以放在 yacc 头部分。如果不想把起始的非终结符放在文法的顶部，你可以选择把它放在任何地方，然后通过非终结符的 %start 声明在头中显式地标识它。此外，还可以使用 %left、%right 和 %nonassoc 按递增顺序指定运算符优先级和关联性，而不是仅使用 %token 声明标记。

既然已经了解了头文件部分，接下来我们看看上下文无关文法部分。

4.4.2 组合 yacc 上下文无关文法部分

上下文无关文法部分是 yacc 规范的主要部分。该部分给出了上下文无关文法的每个产生式规则，然后是一个可选的**语义动作**，由一些宿主语言代码（在我们的例子中是 Unicon 或 Java）组成，在产生式规则匹配时执行。yacc 语法通常类似于以下示例：

```
X : symbols { semantic action code } ;
```

除了规则的结尾之外，将语义动作放在符号之前或符号之间也是合法的，但如果这样做，那么你实际上是在用一个空的产生式规则声明一个新的非终结符，该产生式规则只包含该语义动作。我们不会在本书中这样做，因为它是错误的常见来源。

yacc 不像 lex 那样挑剔空格，下面的示例展示了三种使用不同空格格式化产生式规则的等效方法，你喜欢哪一种取决于哪一种最具可读性：

```
A : B | C;
A : B |
    C ;
A : B
  | C
  ;
```

尽管每个产生式规则都从一个新行开始，但可以跨多行，并以以下方式之一终结：分号；用于分隔同一非终结符不同产生式规则的竖线；表示辅助函数部分开始或文件结束的 %%。像在 lex 中一样，如果语义动作以通常的方式使用花括号来包含语句块，那么语义动作可以跨越多行源代码。yacc 不会开始寻找下一个产生式规则，直到它找到匹配的右大括号以完成语义动作，然后继续查找前面列出的某个终结符，例如，结束产生式规则的分号或竖线。

新手在上下文无关文法部分犯的一个常见错误是试图在产生式规则中插入注释，以提高可读性。不要那样做，当这样做时，你可能会收到一些非常隐秘的错误消息。

当运行经典的 UNIX yacc（这是一个 C 工具）时，它会生成一个名为 yyparse() 的函数，该函数返回如下结果：根据文法判断，从 yylex() 返回的终结符输入序列是否合法。全局变量可以用其他有用的信息位设置。可以使用这样的全局变量来存储我们想要存储的内容，如语法树的根。在我们继续讨论几个更大的示例之前，可以先看看 yacc 解析器是如何工作的。我们需要了解这一点，以便当事情没有按计划进行时调试解析器。

4.4.3 理解 yacc 解析器

由 yacc 生成的解析器算法称为 LALR（1），这是斯坦福大学 Donald Knuth 发明的一系列解析算法，并由加州大学圣克鲁斯分校的 Frank DeRemer 等人实现。如果你对该理论感兴趣，可以在维基百科上查看 LALR 解析器的相关网页，或参考严肃的编译器构造书籍，如 Douglas Thain 的 *Introduction to Compilers and Language Design*，网址为 https://www3.nd.edu/~dthain/compilerbook/。

就我们的目的而言，你需要知道生成的算法是由一个长 while 循环组成的。在循环的每次迭代中，解析器都会向前迈出一小步。该算法使用一个整数栈来跟踪所看到的内容。解析栈上的每个元素都是一个称为**解析状态**的整数代码，该代码对到该点为止看到的所有终结符和非终结符进行编码。该栈顶部的解析状态和**当前输入**符号是从函数 yylex() 中获得的整数终结符，这两条信息用于决定每个步骤要实施的操作。由于没有内在原因，我们通常将其想象成一根横向的绳子，右边的一串珠子向左滑动到水平描绘的栈上。图 4.1 展示了左侧的 yacc 解析栈及其右侧的输入。

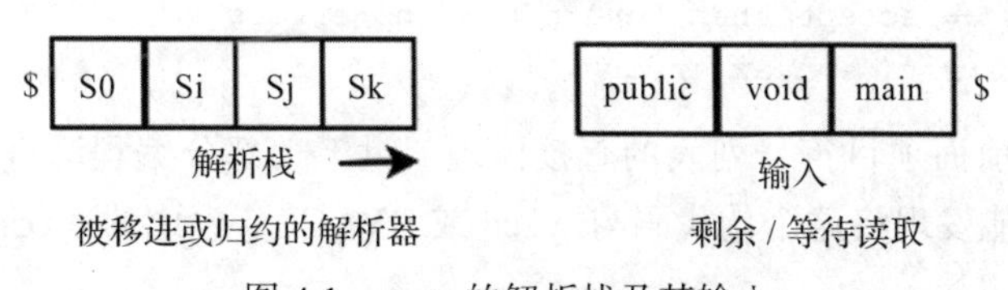

图 4.1　yacc 的解析栈及其输入

图 4.1 中左边的 $ 符号表示栈的底部，而右边的 $ 符号则表示文件结束。yacc 生成两个根据文法计算的大表，称为 **action 表**和 **goto 表**，这些表对每个步骤的操作进行了编码，主表是一个 action 表，用于查找解析状态和当前输入，并返回以下可能结果之一：

- 栈上最前面的几个元素包含一个产生式规则，可以用来（最终）让我们回到起始的非终结符，这称为**归约**（reduce）。
- 算法需要查看下一个输入符号。将当前输入放到解析栈上，然后使用 yylex() 读取下一个输入符号，这称为**移进**（shift）。
- 如果移进和归约都不起作用，则通过调用必须编写的 yyerror() 函数报告语法错误。
- 如果我们正在查看开始的非终结符，并且没有更多的输入等候，那么你就成功了！yyparse() 返回代表没有错误的代码。

接下来，我们可以看到伪代码形式的 yacc 解析算法，在这段代码中，有几个关键变量和操作，如下所述：

- parsestk 是解析栈，一个整数有限自动机解析状态数组。
- index top 跟踪解析栈顶部的下标。
- current 是当前的输入符号。
- shift_n 表示将输入从右向左移动，将解析状态 n 压入该栈，并将 current 移动到下一个输入符号。
- reduce_m 表示应用产生式规则 m，弹出栈中与产生式规则 m 右侧相同的解析状态数，并将对应于产生式规则 m 左侧的非终结符的新解析状态压入栈。由 goto 表指示归约操作要压入的新解析状态。

以下是伪代码形式的解析算法：

```
repeat:
    x = action_table[parsestk[top], current]
    if x == shift_n then {
      push(state_n, parsestk)
      current = next
      }
    else if x == reduce_m then {
      pop(parsestk) |m| times
      push(goto_table[parsestk[top],m], parsestk)
      }
   else if x == accept then return 0 // no errors
   else { yyerror("syntax error") }
```

这段伪代码是前面项目符号列表的直接体现。世上大部分编程语言都使用这种方法进行语法分析。你可能发现将这个伪代码与 iyacc 或 BYACC/J 生成的 .icn 或 .java 文件输出进行比较很有趣。

重要的是，因为这个解析算法只是一个带有两个表查找的循环，所以它运行得相当快。yacc 工具的目的是只提供上下文无关文法并获得解析器，而不必担心它是如何工作的；因此，yacc 是一种**声明式**语言。算法是有效的，我们不必对算法有太多了解，但是如果使用 yacc 工具更改文法或发明一种新语言，我们可能需要对移进和归约操作进行深入了解，以便在解析器没有做我们想要的事情时对上下文无关文法进行调试。yacc 程序员遇到这种情况的最常见方式是，当运行 yacc 时，它报告可能需要修复的冲突。

4.4.4 修复 yacc 解析器中的冲突

在 4.3.2 节中，我们了解到文法可能是有歧义的。当文法有歧义时，yacc 有多个可能的动作，它可能对 action 表中的给定（解析状态、当前输入）查找动作进行编码。yacc 会报告这是一个问题，在这种情况下，生成的解析器将只使用一种可能的歧义解释。yacc 会报告两种冲突：

- shift/reduce——一个产生式规则表示此时可以对当前输入进行 shift 操作，但另一个产生式规则表示已完成并准备好 reduce 操作。在这种情况下，yacc 只会进行 shift 操作，如果需要它进行 reduce 操作，就会遇到麻烦。

- reduce/reduce——更糟糕的一种冲突。不同的产生式规则都声明想在这一点上执行 reduce 操作，哪一个是正确的？ yacc 将任意选择 .y 文件中较早出现的一个，正确率只有 50%。

对于 shift/reduce 冲突，默认规则通常是正确的。我见过产生式语言文法中字面上有成百上千的 shift/reduce 冲突，这些冲突被忽略，似乎没有任何不良影响——它们是无症状的。但千载难逢的是，我在现实生活中也看到过，默认的 shift/reduce 冲突并不是语言所需要的。

对于 reduce/reduce 冲突，我们不能使用默认规则。部分文法将不会被触发。对任意 reduce/reduce 情形，或者如果你确定 shift/reduce 冲突是一个问题，则需要修改文法以消除冲突。修改文法以避免冲突超出了本书的范围，它通常涉及重构，以消除多余的文法部分，或者创建新的非终结符，使得产生式规则更加挑剔。现在我们将探讨解析器遇到错误时会发生什么。

4.4.5 语法错误修复

当解析器在报告语法错误后需要继续执行时，就需要进行**语法错误修复**。如果修复成功，编译器可以继续查找其余错误（如果有的话）。对批处理情形，尽可能地修复语法错误是很重要的。然而，错误修复以其惊人的失败而闻名！编译器往往会在第一个错误消息之后给出大量**连锁错误消息**，因为尝试修复和继续解析需要瞎猜是否缺少标记，是否存在额外标记，或是否无意中使用了错误标记，等等。可能性太多了。因此，我们将在本书中坚持最低限度错误修复。

如果在文法中添加了额外的产生式规则，则 yacc 解析器将尝试修复。这些规则使用一个名为 error 的特殊标记来记录可能出现语法错误的位置。当发生实际语法错误时，shift/reduce 解析器从其解析栈中丢弃解析状态，并从其输入中丢弃标记，直到它找到一个状态，该状态在出现 error 时继续处理。在 Jzero 语言中，我们可能有一个规则，它会抛出丢弃标记的语句中的语法错误，直到看到分号。文法中可能有一个或两个更高级别的位置，错误标记会跳到函数体或声明的末尾，仅此而已。

虽然我们只是触及这个话题，但如果要让编程语言变得出名和流行，你可能最终要学会至少对最简单和最常见的错误加以修复。由于错误不可避免，因此除了修复和继续解析之外，还要考虑报告错误消息。4.6 节将介绍错误报告。现在，我们使用第 3 章中开发的扫描器来对一些工作的解析器加以组合。

4.4.6 组合简单示例

本示例允许我们检验是否可以安装并运行 iyacc 和 BYACC/J。本示例解析器只解析替换名称和数字的序列。文件名 ns.y（表示名称序列）用于 yacc 规范。yacc 根据本规范生成的代码将使用两个辅助函数，在 Java 上，这两个函数可能会启动 yacc 头部分，如下所示：

```
%{
import static ch4.lexer.yylex;
import static ch4.yyerror.yyerror;
%}
```

如果你使用库存 BYACC/J 1.15 构建 Java 实现，那么 ns.y 应该从前四行开始。%{ …% } 中的代码由两个 import static 声明组成。这演示了 Java 如何令生成的解析器代码调用 yylex() 和 yyerror()，这些函数位于不同的类和不同的源文件中。

我们希望将 yylex() 和 yyerror() 放在不同的类和源文件中，而不是 .y 文件的辅助函数部分，因为它们在 Unicon 和 Java 中有所不同。另一个原因是 yylex() 和 yyerror() 可以由单独的工具生成，这些工具有第 3 章介绍的 uflex 和 jflex，以及本章后面要介绍的 merr。不幸的是，如果不将这些类和函数放在包中，Java 就无法执行 import static 操作。包被命名为 ch4，因为本章的代码位于名为 ch4 的目录中，Java 要求包名和目录名匹配。多亏了软件包，第 3 章中的代码必须稍加修改，我们还可以期待棘手的 CLASSPATH 问题和隐秘的错误消息。

由于 import static 行不适用于 Unicon，因此在本书中，我们修改了 BYACC/J，为所需的静态导入添加了命令行选项。如果你使用的是本书网站或其他新 / 当前来源中的这些工具的版本，则可以跳过前面的四行从命令行执行这些操作，允许整个 ns.y 文件作为 Unicon 和 Java 项目的输入，无须修改即可工作。

在下面的 ns.y 示例中，没有语义动作代码，本章只关注语法分析，第 5 章再详细讨论语义动作。

```
%token NAME NUMBER
%%
sequence : pair sequence | ;
pair : NAME NUMBER ;
```

根据上述规范，yacc 将生成一个函数 yyparse()，它执行 LALR 解析算法，其最终效果如下：

- yyparse() 从 main() 函数调用。
- yyparse() 调用 yylex() 获取终结符。
- yyparse() 使用产生式规则的所有可能组合，将从 yylex() 返回的每个终结符与所有可能的解析进行匹配。
- 解析最终选择当前位置正确的产生式规则，并执行其语义动作（如果有的话）。

重复第 2 步～第 4 步，直到解析完整个输入或者发现语法错误，yylex() 函数由以下 lex 规范生成：

```
package ch4;
%%
%int
%%
[a-zA-Z]+    { return Parser.NAME; }
[0-9]+       { return Parser.NUMBER; }
[ \t]+       { }
.            { lexer.lexErr("unrecognized character"); }
```

这段代码来自第 3 章中的 nnws.l 文件，这里对其进行了修改，以便与 yacc 生成的解析器一起使用。首先，在 Java 中，它必须成为 ch4 包的一部分。另外，它必须返回 yacc 用于 NAME 和 NUMBER 的整数。回忆第 3 章，通过名称访问这些整数的 Java 兼容方法是通过包含它们的 Parser 对象。BYACC/J 工具为 Java 自动生成此解析器对象。对于 Unicon，iyacc 的传统 -d 选项在包含文件中（对于 ns.y，可以在 ns_tab.icn 中）生成宏定义，就像经典的 UNIX C yacc 一样。在本书中，iyacc 扩展了一个命令行选项 -dd，它生成一个 Java 兼容的 Parser 对象，该对象包含名称及其值。

main() 函数必然因语言而异。当我们将 yacc yyparse() 模块添加到程序中时，事情开始变得复杂起来。为此，这里要对上一章的 main() 功能进行调整，以便在单独的文件中执行词法分析器初始化和词法错误处理。我们将首先讨论 main() 函数。当初始化完成后，main() 调用 yyparse() 检查源代码的语法。以下是 trivial.icn 文件中主模块的 Unicon 版本代码：

```
procedure main(argv)
   yyin := open(argv[1]) | stop("usage: trivial file")
   lexer := lexer()
   Parser := Parser()
   if yyparse() = 0 then write("no errors")
end
procedure yyerror(s)
   stop(s)
end
class lexer()
   method lexErr(s)
      stop("lexical error: ", s)
   end
end
```

main() 的此 Unicon 实现从第一个命令行参数中给定的名称打开输入文件。通过对 yyin 变量赋值，词法分析器被告知从哪个文件读取数据。词法分析器和解析器对象被初始化，这只是为了与我们的 Flex 规范兼容。然后，代码调用 yyparse() 解析输入文件。trivial.java 文件中以下 Java 代码包含一个 main() 函数，该函数与前面的 Unicon 示例相对应：

```
package ch4;
public class trivial {
   static ch4.j0p par;
   public static void main(String argv[]) throws Exception
   {
      ch4.lexer.init(argv[0]);
      par = new ch4.Parser();
      int i = par.yyparse();
      if (i == 0)
         System.out.println("no errors");
   }
}
```

这个主模块比第3章中的simple类简短些，该模块所做的工作只是初始化词法分析，初始化解析器，然后调用yyparse()查看输入是否合法。为了从yyparse()调用yylex()函数而不必引用Yylex对象，也不需要循环引用主类trivial，Yylex对象及其初始化被拉到一个名为lexer的包装类中。以下lexer.java文件包含这些代码：

```
package ch4;
import java.io.FileReader;
public class lexer {
   public static Ylex yylexer;
   public static void init(String s) throws Exception {
      yylexer = new Yylex(new FileReader(s));
   }
   public static int YYEOF() { return Yylex.YYEOF; }
   public static int yylex() {
      int rv = 0;
      try {
        rv = yylexer.yylex();
      } catch(java.io.IOException ioException) {
        rv = -1;
      }
      return rv;
   }
   public static String yytext() {
      return yylexer.yytext();
   }
   public static void lexErr(String s) {
      System.err.println(s);
      System.exit(1);
   }
}
```

init()方法实例化了一个Yylex对象，供静态方法yylex()后续使用，该方法可以从yyparse()调用。这里的yylex()只是一个掉头回来调用yylexer.yylex()的代理。

还有一个难题：yyparse() 在遇到语法错误时调用名为 yyerror() 的函数，yyerror.java 文件包含一个 yyerror 类，该类有一个 yyerror() 静态方法，如下所示：

```
package ch4;
public class yyerror {
    public static void yyerror(String s) {
      System.err.println(s);
      System.exit(1);
    }
}
```

这个版本的 yyerror() 函数只是调用 println() 并退出，但我们可以根据需要修改它。尽管我们愿意这样做，可能只是为了在 Unicon 和 Java 之间共享 yacc 规范文件，但当我们在 4.5 节中改进语法错误消息时，这也会得到回报。

现在是时候运行我们的简单示例程序，看看它能做什么了。使用以下输入文件 dorrie3.in 运行程序：

```
Dorrie 1 Clint 0
```

你可以用 Unicon 或 Java 构建和运行该程序，如下所示。在 Unicon 下执行的命令序列如下：

```
uflex nnws.l
iyacc -dd ns.y
unicon trivial nnws ns ns_tab
trivial dorrie3.in
```

在 Java 环境下执行的命令序列如下所示：

```
jflex nnws.l
yacc -Jpackage=ch4 -Jyylex=ch4.lexer.yylex \
                   -Jyyerror=ch4.yyerror.yyerror ns.y
javac trivial.java Yylex.java Parser.java lexer.java \
        yyerror.java ParserVal.java
java ch4.trivial dorrie3.in
```

在以上每种实现中，我们应该看到如下输出：

```
no errors
```

到此为止，本示例所做的只是使用正则表达式对输入字符组进行分类，以确定找到了什么样的词素。为了让编译器的其余部分工作，我们需要更多关于该词素的信息，并要将这些信息存储在一个标记中。

在本节中，我们学习了如何将 yacc 生成的解析器与上一章中 lex 生成的扫描器进行集成。在对 iyacc 和 BYACC/J 稍作调整后，Unicon 和 Java 使用了相同的 lex 和 yacc 规范。主要的挑战是将这些声明性语言集成到 Java 中，这涉及从辅助类编写和导入两个静态方法。

令人高兴的是，我们可以让这些工具在一个简单示例上工作。现在是在实际编程语言中使用它们的时候了。

4.5 为 Jzero 编写解析器

下一个示例是 Jzero 解析器，它是 Java 语言的子集，这里对第 3 章的 Jzero 示例进行了扩展，最大的变化是引入了许多上下文无关文法规则，用于构建比之前更复杂的语法结构。如果你编写的新语言不是基于现有语言，则必须从头开始使用上下文无关文法。对于 Jzero，情况并非如此。我们用于 Jzero 的文法改编自一种名为 Godiva 的 Java 方言。要使用真正的 Java 文法，可以参考 `https://docs.oracle.com/javase/specs/`。

4.5.1 Jzero lex 规范

正如第 3 章所述，Jzero 的 `lex` 规范的顶部添加了一行包（package）声明。解析器必须在扫描器完成编译前生成，因为 `yacc` 将 `j0gram.y` 转换为一个解析器类，其类的常量值由扫描器引用。因为 `yylex()` 的静态导入需要使用包，所以必须在第 3 章的 `javalex.l` 顶部添加以下行：

```
package ch4;
```

为了与第 3 章的 `javalex.l` 兼容，本章前面的普通解析器中名为 lexer 的模块在 Jzero 解析器中称为 `j0`。

在了解为了从解析器调用 Jzero `lex` 规范而对其进行这一微小更改之后，我们继续学习 Jzero `yacc` 规范。

4.5.2 Jzero yacc 规范

与前面的示例相比，真正的（或仿真的）编程语言 `yacc` 规范有更多、更复杂的产生式规则。以下文件称为 `j0gram.y`，分为几个部分。

`j0gram.y` 的第一部分包括终结符的头和声明部分，这些声明是第 3 章中使用的解析器类中符号常量的来源。在扫描器和解析器中，名称匹配是不够的，整数代码必须相同，这样两个工具才能对话。扫描器必须为其终结符返回解析器的整数代码。根据前面对 yacc 头部分的描述，通过在每行终结符的名称前以 `%token` 开头来声明终结符。Jzero 为保留字、不同类型的字面常量和多字符运算符声明了大约 27 个符号：

```
%token BREAK DOUBLE ELSE FOR IF INT RETURN VOID WHILE
%token IDENTIFIER CLASSNAME CLASS STRING BOOL
%token INTLIT DOUBLELIT STRINGLIT BOOLLIT NULLVAL
%token LESSTHANOREQUAL GREATERTHANOREQUAL
```

```
%token ISEQUALTO NOTEQUALTO LOGICALAND LOGICALOR
%token INCREMENT DECREMENT
%%
```

%% 之后是我们指定的语言的上下文无关文法的产生式规则。默认情况下，第一条规则中的非终结符是起始非终结符，在Jzero中表示一个完整的源文件、模块或编译单元。在Jzero中，这只是一个类，这是对Java的一种极简化，对Java来说，在给定的源文件中，通常有多个声明，例如类前有多个导入。

类声明由关键字CLASS开头，后跟类名的标识符，再后是声明的主体部分：

```
ClassDecl:     CLASS IDENTIFIER ClassBody ';' ;
```

类主体是一个字段、方法和构造函数的声明序列。注意ClassBody的产生式规则如何允许花括号内出现零个或多个声明：第一个规则需要一个包含一个或多个ClassBodyDecls的列表；而第二个规则明确允许空类异常但合法的情况：

```
ClassBody:      '{' ClassBodyDecls '}' | '{' '}' ;
ClassBodyDecls: ClassBodyDecl | ClassBodyDecls
                ClassBodyDecl;
ClassBodyDecl:  FieldDecl | MethodDecl | ConstructorDecl ;
```

字段声明由一个类型后跟由逗号分隔的变量列表组成。关键字class后面的标识符表示类型名。有些语言实现使词法分析器在该词成为类型名而不是变量名后，为其报告不同的整数类别代码，但Jzero并不这样处理：

```
FieldDecl:      Type VarDecls ';' ;
Type:           INT | DOUBLE | BOOL | STRING | Name ;
Name:           IDENTIFIER | QualifiedName ;
QualifiedName:  Name '.' IDENTIFIER ;
VarDecls:       VarDeclarator | VarDecls ',' VarDeclarator;
VarDeclarator:  IDENTIFIER | VarDeclarator '[' ']' ;
```

j0gram.y的下一部分包含可以在类中声明的其他两种事物的语法规则，它们使用函数语法：方法和构造函数。首先，它们的头部略有不同，后跟一个语句块：

```
MethodDecl: MethodHeader Block ;
ConstructorDecl: FuncDeclarator Block ;
```

方法头部有一个返回类型，但其他方法和构造函数共享同样的语法，形式为非终结FuncDeclarator和Block的常见用法：

```
MethodHeader: Type FuncDeclarator | VOID FuncDeclarator ;
```

函数的名称（或在构造函数的情况下，为类名）后面是带括号的参数列表：

```
FuncDeclarator: IDENTIFIER '(' FormalParmListOpt ')' ;
```

参数列表包含零个或多个参数。非终结符FormalParmListOpt有两个产生式规则：要么有（非空）FormalParmList，要么没有。竖线后面的空产生式规则称为 **ε 规则**（epsilon rule）：

```
FormalParmListOpt: FormalParmList | ;
```

形式参数列表是一个由逗号分隔的列表，其中每个形式参数由一个类型和一个变量名组成：

```
FormalParmList: FormalParm | FormalParmList ',' FormalParm;
FormalParm: Type VarDeclarator ;
```

j0gram.y 的下一部分包含**语句文法**。**语句**是不提供周围代码使用的值的代码块，Jzero 有几条语句，Block（如方法主体）是由一系列（子）语句组成的语句，这些语句用大括号 {} 括起来：

```
Block: '{' BlockStmtsOpt '}' ;
```

由于 Block 可能包含零子语句，因此使用具有 ε 规则的非终结符：

```
BlockStmtsOpt:    BlockStmts | ;
```

省去了可选情形后，BlockStmts 使用递归链接在一起：

```
BlockStmts:       BlockStmt | BlockStmts BlockStmt ;
```

块中允许的语句类型包括变量声明和普通可执行语句：

```
BlockStmt:        LocalVarDeclStmt | Stmt ;
```

局部变量声明由类型组成，后跟一个以分号结尾的逗号分隔的变量名列表。非终结符 VarDecls 出现在以前用于类变量声明的地方：

```
LocalVarDeclStmt: LocalVarDecl ';' ;
LocalVarDecl:     Type VarDecls ;
```

有许多种普通的可执行语句，包括表达式、break 和 return 语句、if 语句、while 和 for 循环：

```
Stmt:   Block | ';' | ExprStmt | BreakStmt | ReturnStmt
      | IfThenStmt | IfThenElseStmt | IfThenElseIfStmt
      | WhileStmt | ForStmt ;
```

大多数表达式产生的值必须在环绕表达式中使用。通过在三种表达式后面加上分号，可以将它们转换为语句：

```
ExprStmt:  StmtExpr ';' ;
StmtExpr:  Assignment | MethodCall | InstantiationExpr ;
```

还提供了多种形式的 if 语句，并允许 else 语句链。这看起来有些过多，因为 Java 的 Jzero 子集通常需要条件和循环构造体使用大括号，从而避免常见的错误来源：

```
IfThenStmt:       IF '(' Expr ')' Block ;
```

```
IfThenElseStmt:    IF '(' Expr ')' Block ELSE Block ;
IfThenElseIfStmt: IF '(' Expr ')' Block ElseIfSequence
      | IF '(' Expr ')' Block ElseIfSequence ELSE Block ;
ElseIfSequence:    ElseIfStmt | ElseIfSequence ElseIfStmt ;
ElseIfStmt:        ELSE IfThenStmt ;
```

WHILE 循环具有与 IF 语句类似的简单语法：

```
WhileStmt:         WHILE '(' Expr ')' Block ;
```

另外，FOR 循环则非常复杂：

```
ForStmt: FOR '(' ForInit ';' ExprOpt ';' ForUpdate ')' Block ;
ForInit:           StmtExprList | LocalVarDecl | ;
ExprOpt:           Expr | ;
ForUpdate:         StmtExprList | ;
StmtExprList:      StmtExpr | StmtExprList ',' StmtExpr ;
```

BREAK 和 RETURN 语句非常简单，这两个语法的唯一区别是 RETURN 后面可以跟一个可选表达式，VOID 方法返回时没有表达式，而非 VOID 方法必须包含表达式，这必须在语义分析期间加以检查：

```
BreakStmt:         BREAK ';' ;
ReturnStmt:        RETURN ExprOpt ';' ;
```

j0gram.y 的下一部分包含**表达式文法**。**表达式**是计算值的代码块，通常用于环绕表达式。此表达式文法在每一级运算符优先级使用一个非终结符。例如，强制乘法优先于加法的方式是在 MulExpr 非终结符上执行所有乘法，然后使用 AddExpr 产生式规则中的加号（或减号）运算符将 MulExpr 实例链接在一起：

```
Primary: Literal | '(' Expr ')' | FieldAccess | MethodCall;
Literal:  INTLIT | DOUBLELIT | BOOLLIT | STRINGLIT |NULLVAL;
InstantiationExpr: Name '(' ArgListOpt ')' ;
ArgList: Expr | ArgList ',' Expr ;
ArgListOpt:  ArgList | ;
FieldAccess: Primary '.' IDENTIFIER ;
MethodCall: Name '(' ArgListOpt ')'
    | Name '{' ArgListOpt '}'
    | Primary '.' IDENTIFIER '(' ArgListOpt ')'
    | Primary '.' IDENTIFIER '{' ArgListOpt '}' ;
PostFixExpr: Primary | Name ;
UnaryExpr:  '-' UnaryExpr | '!' UnaryExpr | PostFixExpr ;
MulExpr: UnaryExpr | MulExpr '*' UnaryExpr
    | MulExpr '/' UnaryExpr | MulExpr '%' UnaryExpr ;
AddExpr: MulExpr | AddExpr '+' MulExpr | AddExpr '-'
MulExpr ;
RelOp: LESSTHANOREQUAL | GREATERTHANOREQUAL | '<' | '>' ;
```

```
RelExpr: AddExpr | RelExpr RelOp AddExpr ;
EqExpr: RelExpr | EqExpr ISEQUALTO RelExpr | EqExpr
NOTEQUALTO RelExpr ;
CondAndExpr: EqExpr | CondAndExpr LOGICALAND EqExpr ;
CondOrExpr: CondAndExpr | CondOrExpr LOGICALOR CondAndExpr;
Expr: CondOrExpr | Assignment ;
Assignment: LeftHandSide AssignOp Expr ;
LeftHandSide: Name | FieldAccess ;
AssignOp: '=' | INCREMENT | DECREMENT ;
```

尽管这一部分在这里被分成五个部分，但 `j0gram.y` 文件不是很长，大约有 120 行代码。由于它同时适用于 Unicon 和 Java，这对编码成本来说是一个很大的冲击。支持 Unicon 和 Java 代码非常简单，但我们让 `yacc`（iyacc 和 BYACC/J）完成这里的大部分工作。当扩展解析器以构建语法树时，`j0gram.y` 文件在第 5 章中会变得更长。

现在是时候看看支持 Unicon Jzero 的代码了，它调用并使用 Jzero yacc 文法。

4.5.3 Unicon Jzero 代码

Jzero 解析器的 Unicon 实现使用与第 3 章中几乎相同的组织，从名为 `j0.icn` 的文件开始。在基于 `yacc` 的程序中，`main()` 过程调用 `yyparse()`（而不是在循环中调用 `yylex()`），它在每次执行移进操作时都会调用 `yylex()`。

正如第 3 章中所提到的，Unicon 扫描器使用一个 `parser` 对象，该对象的字段，如 `parser.WHILE`，包含整数类别代码。解析器对象不再在 `j0.icn` 中，它现在由 `yacc` 在 `j0gram.icn` 文件中生成，这是一个巨大的文件，不会在这里显示：

```
global yylineno, yycolno, yylval, parser
procedure main(argv)
   j0 := j0()
   parser := Parser()
   yyin := open(argv[1]) | stop("usage: j0 filename")
   yylineno := yycolno := 1
   if yyparse()=0 then
      write("no errors, ", j0.count, " tokens parsed")
end
```

`j0.icn` 的第二部分由 `j0` 类组成，可参阅 3.5.2 节中的介绍：

```
class j0(count)
   method lexErr(s)
      stop(s, ": ", yytext)
   end
   method scan(cat)
      yylval := token(cat, yytext, yylineno, yycolno)
      yycolno +:= *yytext
      count +:= 1
```

```
      return cat
   end
   method whitespace()
      yycolno +:= *yytext
   end
   method newline()
      yylineno +:= 1; yycolno := 1
   end
   method comment()
      yytext ? {
         while tab(find("\n")+1) do newline()
         yycolno +:= *tab(0)
      }
   end
   method ord(s)
      return proc("ord",0)(s[1])
   end
initially
   count := 0
end
```

在j0.icn的第三部分，第3章保留了带有deEscape()方法的标记类型：

```
class token(cat, text, lineno, colno, ival, dval, sval)
   method deEscape(sin)
      local sout := ""
      sin := sin[2:-1]
      sin ? {
         while c := move(1) do {
            if c == "\\" then {
               if not (c := move(1)) then
                  j0.lexErr("malformed string literal")
               else case c of {
                  "t":{ sout ||:= "\t" }
                  "n":{ sout ||:= "\n" }
                  }
               }
            }
            else sout ||:= c
         }
      }
      return sout
   end
initially
   case cat of {
     parser.INTLIT:    { ival := integer(text) }
```

```
    parser.DOUBLELIT: { dval := real(text) }
    parser.STRINGLIT: { sval := deEscape(text) }
  }
end
```

你也许会注意到，由于 yacc 为我们做了一些工作，因此与上一章相比，本章中的 Unicon Jzero 代码略短。现在我们看看 Java 中的对应代码。

4.5.4 Java Jzero 解析器代码

Jzero 解析器的 Java 实现在 j0.java 文件中包含一个主类，除了 main() 函数调用 yyparse() 之外，它与第 3 章中的文件类似：

```
package ch4;
import java.io.FileReader;
public class j0 {
   public static Yylex lex;
   public static parser par;
   public static int yylineno, yycolno, count;
   public static void main(String argv[]) throws Exception
   {
      lex = new Yylex(new FileReader(argv[0]));
      par = new parser();
      yylineno = yycolno = 1;
      count = 0;
      int i = par.yyparse();
      if (i == 0) {
         System.out.println("no errors, " + j0.count +
                            " tokens parsed");
      }
   }
   // rest of j0.java methods are the same as in Chapter 3.
}
```

为了运行该程序，你还必须编译由 yacc 从输入 j0gram.y 文件生成的名为 parser.java 的模块。该模块提供 yyparse() 函数以及一组直接声明为短整数的命名常量。虽然本书列出了 j0gram.y 而不是从中生成的 parser.java 文件，但我们可以运行 yacc 并查看其输出。

还有一个名为 token.java 的支持模块，包含标记类，它与第 3 章中介绍的内容相同，在此不再重复。

如果你想提前计划，那么你可能感兴趣的是，类标记的实例包含我们在第 5 章要构建的语法树叶子中所需的信息。人们可以通过不同的方式将这些词法信息连接到叶子中，我们将在第 5 章中讨论这个问题。

4.5.5 运行Jzero解析器

我们可以在Unicon或Java中运行该程序，如下所示。这次，我们在以下名为hello.java的示例输入文件中运行该程序：

```
public class hello {
   public static void main(String argv[]) {
      System.out.println("hello, jzero!");
   }
}
```

记住，对于解析器来说，这个hello.java程序是一系列词素，必须检查它们是否遵循我们前面给出的Jzero语言的文法。编译和运行Jzero解析器的命令类似于前面的示例，共中包含更多的文件。Unicon命令如以下示例所示：

```
uflex javalex.l
iyacc -dd j0gram.y
unicon j0 javalex j0gram j0gram_tab yyerror
j0 hello.java
```

由uflex为javalex.l输出的机器生成的代码包含一个足够大的独立函数，导致Unicon代码生成器（icont）的库存版本失败，并导致其自身的解析栈溢出！为了运行这个示例，我不得不修改icont yacc文法以使用更大的栈。

在前面命令列表最后一行的旁边，通过单次调用来编译j0可执行文件以执行编译和链接是在Unicon上的一种延迟演示。在Java上，词法分析器（使用解析器整数常量）和解析器（调用yylex()）之间有足够的循环依赖关系，因此我们会发现有必要继续使用深呼吸编译模型。虽然这是一个糟糕的情况，但如果这是Java顺利结合jflex和BYACC/J所需要的，那么让我们放松并享受它吧。

深呼吸模型

所有严肃的编程语言，特别是面向对象的编程语言都允许单独编译模块，事实上，这些编程语言鼓励使用较小的模块，这样一个构建程序就包含许多微小的模块编译。当某些代码发生更改时，对整个程序，只需重新编译其中一小部分。不幸的是，许多编程语言都具有使用彼此的静态成员的类的特性，在本例中就是这样，这可能会导致你不得不在Java下同时编译几个或多个模块。对一种避免链接的语言来说，这是非常讽刺的。有时，你可以梳理出一系列可以在Java中运行的单个编译，有时不可以。当你必须在命令行上一次提交许多或所有Java源文件时，对C/C++程序员来说，这是不明智的举动；对Java程序员来说，这是常规和必要的。别担心。这就是快速CPU、多核和过度设计的IDE的用途。

构建和运行 j0 解析器的 Java 命令如下：

```
jflex javalex.l
yacc -Jclass=parser -Jpackage=ch4 -Jyylex=ch4.j0.yylex\
     -Jyyerror=ch4.yyerror.yyerror j0gram.y
javac parser.java Yylex.java j0.java parserVal.java \
        token.java yyerror.java
java ch4.j0 hello.java
```

从 Unicon 或 Java 实现中，我们应该可以看到如下输出：

```
no errors, 26 tokens parsed
```

这不是很有趣的输出。Jzero 解析器在第 5 章中将更加有用，因为我们将在第 5 章学习构建一个数据结构，该数据结构是输入源程序的完整语法结构的记录。该数据结构是编程语言的解释器或编译器实现的基本框架。同时，如果我们提供的输入文件缺少一些必需的标点符号，或者使用了一些不在 Jzero 中的 Java 构造，该怎么办？我们需要一条错误消息。下面的示例输入文件名为 helloerror.java，该文件对我们学习 4.6 节非常有用：

```
public class hello {
   public static void main(String argv[]) {
      System.out.println("hello, jzero!")
   }
}
```

你能看到错误吗？这是最古老、最常见的语法错误，println() 语句末尾缺少分号。

基于目前编写的解析器，运行 j0 helloerror.java 输出以下 yacc 默认错误消息并退出：

```
parse error
```

虽然 no errors 并不是我们感兴趣的，但在出现问题时说 parse error 根本不是用户友好的，现在是时候考虑语法错误报告和恢复了。

4.6 改进语法错误消息

早些时候，我们看到了一些关于 yacc 语法错误报告机制的信息。yacc 只调用一个名为 yyerror(s) 的函数。该函数很少会因为内部错误（如解析栈溢出）而调用，但通常在调用此函数时，会传递字符串 "parse error" 或 "syntax error" 作为函数的参数。这两者都不足以帮助程序员在现实世界中发现并修复错误。如果我们自己编写一个名为 yyerror() 的函数，那么可以生成更好的错误消息。关键是要有程序员可以使用的额外信息。通常，这些额外的信息必须放在全局或公共静态变量中，以便 yyerror() 能够访问。我们首先看看如何在 Unicon 中编写更好的 yyerror() 函数，然后在 Java 中编写。

4.6.1 向 Unicon 语法错误消息添加详细信息

在4.4.6节中，我们看到了 yyerror(s) 的 Unicon 实现，它只包括调用 stop(s)。我们很容易比这做得更好，特别是如果我们有全局变量（如 yylineno）可用时。在 Unicon 中，yyerror() 函数可能如下所示：

```
procedure yyerror(s)
   write(&errout, "line ", yylineno, " column ", yycolno,
                  ", lexeme \"", yytext, "\": ", s)
end
```

这段代码用于输出行号和列号，并发现语法错误时的当前词素。因为 yylineno、yycolno 和 yytext 是全局变量，所以从帮助程序 yyerror() 访问它们是没有问题的。你可能想做得更好的主要事情是找出如何生成一条比只显示解析错误更有用的消息。

4.6.2 向 Java 语法错误消息添加详细信息

对应的 Java yyerror() 函数代码如下所示。在 BYACC/J 中，我们可以将此方法放在 j0gram.y 的辅助函数部分，在那里将它包含在调用它的 Parser 类中。不幸的是，如果这样做，就会牺牲 yacc 规范文件中的 Unicon/Java 可移植性。因此，我们将 yyerror() 函数放在它自己的类和文件中。这个例子展示了 Java 的准面向对象模型所造成的病态程度，在这种模型中，任何东西都必须在一个类中，即使这样做是愚蠢的：

```
public class yyerror {
   public static void yyerror(String s) {
      System.err.println(" line "+ j0.yylineno +
                         " column "+ j0.yycolno +
                         ", lexeme \""+ j0.yytext()+ "\": "+ s);
   }
}
```

正如我们在本章前面所看到的，从 BYACC/J 生成的解析器类内的另一个文件中使用这个 yyerror() 需要一个 import static 声明，我们为该声明添加了 -Jyylex=... 和 -Jyyerror=... 命令行选项。

使用 Unicon 或 Java 实现，当我们将此 yyerror() 链接到 j0 解析器并运行 j0 helloerror.java 时，应该看到如下输出：

```
line 4 column 1, lexeme "end": parse error
```

直到最近，这和许多产品级编译器（如 gcc）所做的一样好。对一名专业程序员来说，这已经足够了。在查看故障点前后，专家将看到缺失的分号。但对一名新手或中级程序员来说则很糟糕，即使是发现错误的行号、列和标记也不够。好的编程语言工具必须能够传递更好的错误消息。

4.6.3 使用Merr生成更好的语法错误消息

如何编写一个更好的消息，清楚地指出解析错误？解析算法在发现存在错误时正在查看两个整数：**解析状态**和**当前输入符号**。如果能将这两个整数映射到一组更好的错误消息，你就成功了。不幸的是，弄清楚整数解析状态的含义并不简单，我们可以通过痛苦的试错来做到这一点，但每次改变文法时，这些数字都会改变。

我们在这里创建了一个工具来解决这个问题，工具名为Merr（Meta error），位于`http://unicon.org/merr`，它的输入包括编译器的名称、构建它的`makefile`文件和一个包含错误片段列表及其相应错误消息的`meta.err`规范文件。为了生成`yyerror()`，Merr构建编译器并以一种模式运行它，使它输出每个片段错误的解析状态和当前输入标记。然后，它写出一个`yyerror()`，其中包含一个表，显示每个解析状态和错误片段的相关错误消息。构建的包括一些错误（包括前面显示的缺失分号错误）的`meta.err`文件如下所示：

```
public {
::: class expected
public class {
::: missing class name
public class h public
::: { expected
public class h{public static void m(S a[]){S.o.p("h")}}
::: semi-colon expected
```

我们通过告诉Merr工具正在构建的编译器的名称来对该工具进行调用，当它调用`make`来构建编译器时，它使用这个名称作为目标参数。各种命令行选项允许指定`yacc`版本和其他重要细节。以下命令行在Unicon（左侧）或Java（右侧）上调用`merr`：

```
merr -u j0                         merr -j j0.class
```

这个命令会持续一段时间。`merr`使用修改后的`yyerror()`函数重新构建编译器，以报告每次出错时的解析状态和输入标记。然后Merr在每个错误片段上运行编译器，并记录它们的解析状态。最后，`merr`编写一个`yyerror()`，其中包含一个将解析状态映射到错误消息的表。

正如你在Unicon和Java案例中看到的，一方面，在发现语法错误时编写包含行号或当前输入符号的错误消息是很容易的。另一方面，说一些更有帮助的话可能会有挑战性。

4.7 本章小结

在本章中，我们学习了编程语言在解析程序源代码中的词素序列以检查其组织和结构时所使用的关键技术技能和工具。

我们学会了编写上下文无关文法，并使用iyacc和BYACC/J工具获取上下文无关文法并为其生成解析器。

当输入不符合规则时，将调用错误报告函数 yyerror()。我们学习了有关此错误处理机制的一些基础知识。

我们学习了如何从 main() 函数调用生成的解析器。yacc 生成的解析器通过 yyparse() 函数实现调用。

现在，我们可以学习如何构建反映输入源代码结构的语法树数据结构了，第 5 章将详细介绍语法树的构造。

4.8　思考题

1. 说文法符号是终结符是什么意思？
2. YACC 解析器被称为 shift/reduce 解析器。什么是 shift？什么是 reduce？
3. 当解析器执行 shift 或 reduce 动作，或同时执行这两种动作时，YACC 文法中的语义动作代码是否执行？
4. 语法分析如何利用第 3 章中描述的词法分析？

Chapter 5

第5章 语法树

第4章构建的解析器可以检测并报告语法错误，这项工作相当重要。当没有语法错误时，你需要在解析过程中构建数据结构，用于在逻辑上表示整个程序。该数据结构致力于将不同的标记和程序的主要部分组合在一起。**语法树**是一种树形数据结构，记录了语法规则的分支结构，解析算法用它来检查输入源文件的语法。每当两个或多个符号在文法规则的右侧组合在一起构建非终结符时，就会发生分支。本章介绍如何构建语法树，这是编程语言实现的中心数据结构。

现在是时候学习树形数据结构以及如何构建它们了。但首先你需要了解一些新的工具，这些工具将在本书其余部分使你的语言构建更加容易。

5.1 技术需求

本章有两个工具需要安装，如下所示：

- Dot，是一个名为Graphviz的软件包的一部分，可以从 `http://graphviz.org` 下载。在成功安装Graphviz后，相应路径上应该有一个名为 `dot`（或 `dot.exe`）的可执行程序。
- GNU's Not Unix（GNU）`make`，是一个帮助管理大型编程项目的工具，同时支持Unicon和Java。它的Windows版可从 `http://gnuwin32.sourceforge.net/packages/make.htm` 获取。大多数程序员可能将其与C/C++编译器或开发套件（如MSYS2或Cygwin）一起使用。在Linux系统中，通常可以从C开发套件中获得 `make`，尽管它通常也是一个可以安装的独立软件包。
- 你可以从我们的GitHub库中下载本章示例：`https://github.com/PacktPu-`

blishing/Build-Your-Own-Programming-Language/tree/master/ch5。

在深入探讨本章主要内容之前，我们先介绍如何使用 GNU make 的基础知识，并解释为什么需要该工具开发编程语言。

5.2 GNU make的使用

由于命令行越来越长，因此在建立编程语言时，我们常常在输入命令行上疲于奔命。我们已经使用过 Unicon、Java、UFlex、JFlex、iyacc 和 BYACC/J。在用于构建大型程序的工具中，很少有属于多平台、多语言的工具集。我们将使用终极的 GNU make。

一旦在你的路径中安装了 make 程序，就可以把 Unicon 或 Java（或两者都有）的构建规则存储在一个名为 makefile（或 Makefile）的文件中，然后就可以在你修改了代码并需要重建时运行 make。对 make 的全面处理超出了本书的范围，但有以下几个关键点需要了解。

makefile 就像 lex 或 yacc 规范一样，只不过它不是识别字符串的模式，而是指定文件之间的**构建依赖**关系图。对于每个文件，makefile 包含源文件，以及构建该文件所需的一个或多个命令行的列表。makefile 头文件只是由 NAME= 字符串定义的宏组成，这些字符串用于后面的行中，通过编写 $(NAME) 来使用其定义替换名称。makefile 的其余几行是以下列格式编写的依赖关系：

```
file: source_file(s)
	build rule
```

其中第一行 file 是要构建的输出文件，也称目标文件。第一行明确目标文件要对应于当前的源文件，这是制作目标文件所必需的。build rule 是要执行的命令行，用于从这些源文件制作输出文件。

> **不要忘记 tab 标签！**
>
> make 程序支持多行构建规则，只要这些行是连续以 tab 开头的。新手在编写 makefile 时最常见的错误在于构建规则行必须以 ASCII（美国信息交换标准代码）中的 Ctrl-I（也称为制表符）开头。一些文本编辑器会完全忽略这一点。如果构建规则行不以 tab 开头，则 make 可能会给你一些令人费解的错误信息。要使用真正的代码编辑器，并且不要忘记 tab 标签。

对于 make 程序，以下 makefile 示例将同时构建 Unicon 和 Java。单纯运行 make unicon 或 make java 时，那么它就只会构建其中一个。我们在第 4 章的命令中添加了本章的新模块（tree.icn 或 tree.java）。makefile 分为两部分，分别用于构建 Unicon 和 Java。

如果调用make时不带参数说明要构建什么，则由名为all的目标指定要构建什么。前半部分的其余部分是关于构建Unicon的。U宏（以及iyacc的IYU）列出了分别编译成名为ucode的机器代码格式的Unicon模块。%.u:%.icn奇怪的依赖称为**后缀规则**，它表示所有 .u文件都是通过在 .icn文件上运行unicon -c并从 .icn文件构建的。名为j0的可执行文件是从ucode文件构建的，方法是在所有 .u文件上运行unicon以将它们链接在一起。javalex.icn和j0gram.icn文件分别使用uflex和iyacc构建。我们先看本章makefile的前半部分，如下所示：

```
all: unicon java
LYU=javalex.u j0gram.u j0gram_tab.u
U=j0.u token.u tree.u serial.u yyerror.u $(LYU)
unicon: j0
%.u : %.icn
    unicon -c $<
j0: $(U)
    unicon $(U)
javalex.icn: javalex.l
    uflex javalex.l
j0gram.icn j0gram_tab.icn: j0gram.y
    iyacc -dd j0gram.y
```

其中Java构建规则占据了makefile的后半部分，JSRC宏给出了要编译的所有Java文件的名称。BYSRC宏用于BYACC/J生成的源代码，BYJOPTS用于BYACC/J选项，IMP和BYJIMPS用于BYACC/J静态导入，用于缩短makefile中后面的行，使其符合本书的格式约束。我们坚持使用可以在Windows和Linux上运行的makefile。值得一提的是，makefile的Java规则依赖于CLASSPATH环境变量，该变量的语法因操作系统及其命令提示符（或shell）语法而异。在Windows上，可以看到如下内容：

```
set CLASSPATH=".;c:\users\username\byopl"
```

其中username为用户名，在Linux上，可以改为如下命令行：

```
export CLASSPATH=..
```

不管怎样，makefile的后半部分如下所示：

```
BYSRC=parser.java parserVal.java Yylex.java
JSRC=j0.java tree.java token.java yyerror.java $(BYSRC)
BYJOPTS= -Jclass=parser -Jpackage=ch5
IMP=importstatic
BYJIMPS= -J$(IMP)=ch5.j0.yylex -J$(IMP)=ch5.yyerror.yyerror
j: java
    java ch5.j0 hello.java
    dot -Tpng foo.dot >foo.png
java: j0.class
```

```
j0.class: $(JSRC)
    javac $(JSRC)
parser.java parserVal.java: j0gram.y
    yacc $(BYJOPTS) $(BYJIMPS) j0gram.y
Yylex.java: javalex.l
    jflex javalex.l
```

除了编译 Java 代码的规则之外，makefile 的 Java 部分还有一个人造目标，make j，它运行编译器并调用 dot 程序生成语法树的**便携式网络图形**（Portable Network Graphic，PNG）。

如果你感觉 makefile 看起来很奇怪可怕，请不要担心，大多数人和你感觉一样。这是一个选择红色药丸 / 蓝色药丸的时刻[⊖]。你可以闭上眼睛，（不用怀疑！）直接在命令行输入 make。或者你也深入研究并掌握这个通用的多语言的软件开发构建工具。想要阅读更多关于 make 的信息，可以参阅 Stallman 和 McGrath 的 *GNU Make: A Program for Directing Compilation*，或阅读关于 make 的其他好书。现在，是时候继续学习语法树了，但是首先，我们必须知道什么是树，以及如何在编程语言中定义一个树数据类型。

5.3 树

在数学上，**树**是一种**图形**结构，它由**节点**和连接这些节点的边组成。树中的所有节点都是相连的。顶部的单个节点称为**根**。树节点可以有零个或多个子节点，最多有一个父节点。树中具有零个子节点的节点称为**叶子**。大多数树都有很多叶子。作为非叶子的树节点如果有一个或多个子节点，则称为**内部节点**。图 5.1 展示了一个示例树，它有一个根，两个内部节点，五个叶子。

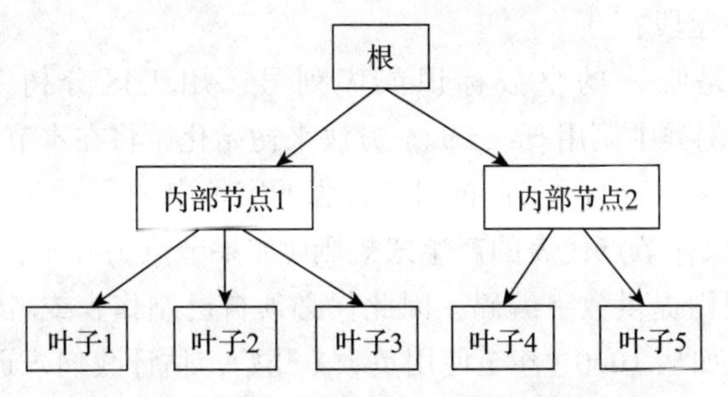

图 5.1 示例树（具有根、内部节点和叶子）

树有一个叫做 arity 的属性，它表示一个节点可以拥有的最大子节点数是多少。如果 arity 为 1，则表示这是一个链表。也许最常见的树是二叉树（arity = 2）。如果树的子节点数量与我们文法右侧的符号数量一样多，则这种树就称为 ***n* 叉树**。虽然对于任意上

⊖ 不懂红色药丸 / 蓝色药丸？读者可以去电影《黑客帝国》里找到答案！——译者注

下文无关文法来说，没有任何的 arity 约束，但是对于任何文法，我们只需看看哪条产生式规则的右边有最多的符号就可以了。如果需要的话，可以将该树的 arity 编码为这个数字。在第 4 章的 j0gram.y 中，Jzero 的 arity 是 9，尽管大多数非叶节点会有 2～4 个子节点。在 5.3.1 节中，我们将更深入地学习如何定义语法树，并分析解析树和语法树之间的区别。

5.3.1 定义语法树类型

树中的每个节点都有几条信息，需要在用于树节点的类或数据类型中表示，包括以下信息：

- ❑ 标签或整数代码，用于唯一标识节点以及节点类型。
- ❑ 由与该节点相关的一切信息组成的数据负载。
- ❑ 有关该节点子节点的信息，包括它有多少子节点以及对这些子节点的引用（如果有的话）。

我们使用类来处理这些信息，以便使映射到 Java 的过程尽可能简单。下面是一个 tree 类的概述，包括它的字段和构造函数代码，其中方法将在本章的后续章节中介绍。该树信息可以在 Unicon 中用一个名为 tree.icn 的文件表示，如下所示。

```
class tree(id, sym, rule, nkids, tok, kids)
initially(s,r,x[])
   id := serial.getid(); sym := s; rule := r
   if type(x[1]) == "token__state" then {
      nkids:=0; tok := x[1]
   } else { nkids := *x; kids := x }
end
```

tree 类具有如下字段：

- ❑ id 字段，这是唯一的整数标识或序列号，用于区分树节点，它通过在名为 serial 的单例类中调用 getid() 方法来初始化，将在本节后面介绍。
- ❑ sym 字符串，是用于调试目的的可读性强的字符串。
- ❑ rule 成员，保存节点代表的产生式规则（如果节点为叶子，则是整数类别）。yacc 不为产生式规则提供数字编码，因此你必须自己制作，或者从 1（或者其他）开始计算规则。假如从 1000（甚至使用负数）开始，估计我们永远不会混淆终结符代码的产生式规则编号。
- ❑ nkids 成员，保存该节点下面的子节点的数量。通常为 0，表示是一个叶子；或者是 2 或更高的数字，表示是一个内部节点。
- ❑ tok 成员，保存叶节点的词法属性，我们通过 yylex() 函数设置解析器的 yylval 变量，详见第 2 章。
- ❑ kids 成员，是一个树对象数组。

对应的Java代码类似于名为tree.java的文件中的以下类树，其成员与前面给出的Unicon树类中的字段相匹配：

```
package ch5;
class tree {
  int id;
  String sym;
  int rule;
  int nkids;
  token tok;
  tree kids[];
```

接下来tree.java文件使用tree类的两个构造函数：一个用于叶子，它将一个标记对象作为参数；另一个用于内部节点，采用子节点做参数，如以下代码段所示：

```
  public tree(String s, int r, token t) {
    id = serial.getid();
    sym = s; rule = r; tok = t; }
  public tree(String s, int r, tree[] t) {
    id = serial.getid();
    sym = s; rule = r; nkids = t.length;
    kids = t;
  }
}
```

前一对构造函数以一种直观的方式初始化树的字段。你可能会对从serial类初始化的**标识符**感到好奇。这些标识符用于为每个节点提供唯一标识，在本章末尾的图形化绘制语法树的工具需要它们。在继续使用这些构造函数之前，让我们分析一下两种不同的构建树的思路。

5.3.2 解析树与语法树

当你在输入解析期间为每个产生式规则分配一个内部节点时，你就会得到一个**解析树**。解析树完整记录了解析器如何使用文法匹配输入。在实践中，它们太大，使用起来很笨拙。在实际的编程语言中，有很多的非终结符规则可以从其右侧的单个非终结符构建另一个非终结符。这导致出现一种像是在哭泣的树[㊀]。图5.2展示了一个简单的“Hello World”程序的解析树的高度和形状的树。如果你构建这样一个完整的解析树，那么将大大减慢编译器的其余部分工作。

每当产生式规则在右侧有两个或多个子节点并且树需要分支时，**语法树**就有一个内部节点。图5.3展示了同一个hello.java程序的语法树。注意，与图5.2中所示的解析树相比，其大小和形状有差异。

㊀ 想象掉眼泪的样子。——译者注

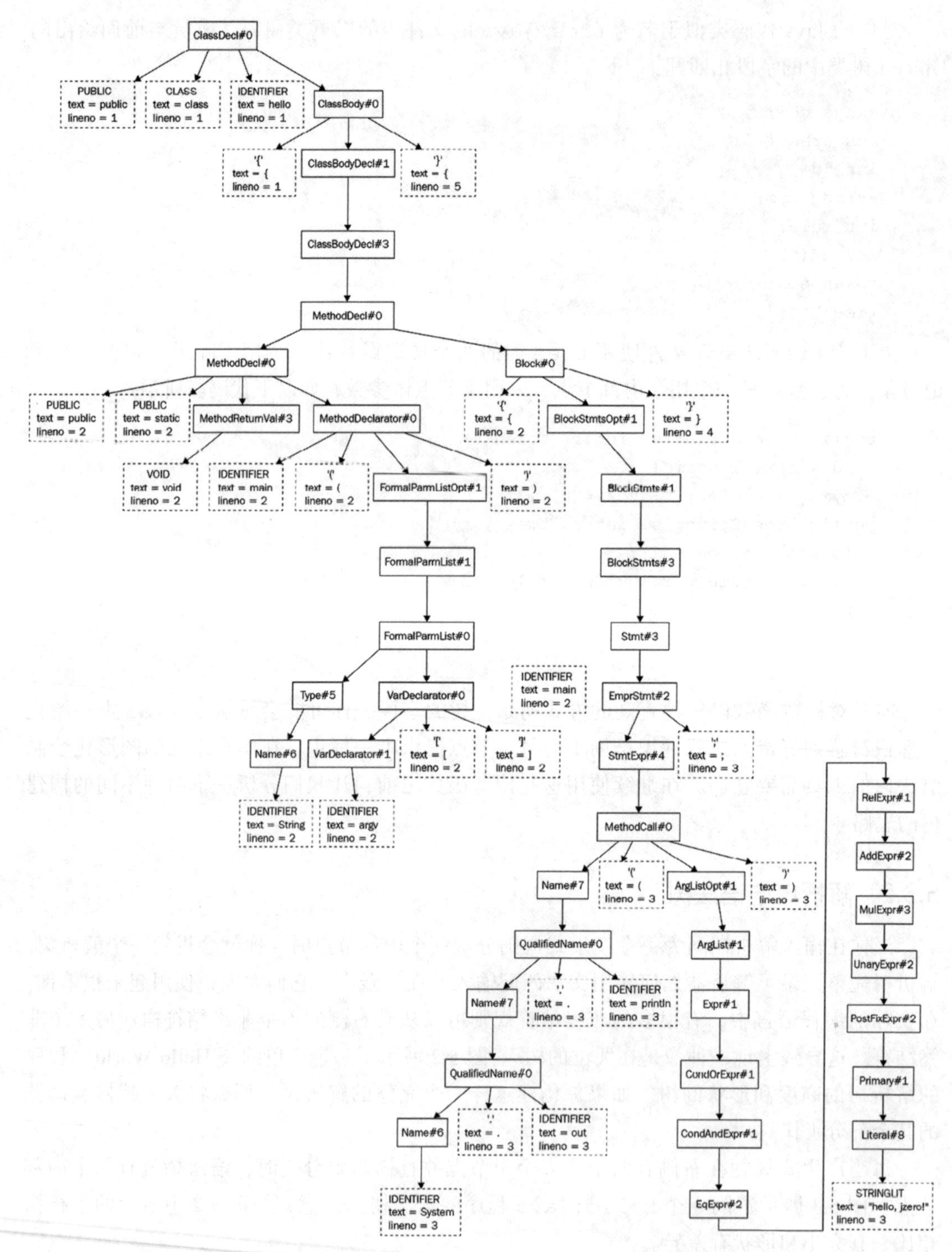

图 5.2 “Hello World”程序的解析树（67 个节点，27 层）

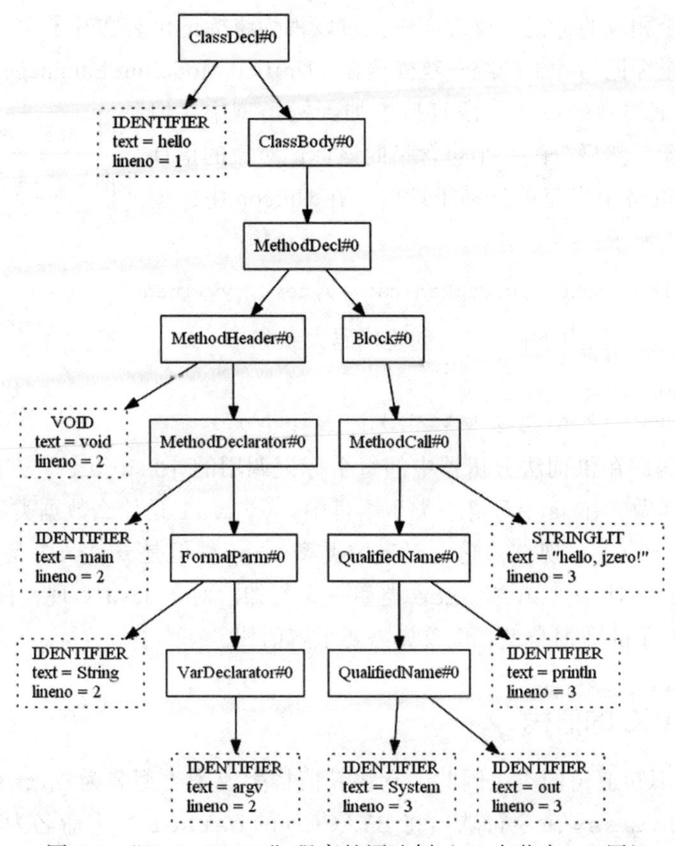

图 5.3 “Hello World”程序的语法树（20 个节点，8 层）

虽然解析树可能有助于研究或调试解析算法，但编程语言实现使用更简单的树。在 5.6 节，当我们介绍为示例语言构建树节点的规则时，你可以明显地发现这一点。

5.4 从终结符创建叶子

叶子在语法树中占了节点的很大一部分，由 yacc 创建的语法树中的叶子来自词法分析器。出于这个原因，本节对第 2 章中代码的修改进行讨论。在词法分析器中创建叶子之后，解析算法必须以某种方式拾取它们并将它们插入它构建的树中，本节将详细描述该过程。首先，你将学习如何将标记结构嵌入叶子，然后了解解析器如何在其值栈中拾取这些叶子。对于 Java，你需要了解使用值栈所需的额外类型。最后，本节将提供一些指导，说明哪些叶子是真正需要的，哪些可以安全地省略。下面讨论如何创建包含标记信息的叶子。

5.4.1 用叶子包装标记

前面介绍的树类型包含一个字段，该字段是对第 2 章中介绍的标记类型的引用。每个叶子都会得到一个相应的标记，反之亦然。可以视为将标记包装在叶子中。图 5.4 为描述每个叶子都包含一个标记的叶子的**统一建模语言**（Unified Modeling Language，UML）图。

你可以将标记类型的成员字段直接添加到树类型中。但是，分配标记对象，然后分配一个包含指向该标记对象的指针的单独树节点的策略相当简单且易于理解。在 Unicon 中，创建叶子的代码如下所示：

图 5.4 每个叶子包含一个标记的 UML 图

```
yylval := tree("token",0, token(cat, yytext, yylineno))
```

在 Java 中，包含标记的叶节点的创建代码大致如下：

```
yylval = new tree("token",0,
         new token(cat, yytext(), yylineno));
```

可以将此代码放在供词法分析器中的每个标记调用的 `j0.scan()` 方法中。在 Unicon 中，我们擅长这样做。在 Java 等静态类型语言中，`yylval` 是什么数据类型？在第 2 章中，`yylval` 是类型 `token`；现在，它看起来像类型 `tree`。但是 `yylval` 是在生成的解析器中声明的，且 `yacc` 对 `token` 或 `tree` 类型一无所知。对于 Java 实现，你必须了解 `yacc` 生成的代码用于叶子的数据类型，但首先需要了解值栈。

5.4.2 使用 YACC 的值栈

BYACC/J 并不知道树的类。因此，它将其值栈生成为类型名为 `parserVal` 的对象数组。如果使用 `-Jclass=` 命令行选项将 BYACC/J 的 `parser` 类重命名为其他名称，例如 `myparse`，则值栈类也将自动重命名为 `myparseVal`。

`yylval` 变量是 `yacc` 的公共接口的一部分。每次 `yacc` 将下一个终结符移到其解析栈时，它会将 `yylval` 的内容复制到它与解析栈并行管理的栈中，称为**值栈**。BYACC/J 声明值栈元素以及解析器类中的 `yylval` 为 `parserVal` 类型。

由于解析栈与值栈是并行管理的，每当一个新的状态被压入解析栈时，值栈都会看到相应的压入；弹出操作也是如此。解析状态由移位操作生成的值栈条目包含树叶子。解析状态由归约操作生成的值栈条目包含内部语法树节点，图 5.5 描述了与解析栈并行的值栈。

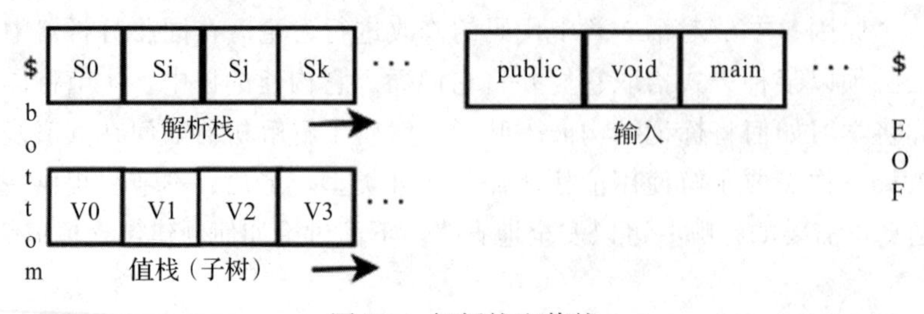

图 5.5 解析栈和值栈

在图 5.5 中，左边的 $ 表示两个栈的底部，当值被压入栈时，它们向右增长。图的右侧描述了终结符号的序列，其标记是通过词法分析产生的。标记从左到右处理，屏幕右边缘的 $ 表示文件结尾，也表示为 EOF。左侧的省略号（...）表示两个堆栈上的空间，用于在解析期间处理额外的压入操作，而右侧的省略号表示在所描绘的符号之后剩余的其他输入符号。

parserVal 类型在第 4 章中简要介绍过。要在 BYACC/J 中构建语法树，我们必须详细了解这一点。这是 BYACC/J 定义的 parserVal 类型：

```
public class parserVal {
  public int ival;
  public double dval;
  public String sval;
  public Object obj;
  public parserVal() { }
  public parserVal(int val){ ival=val; }
  public parserVal(double val) { dval=val; }
  public parserVal(String val) { sval=val; }
  public parserVal(Object val) { obj=val; }
```

parserVal 是一个容器，它包含一个 int、一个 double、一个 String 和一个 Object，可以是对任何类实例的引用。这里有四个字段对我们来说是浪费内存，因为我们只会使用 obj 字段，但 yacc 是一个通用工具。不管怎样，让我们看看在 parserVal 对象中包装叶子以便将它们放在 yylval 中。

5.4.3 为解析器的值栈包装叶子

在运行机制上，parserVal 是构建我们的语法树的代码中的第三种数据类型。BYACC/J 要求我们为词法分析器使用这种类型，以将标记传递给解析器。出于这个原因，对于 Java 实现，本章的类 j0 有一个如下所示的 scan() 方法：

```
public static int scan(int cat) {
   ch5.j0.par.yylval =
      new parserVal(
         new tree("token",0,
            new token(cat, yytext(), yylineno)));
   return cat;
}
```

在 Java 中，每次调用 scan() 都会分配三个对象，如图 5.6 所示。在 Unicon 中，scan() 分配了两个对象，如之前的图 5.4 所示。

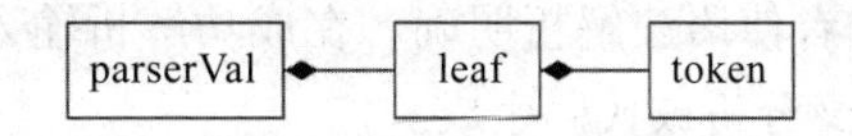

图 5.6 三个分配对象：parserVal、leaf 和 token

OK！我们将标记包装在树节点内以表示叶子信息，对于 Java，我们将叶节点包装在 parserVal 内，以便将它们放入值栈中。你可以想象将叶子放在值栈上的慢动作是什么样子。我们将讲述发生在 Java 中的故事，可以发现，在 Unicon 中它会更简单一些。假设你处于解析的开头，并且第一个标记是保留字 PUBLIC，场景如图 5.7 所示。如果需要重新了解该图的组织方式，请参见之前的图 5.5 的描述。

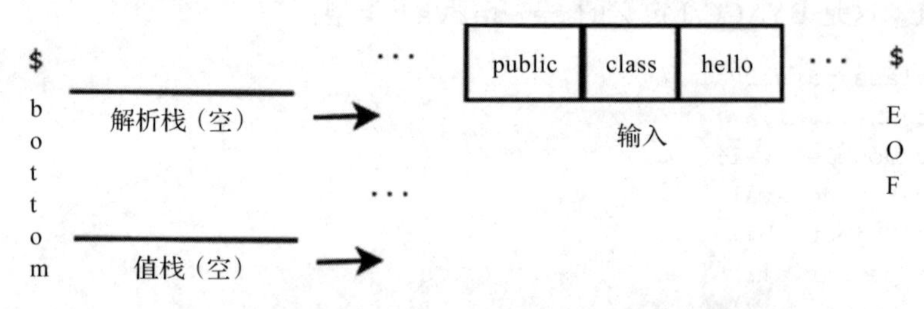

图 5.7 在解析开始阶段的解析栈状态

第一个操作是移位，一个有限自动机状态，将 PUBLIC 编码并压入堆栈。yylex() 调用 scan()，它分配一个包装在 parserVal 实例中的叶子，并为 yylval 分配一个对它的引用，yylex() 将其压入值栈。栈处于锁步（lock-step）状态，如图 5.8 所示。

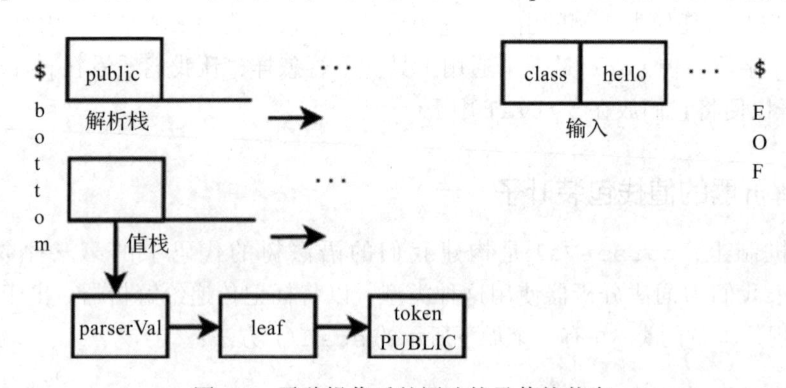

图 5.8 平移操作后的语法栈及值栈状态

每次发生移进时，下一个被包装的叶子就会被添加到值栈中。现在考虑如何将所有这些叶子放入内部节点，并考虑如何将内部节点组装成更高级别的节点，直到回到根节点。当文法中的产生式规则匹配时，这一切都发生在一个节点上。

5.4.4 确定需要哪些叶子

在大多数语言中，分号和括号等标点符号仅用于语法分析。也许它们有助于人类可读性或强制运算符优先级，或者使语法解析明确。在成功解析输入后，你将不再需要语法树中的这些叶子来进行后续语义分析或代码生成。

你可以忽略树中不必要的叶子，也可以保留它们，以使它们的源行号和文件名信息在树中，以备错误消息报告需要。我通常选择默认忽略它们，但如果我确定出于某种原因需要它们，就会添加特定的标点符号。

该等式的另一面是：任何包含值、名称、语言中某种其他语义含义的叶子都需要保留在语法树中。这包括字面常量、ID 和其他保留字或运算符。现在，让我们看看如何构建，以及何时为语法树构建内部节点。

5.5 从产生式规则构建内部节点

在本节，我们将学习如何在解析过程中一次一个节点地构造语法树。语法树中从内部节点一直到根，都是自底向上构建的，遵循在解析过程中识别产生式规则的归约操作序列。在构造过程中使用的树节点从值栈中访问。

5.5.1 访问值栈上的树节点

对于语法中的每个产生式规则，当在解析期间使用该产生式规则时，就有机会执行一些称为**语义动作**的代码。正如 4.4.2 节所述，语义动作代码出现在文法规则的末尾，在结束规则并开始下一个规则的分号或竖线之前。

你可以将所需的任何代码放入语义动作中。对我们来说，语义动作的主要目的是构建语法树节点。使用对应于产生式规则右侧的值栈条目来构造产生式规则左侧的符号的树节点。已匹配的左侧非终结符获得一个新条目，该条目被压入可以容纳新构造的树节点的值栈中。

为此，yacc 提供了在归约操作期间引用值栈上每个位置的宏。$1, $2, …, $N 指的是与语法规则的右手符号 1 到 N 对应的当前值栈内容。到语义动作代码执行时，这些符号在最近的某个时间点已经匹配，它们是值栈上的顶部 N 个符号，在归约操作期间它们将被弹出，并在它们的位置压入一个新的值栈条目。新的值栈条目是分配给 $$ 的任何内容。默认情况下，它只是 $1 中的内容。yacc 的默认语义动作是 $$=$1，并且该语义动作对于具有一个符号（终结符或非终结符）的生产规则是正确的，该符号被归约为规则左侧的非终结符。

所有这一切都需要剖析。例如，假设你刚刚完成对前面显示的 hello.java 输入的解析，并且到了归约保留字 PUBLIC、CLASS、类名和类体的时候。此时应用的语法规则是 ClassDecl: PUBLIC CLASS IDENTIFIER ClassBody。

前面的规则在右侧有四个符号。前三个是终结符，这意味着在值栈上，它们的树节点将是叶子。右边的第四个符号是一个非终结符，它的值栈条目将是一个内部节点，一个子树，在这种情况下恰好有三个子节点。当需要将所有这些归结为 ClassDecl 产生式规则时，我们将分配一个新的内部节点。由于我们正在完成解析，在这种情况下，它恰好是根，但无论如何，它将对应于我们找到的类声明，并且它将有四个子节点。图 5.9 展示了在整个类最终连接成一棵大树的时候，归约操作时解析栈和值栈的内容。

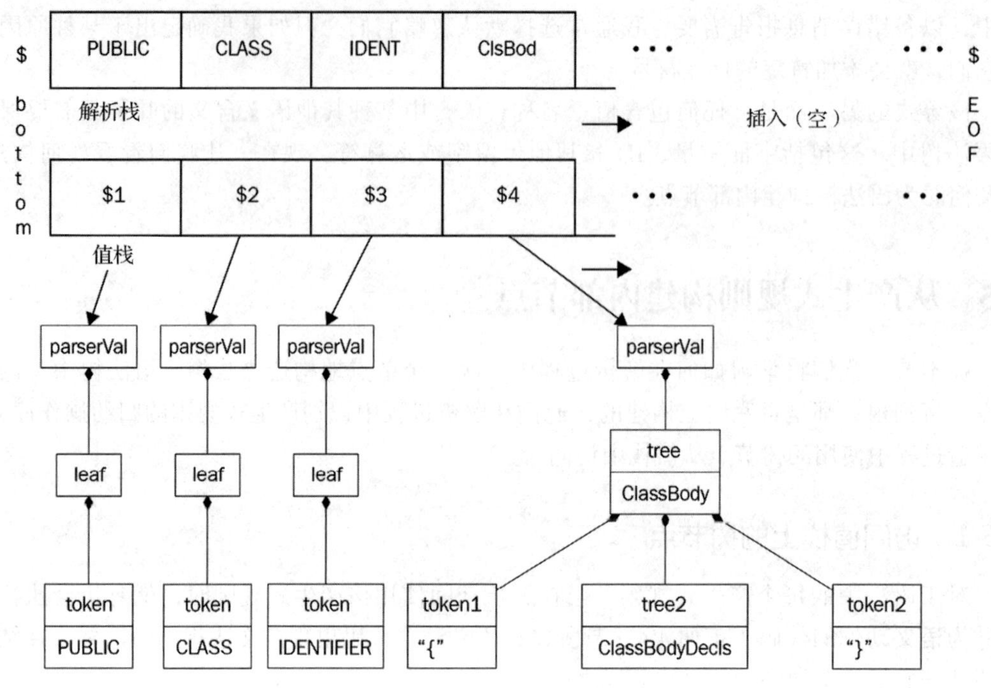

图 5.9　归约操作的解析栈和值栈

ClassDecl 产生式规则的语义动作的任务是创建一个新节点，从 $1、$2、$3 和 $4 初始化它的四个子节点，并将其分配给 $$。图 5.10 展示了构造 ClassDecl 规则后的样子。

5.5.2 使用树节点工厂方法

tree 类包含一个重要的工厂方法，名为 node()。工厂方法是一种分配并返回对象的方法，它就像一个构造函数，但它分配一个与它所在的类不同类型的对象。工厂方法在某些设计模式中被大量使用。在我们的例子中，node() 方法接收一个标签、一个产生式规则编号和任意数量的子节点，并返回一个内部节点来记录已匹配的产生式规则。node() 的 Unicon 代码段如下：

```
method node(s,r,p[])
  return tree ! ([s,r] ||| p)
end
```

由于 parserVal 类型的包装和解包，node() 方法的 Java 代码更加复杂。通过调用创建新的 parserVal 对象将新构造的内部节点包装在 parserVal 对象中很容易，但是为了构造树的子节点，它们首先由名为 unwrap() 的单独辅助方法解包，其代码段如下所示：

```
  public static parserVal node(String s,
int
    r,parserVal...p) {
```

```
    tree[] t = new tree[p.length];
    for(int i = 0; i < t.length; i++)
    t[i] = (tree)(p[i].obj);
    return new parserVal((Object)new tree(s,r,t));
}
```

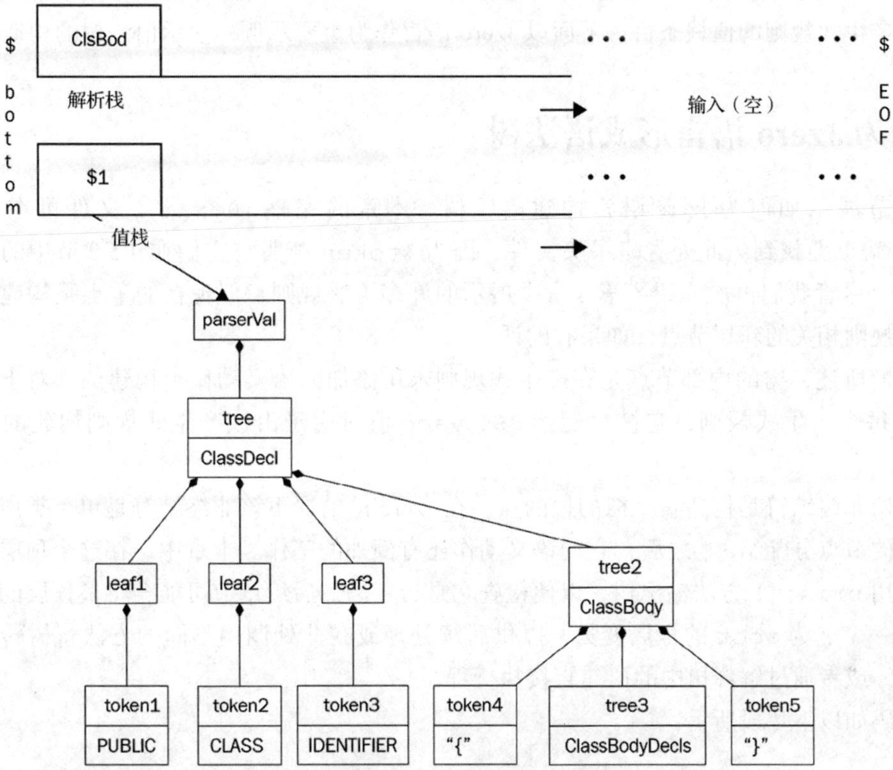

图 5.10 在归约操作期间子树在值栈上组合

前面的 Java 代码采用数量可变的参数，将它们解包，然后传递给 `tree` 类的构造函数。解包包括选择 `parserVal` 对象的 `obj` 字段并将其转换为 `tree` 类型。

由于 `iyacc` 的语义动作是 Unicon 代码，而 BYACC/J 的语义动作是 Java 代码，这需要一些欺骗伎俩。语义动作在 Java 和 Unicon 中都是合法的，前提是你将其限制为常见语法（例如方法调用）。如果你开始在语义动作中插入其他内容，例如 `if` 语句和其他特定语言的语法，则 `yacc` 规范将特定于一种宿主语言，例如 Unicon 或 Java。

然而，这本书的例子不太可能被设计为对 `iyacc` 和 BYACC/J 使用相同的输入文件。因为 `yacc` 中的语义动作通常将值（对解析树节点的引用）分配给名为 `$$` 的特殊变量，Unicon 使用 `:=` 运算符进行赋值，而 Java 使用 `=` 赋值。在本书的编写过程中，我们通过修改 `iyacc` 来解决这一问题，以使以 `$$=` 开头的语义动作能够作为一个特殊的运算符被接受，该运算符生成 `$$:=` 的 Unicon 等效赋值。

在语法树中构建内部节点所需的方法非常简单：对于每个产生式规则，计算有多少子节点属于以下节点：

- 非终结符节点
- 不属于标点符号的终结符节点

如果此类子节点的数量不止一个，则调用 node() 工厂方法分配一个树节点，并将其分配为产生式规则的值栈条目。下面以 Jzero 语言作为重要示例，演示语法树的构造。

5.6 为 Jzero 语言形成语法树

本节展示如何为 Jzero 语言构建语法树。本章的完整 j0gram.y 文件可在本书的 GitHub 站点上找到。此处省略了头文件，因为 %token 声明与它们在 4.5.2 节中的显示方式相同。尽管我们再次介绍了第 4 章中展示的许多语法规则，但现在的重点是构建与每个产生式规则相关的新树节点，如果有的话。

如前所述，树的内部节点是在产生式规则末尾添加的语义动作中构建的。对于构建新节点的每个产生式规则，它被分配给 $$，yacc 值对应于由该产生式规则构建的新非终结符。

起始非终结符是构造整个树的根的点，在 Jzero 的情况下该非终结符是单个类声明。在将构建的节点分配给 $$ 之后，它的语义动作还有额外的工作。本章中，在这个顶层，代码通过调用 print() 方法输出树，以便检查它是否正确。后续章节可能会将最顶层的树节点分配给一个名为 root 的全局变量，以供后续处理或在此处调用不同的方法将树转换为机器代码，或者通过解释树中的语句直接执行程序。

代码如以下片段所示：

```
%%
ClassDecl: PUBLIC CLASS IDENTIFIER ClassBody {
  $$=j0.node("ClassDecl",1000,$3,$4);
  j0.print($$);
  } ;
```

非终结符 ClassBody 要么包含声明（第一个产生式规则），要么为空。在空的情况下，一个有趣的问题是是否分配一个显式叶节点，用于指示该空 ClassBody，就像在下面的代码片段中所做的那样，或者代码是否应该就写为 $$=null：

```
ClassBody: '{' ClassBodyDecls '}' {
              $$=j0.node("ClassBody",1010,$2); }
              | '{' '}' { $$=j0.node("ClassBody",1011); };
```

非终结符 ClassBodyDecls 将类中出现的尽可能多的字段、方法和构造函数链接在一起。第一个产生式规则使用单个 ClassBodyDecl 终止第二个产生式规则中的递归。由

于第一个产生式规则中没有语义动作，所以它执行 $$=$1。ClassBodyDecl 的子树被提升，而不是为父节点创建节点。其代码段如以下所示：

```
ClassBodyDecls: ClassBodyDecl
              | ClassBodyDecls ClassBodyDecl {
              $$=j0.node("ClassBodyDecls",1020,$1,$2); };
```

共有三种 ClassBodyDecl 可供选择。在此级别没有分配额外的树节点，因为可以推断每个子树是哪种 ClassBodyDecl。代码如下所示：

```
ClassBodyDecl: FieldDecl | MethodDecl | ConstructorDecl ;
```

字段或成员变量使用基类型声明，其后跟变量声明列表，如以下代码段所示：

```
FieldDecl: Type VarDecls ';' {
           $$=j0.node("FieldDecl",1030,$1,$2); };
```

Jzero 中的类型非常简单，包括四个内置类型名称和一个类名称的通用规则，如下代码段所示。没有产生式规则会有两条子规则，所以在这个级别不需要新的内部节点。可以使用后一条规则处理 String，不必是特殊情况：

```
Type: INT | DOUBLE | BOOL | STRING | Name ;
```

名称可以是称为 IDENTIFIER 的单个标记，也可以是包含一个或多个句点的名称，称为 QualifiedName，如下代码段所示：

```
Name: IDENTIFIER | QualifiedName ;
QualifiedName: Name '.' IDENTIFIER {
               $$=j0.node("QualifiedName",1040,$1,$3);};
```

变量声明由一个或多个变量声明符的逗号分隔列表组成。在 Jzero 中，VarDeclarator 只是 IDENTIFIER，除非它后面带有方括号，这是表示数组类型。由于 VarDeclarator 内部节点意味着一组方括号，因此它们在树中没有明确表示。代码段如下所示：

```
VarDecls: VarDeclarator | VarDecls ',' VarDeclarator {
        $$=j0.node("VarDecls",1050,$1,$3); };
VarDeclarator: IDENTIFIER | VarDeclarator '[' ']' {
        $$=j0.node("VarDeclarator",1060,$1); };
```

在 Jzero 中，方法可以返回某种返回类型的值，也可以返回 VOID，如下面的代码段所示：

```
MethodReturnVal : Type | VOID ;
```

可以通过提供方法头部并后跟代码块来声明方法。所有方法都是公共静态方法。在返回值之后，由方法名和参数组成的方法头部的内容是 MethodDeclarator，如下面的代码段所示：

```
MethodDecl: MethodHeader Block {
            $$=j0.node("MethodDecl",1380,$1,$2); };
```

```
MethodHeader: PUBLIC STATIC MethodReturnVal
                 MethodDeclarator {
              $$=j0.node("MethodHeader",1070,$3,$4); };
MethodDeclarator: IDENTIFIER '(' FormalParmListOpt ')' {
              $$=j0.node("MethodDeclarator",1080,$1,$3); };
```

可选的形参列表要么是一个非空的 FormalParmList，要么是一个空的产生式规则，即所谓的 **ε 规则**，位于竖线和分号之间。形式参数列表在形式参数之间以逗号分隔，这是一个非空列表，递归由一个单独的形式参数终止。每个形参都有一个类型，后跟一个变量名，可能包括数组类型的方括号，如下面的代码段所示：

```
FormalParmListOpt: FormalParmList | ;
FormalParmList: FormalParm | FormalParmList ',' FormalParm {
              $$=j0.node("FormalParmList",1090,$1,$3); };
FormalParm: Type VarDeclarator {
              $$=j0.node("FormalParm",1100,$1,$2); };
```

构造函数的声明类似于方法，尽管它们没有返回类型，如以下代码段所示：

```
ConstructorDecl: MethodDeclarator Block {
              $$=j0.node("ConstructorDecl",1110,$1,$2); };
```

Block 是由零个或多个语句组成的序列。尽管许多树节点有两个或多个子节点的分支，但少数树节点只有一个子节点，因为周围的标点符号是不必要的。这些节点本身可能是不必要的，但它们也可能使树更容易理解和处理。下面的代码段给出了一个示例：

```
Block: '{' BlockStmtsOpt '}'{$$=j0.node("Block",1200,$2);};
BlockStmtsOpt: BlockStmts | ;
BlockStmts:  BlockStmt | BlockStmts BlockStmt {
                 $$=j0.node("BlockStmts",1130,$1,$2); };
BlockStmt:   LocalVarDeclStmt | Stmt ;
```

块语句可以是局部变量声明或语句，LocalVarDeclStmt 的语法与 FieldDecl 规则没有区别。事实上，默认情况下消除重复可能会更好。无论使用另一组相同的产生式规则还是考虑语法的共同元素，这都取决于：如果它们具有可识别的不同树节点标签和产生式规则编号，那么你是否能更容易地编写代码来对各种树执行正确的操作，或者是否会由于周围的树上下文而使你正确识别和处理差异。以下代码段给出了一个示例：

```
LocalVarDeclStmt: LocalVarDecl ';' ;
LocalVarDecl: Type VarDecls {
                 $$=j0.node("LocalVarDecl",1140,$1,$2); };
```

前面的例子创建了一个 LocalVarDecl 节点，可以很容易地在语法树中区分局部变量和类成员变量。

多种语句中的每一种都会产生它们自己唯一的树节点。由于它们是单子产生式规则，因此无须在此处引入另一个树节点。以下代码段说明了这一点：

```
Stmt: Block | ';' | ExprStmt | BreakStmt | ReturnStmt |
      | IfThenStmt | IfThenElseStmt | IfThenElseIfStmt
      | WhileStmt | ForStmt ;
ExprStmt: StmtExpr ';' ;
StmtExpr: Assignment | MethodCall ;
```

Jzero 中存在几个非终结符以允许有 if 语句的常见变体。Jzero 中的条件体和循环体需要块，以避免嵌套时出现常见的歧义，如以下代码段所示：

```
IfThenStmt: IF '(' Expr ')' Block {
    $$=j0.node("IfThenStmt",1150,$3,$5); };
IfThenElseStmt: IF '(' Expr ')' Block ELSE Block {
    $$=j0.node("IfThenElseStmt",1160,$3,$5,$7); };
IfThenElseIfStmt: IF '(' Expr ')' Block ElseIfSequence {
    $$=j0.node("IfThenElseIfStmt",1170,$3,$5,$6); }
|  IF '(' Expr ')' Block ElseIfSequence ELSE Block {
    $$=j0.node("IfThenElseIfStmt",1171,$3,$5,$6,$8); };
ElseIfSequence: ElseIfStmt | ElseIfSequence ElseIfStmt {
    $$=j0.node("ElseIfSequence",1180,$1,$2); };
ElseIfStmt: ELSE IfThenStmt {
    $$=j0.node("ElseIfStmt",1190,$2); };
```

对这些控制结构，我们通常创建树节点，并且通常将分支引入树中。虽然 while 循环只引入了一个分支，但 for 循环的节点有四个子节点。语言设计者是有意这样做的吗？可以在以下代码段中看到一个示例：

```
WhileStmt: WHILE '(' Expr ')' Stmt {
    $$=j0.node("WhileStmt",1210,$3,$5); };
ForStmt: FOR '(' ForInit ';' ExprOpt ';' ForUpdate ')'
Block {
    $$=j0.node("ForStmt",1220,$3,$5,$7,$9); };
ForInit: StmtExprList | LocalVarDecl | ;
ExprOpt: Expr |  ;
ForUpdate: StmtExprList | ;
StmtExprList: StmtExpr | StmtExprList ',' StmtExpr {
    $$=j0.node("StmtExprList",1230,$1,$3); };
```

一个 break 语句由表示 BREAK 的叶子充分表示，如下所示：

```
BreakStmt: BREAK ';' ;
ReturnStmt: RETURN ExprOpt ';' {
    $$=j0.node("ReturnStmt",1250,$2); };
```

return 语句需要一个新节点，因为它后面跟着一个可选的表达式。Primary 表达式，包括文本，不会在其子节点内容之上引入额外的树节点层。这里唯一有趣的动作是括号表达式，它丢弃用于运算符优先级的括号并提升第二个子节点，无须在此级别添加额外的树节点。例子如下：

```
Primary:  Literal | FieldAccess | MethodCall |
          '(' Expr ')' { $$=$2; };
Literal: INTLIT | DOUBLELIT | BOOLLIT | STRINGLIT | NULLVAL ;
```

参数列表是一个或多个表达式，以逗号分隔。为了允许零表达式，我们使用了一个单独的非终结符，如以下代码段所示：

```
ArgList: Expr | ArgList ',' Expr {
                 $$=j0.node("ArgList",1270,$1,$3); };
ArgListOpt:  ArgList | ;
```

字段访问可以链接在一起，因为其左子节点（即 Primary 节点）可以是另一个字段访问。如果一个非终结符的产生式规则可以派生出另一个非终结符，而该非终结符反过来又可以派生出第一个非终结符，这种情况称为**相互递归**，这是正常且健康的，例如以下代码片段：

```
FieldAccess: Primary '.' IDENTIFIER {
              $$=j0.node("FieldAccess",1280,$1,$3); };
```

方法调用有其定义语法，该语法由一个方法后跟一个带括号的零个或多个参数的列表组成。通常，这是一个简单的二元节点，其中左子节点非常简单（为方法名称），而右子节点可能包含一个大的参数子树，也可能为空，如下例所示：

```
MethodCall: Name '(' ArgListOpt ')' {
              $$=j0.node("MethodCall",1290,$1,$3); }
  | Primary '.' IDENTIFIER '(' ArgListOpt ')' {
    $$=j0.node("MethodCall",1291,$1,$3,$5); } ;
```

如第 4 章所见，Jzero 中的表达式文法有许多递归级别的非终结符，此处并未全部显示。查阅本书的网站，你可以找到带有语法树构造的完整语法。在以下代码片段中，每个运算符都引入了一个树节点。在树节点构建后，简单的遍历树将允许表达式的正确计算（或正确地生成代码）：

```
PostFixExpr: Primary | Name ;
UnaryExpr: '-' UnaryExpr {$$=j0.node("UnaryExpr",1300,$1,$2);}
    | '!' UnaryExpr { $$=j0.node("UnaryExpr",1301,$1,$2); }
    | PostFixExpr ;
MulExpr: UnaryExpr
    | MulExpr '*' UnaryExpr {
      $$=j0.node("MulExpr",1310,$1,$3); }
    | MulExpr '/' UnaryExpr {
      $$=j0.node("MulExpr",1311,$1,$3); }
    | MulExpr '%' UnaryExpr {
      $$=j0.node("MulExpr",1312,$1,$3); };
AddExpr: MulExpr
    | AddExpr '+' MulExpr{$$=j0.node("AddExpr",1320,$1,$3); }
    | AddExpr '-' MulExpr{$$=j0.node("AddExpr",1321,$1,$3);
};
```

在经典的C语言语法中，**比较运算符**，也称为**关系运算符**，只是整数表达式的另一个优先级。Java和Jzero更有趣的一点是，其布尔类型与整数是分开的，并且会进行类型检查，这将在接下来的关于语义分析和类型检查的章节中出现。对于以下代码段中显示的代码，有四个关系运算符。LESSTHANOREQUAL是词法分析器为<=报告的整数代码，而为>=返回GREATERTHANOREQUAL。对于<和>运算符，词法分析器返回它们的ASCII码：

```
RelOp: LESSTHANOREQUAL | GREATERTHANOREQUAL | '<' | '>' ;
```

与两个值是否相等相比，关系运算符的优先级略高。

```
RelExpr: AddExpr | RelExpr RelOp AddExpr {
  $$=j0.node("RelExpr",1330,$1,$2,$3); };
EqExpr: RelExpr
     | EqExpr ISEQUALTO RelExpr {
       $$=j0.node("EqExpr",1340,$1,$3); }
     | EqExpr NOTEQUALTO RelExpr {
       $$=j0.node("EqExpr",1341,$1,$3); };
```

在关系运算符和比较运算符下方，&& 和 || 布尔运算符以不同的优先级运行，如以下代码片段所示：

```
CondAndExpr: EqExpr | CondAndExpr LOGICALAND EqExpr {
  $$=j0.node("CondAndExpr", 1350, $1, $3); };
CondOrExpr: CondAndExpr | CondOrExpr LOGICALOR CondAndExpr {
  $$=j0.node("CondOrExpr", 1360, $1, $3); };
```

在很多编程语言中，与Jzero一样，赋值运算符的优先级最低。Jzero有+=和-=运算符，但没有++和--运算符，++和--运算符被认为是新手程序员的大麻烦，对教授编译器构造并没有太大价值。在下面代码段中可以看到这些运算符的使用：

```
Expr: CondOrExpr | Assignment ;
Assignment: LeftHandSide AssignOp Expr {
   $$=j0.node("Assignment",1370, $1, $2, $3); };
LeftHandSide: Name | FieldAccess ;
AssignOp: '=' | AUGINCR | AUGDECR ;
```

本节介绍了Jzero语法树构造的重点。许多产生式规则需要构建一个新的内部节点，作为产生式规则右侧几个子节点的父节点。然而，该文法有很多情况，非终结符仅由右侧的一个符号构成，在这种情况下，通常可以避免分配额外的内部节点。现在，让我们看看之后如何对语法树进行检查，以查看是否构造正确。

5.7 调试并测试语法树

你建造的树必须坚如磐石！这个混合隐喻说明：如果没有正确构建语法树结构，就别期望能够构建编程语言的其余部分。测试语法树是否正确构建的最直接方法是回头彻底检查一遍所构建的树。本节将介绍两个这样操作示例。首先，以或多或少易于阅读的 ASCII 文本格式输出该语法树，然后学习如何使用流行的开源 Graphviz 包以便于以图形方式呈现的格式输出，该包通常通过 PlantUML 或称为 dot 的经典命令行工具访问。但是，首先要了解语法树中一些最常见的问题及原因。

5.7.1 避免常见的语法树错误

语法树最常见的问题是我们在输出树时程序会崩溃。每个树节点都可能保存对其他对象的引用（指针），并且当这些引用未正确初始化时，问题便出现了！即使在高级语言中，调试引用问题也很困难。

第一个主要情况是：树的叶子是否被解析器构造和拾取？假设有一个如下出现的 lex 规则：

```
";"                     { return 59; }
```

ASCII 码是正确的，解析会成功，但语法树将被破坏。每当在一个 Flex 操作中返回一个整数代码时，必须创建一个叶子并将其分配给 yylval。如果不这样做，当 yyparse() 将它放在值栈上以便稍后插入语法树时，yacc 将在 yylval 周围放置垃圾。应该检查：在 lex 文件中返回整数代码的每个语义动作是否也分配一个新叶并将其分配给 yylval？在第一次以 $1 或 $2 规则或其他方式访问时，或者在 yacc 的产生式规则的语义动作中，可以通过输出其内容检查每个叶子以确保它在接收端有效。

第二个主要情况是：是否已经为所有具有两个或多个重要子节点（例如，不仅仅是标点符号）的产生式规则正确构建内部节点？如果你够偏执，你可以输出每个子树，以确保它在创建存储指向子树的指针的新父节点之前是有效的。然后输出创建的新的父节点，包括其子节点，以确保它已正确组装。

语法树构造中出现的一个奇怪的特殊情况与 ε 规则有关：非终结符从空的右侧构造的产生式规则。例如 j0gram.y 文件中的以下规则：

```
FormalParmListOpt: FormalParmList | ;
```

对于此示例中的第二个产生式规则，没有子节点。yacc 的默认规则 $$=$1 看起来不太好，因为没有 $1 规则。可以在这里构建一个新的叶子，如下所示：

```
FormalParmListOpt: FormalParmList | { $$=
                    j0.node("FormalParamListOpt",1095); }
```

但是这个叶子与普通叶子不同，因为它没有关联的标记。之后遍历树的代码最好不要假设所有叶子都有标记。在实践中，有些人可能只是使用空指针来表示 ε 规则。如果你使用空指针，则可能必须在以后的树遍历代码中到处添加空指针检查，包括以下小节中的树打印机。如果为每个 ε 规则分配了一个叶子，那么树会变得更大，而不会真正添加任何新信息。内存很便宜，所以如果它简化了代码，那么这样做可能没问题。

总而言之，作为最后的警告：除非所编写的测试用例使用文法中的每条产生式规则，否则你可能不会发现树构造代码中的致命缺陷！任何严肃的语言实现项目都可能需要这种文法覆盖。现在，让我们看看通过输出它们来验证语法树正确性的实际方法。

5.7.2 以文本格式输出语法树

测试语法树的其中一种方法是将树结构输出为ASCII文本。这是通过树遍历完成的，其中每个节点都会产生一行或多行文本输出。j0类中的以下print()方法只是要求语法树完成自身输出：

```
method print(root)
   root.print()
end
```

Java中的等效代码必须解压缩parserVal对象并将Object转换为树，以便要求它输出自己，如下代码片段所示：

```
public static void print(parserVal root) {
     ((tree)root.obj).print();
}
```

树通常递归地输出自身。叶子只输出自身，而内部节点先输出自身，然后要求其子节点输出自己。对于文本输出，缩进用于指示根到节点的嵌套级别或距离。缩进级别作为参数传递，并随着树中更深的每个级别递增。tree类的print()方法的Unicon版本如下所示：

```
method print(level:0)
  writes(repl(" ",level))
  if \tok then
    write(id, "  ", tok.text, " (",tok.cat,
       "): ",tok.lineno)
  else write(id, "  ", sym, " (", rule, "): ", nkids)
  every (!kids).print(level+1);
end
```

前面的方法缩进参数中给定的多个空格，然后写入一行描述树节点的文本。然后，它在每个节点的子节点（如果有的话）上递归地调用自身，并具有更高的嵌套级别。tree类文本输出的Java等效代码如下所示：

```
public void print(int level) {
  int i;
  for(i=0;i<level;i++) System.out.print(" ");
  if (tok != null)
    System.out.println(id + "    " + tok.text +
                      " (" + tok.cat + "): "+tok.lineno);
  else
```

```
    System.out.println(id + "   " + sym +
          " (" + rule + "): "+nkids);
  for(i=0; i<nkids; i++)
    kids[i].print(level+1);
}
public void print() {
  print(0);
}
```

当使用此树输出功能运行 j0 命令时，它会产生以下输出：

```
63   ClassDecl (1000): 2
 6   hello (266): 1
 62   ClassBody (1010): 1
  59   MethodDecl (1380): 2
   32   MethodHeader (1070): 2
    14   void (264): 2
    31   MethodDeclarator (1080): 2
     16   main (266): 2
     30   FormalParm (1100): 2
      20   String (266): 2
      27   VarDeclarator (1060): 1
       22   argv (266): 2
   58   Block (1200): 1
    53   MethodCall (1290): 2
     46   QualifiedName (1040): 2
      41   QualifiedName (1040): 2
       36   System (266): 3
       40   out (266): 3
      45   println (266): 3
     50   "hello, jzero!" (273): 3
no errors
```

尽管可以通过研究此输出来分析树结构，但这并不完全透明，5.7.3 节将介绍如何以图形方式描述树。

5.7.3 使用 dot 输出语法树

一种测试语法树的有趣方法是以图形形式输出语法树。如 5.1 节所述，一个名为 dot 的工具可以用于绘制语法树。以 dot 的输入格式编写树是通过另一个树遍历完成的，其中每个节点导致一行或多行文本输出。要绘制树的图形版本，请将 j0.print() 方法更改为调用 tree 类的 print_graph() 方法。在 Unicon 中，这是微不足道的。代码如下所示：

```
method print(root)
   root.print_graph(yyfilename || ".dot")
end
```

Java 中的等效代码必须解压缩 parserVal 对象并将 Object 转换为树，以便要求它输出自己，如下代码段所示：

```
public static void print(parserVal root) {
    ((tree)root.obj).print_graph(yyfilename + ".dot");
}
```

与纯文本输出一样，树递归地输出自己。tree 类的 print_graph() 方法的 Unicon 版本显示在以下代码段中：

```
method print_graph(fw)
  if type(filename) == "string" then {
    fw := open(filename,  "w") |
      stop("can't open ", image(filename), " for writing")
    write(fw, "digraph {")
    print_graph(fw)
    write(fw, "}")
    close(fw)
  }
  else if \tok then print_leaf(fw)
  else {
    print_branch(fw)
    every i := 1 to nkids do
      if \kids[i] then {
        write(fw, "N",id," -> N",kids[i].id,";")
        kids[i].print_graph(fw)
      } else {
        write(fw, "N",id," -> N",id,"_",j,";")
        write(fw, "N", id, "_", j,
              " [label=\"Empty rule\"];")
        j +:= 1
      }
  }
end
```

print_graph() 的 Java 实现由两个方法组成。第一个是一个公共方法，它接收一个文件名，打开该文件并写入，并将整个图形写入该文件，如以下代码段所示：

```
void print_graph(String filename){
  try {
    PrintWriter pw = new PrintWriter(
      new BufferedWriter(new FileWriter(filename)));
    pw.printf("digraph {\n");
    j = 0;
    print_graph(pw);
    pw.printf("}\n");
    pw.close();
    }
```

```
    catch (java.io.IOException ioException) {
      System.err.println("printgraph exception");
      System.exit(1);
      }
  }
```

在 Java 中，函数重载允许 print_graph() 的公共和私有部分具有相同的名称。这两种方法的区别在于它们的参数不同。公共 print_graph() 部分将它打开的文件作为参数传递给以下方法，此版本的 print_graph() 输出关于当前节点的一两行，并在每个子节点上递归调用自身：

```
void print_graph(PrintWriter pw) {
int i;
  if (tok != null) {
    print_leaf(pw);
    return;
  }
  print_branch(pw);
  for(i=0; i<nkids; i++) {
      if (kids[i] != null) {
        pw.printf("N%d -> N%d;\n", id, kids[i].id);
        kids[i].print_graph(pw);
      } else {
        pw.printf("N%d -> N%d%d;\n", id, kids[i].id, j);
        pw.printf("N%d%d [label=\"%s\"];\n", id, j,
                  "Empty rule");
      j++;
      }
  }
}
```

print_graph() 方法调用几个辅助函数：用于叶子的 print_leaf() 函数和用于内部节点的 print_branch() 函数。print_leaf() 方法输出一个虚线框，其中包含终结符的特征。print_leaf() 的 Unicon 实现如下所示：

```
method print_leaf(pw)
  local s := parser.yyname[tok.cat]
  print_branch(pw)
  write(pw,"N",id,
        " [shape=box style=dotted label=\" ",s," \\n ")
  write(pw,"text = ",escape(tok.text)," \\l lineno = ",
           tok.lineno," \\l\"];\n")
end
```

标记终结符的整数代码用作解析器中名为 yyname 的字符串数组的下标，这是由 iyacc 生成的。print_leaf() 的 Java 实现类似于 Unicon 版本，如以下代码段所示：

```
void print_leaf(PrintWriter pw) {
  String s = parser.yyname[tok.cat];
  print_branch(pw);
  pw.printf("N%d [shape=box style=dotted label=\" %s \\n",
    id, s);
  pw.printf("text = %s \\l lineno = %d \\l\"];\n",
           escape(tok.text), tok.lineno);
}
```

print_branch() 方法为内部节点输出一个实心框，包括该节点表示的非终端的名称。print_branch() 的 Unicon 实现如下所示：

```
method print_branch(pw)
  write(pw, "N",id," [shape=box label=\"",
        pretty_print_name(),"\"];\n");
end
```

print_branch() 的 Java 实现类似于与其对应的 Unicon 代码，如以下代码段所示：

```
void print_branch(PrintWriter pw) {
  pw.printf("N%d [shape=box label=\"%s\"];\n",
           id, pretty_print_name());
}
```

escape() 方法根据需要在双引号之前添加转义字符，以便 dot 输出双引号。escape() 的 Unicon 实现由以下代码组成：

```
method escape(s)
  if s[1] == "\"" then
    return "\\" || s[1:-1] || "\\\""
  else return s
end
```

escape() 的 Java 实现如下所示：

```
public String escape(String s) {
  if (s.charAt(0) == '\"')
    return "\\"+s.substring(0, s.length()-1)+"\\\"";
  else return s;
}
```

pretty_print_name() 方法输出给定节点的可读性最强的名称。对于内部节点，即其字符串标签，以及用于区分同一标签的多次出现的序列号。对于终结符，它包括匹配的词素。代码如下所示：

```
method pretty_print_name() {
  if /tok then return sym || "#" || (rule%10)
  else return escape(tok.text) || ":" || tok.cat
end
```

pretty_print_name() 的 Java 实现与前面的代码类似，如下所示：

```
public String pretty_print_name() {
  if (tok == null) return sym +"#"+(rule%10);
  else return escape(tok.text)+":"+tok.cat;
}
```

使用以下命令在示例 hello.java 输入文件上运行此程序：

```
j0 hello.java                          java ch5.j0 hello.java
```

j0 程序写出一个 hello.java.dot 文件，该文件是 dot 程序的有效输入。使用以下命令运行 dot 程序以生成 PNG 图像：

```
dot -Tpng hello.java.dot >hello.png
```

图 5.11 展示了 hello.java 的语法树，写入 hello.png。

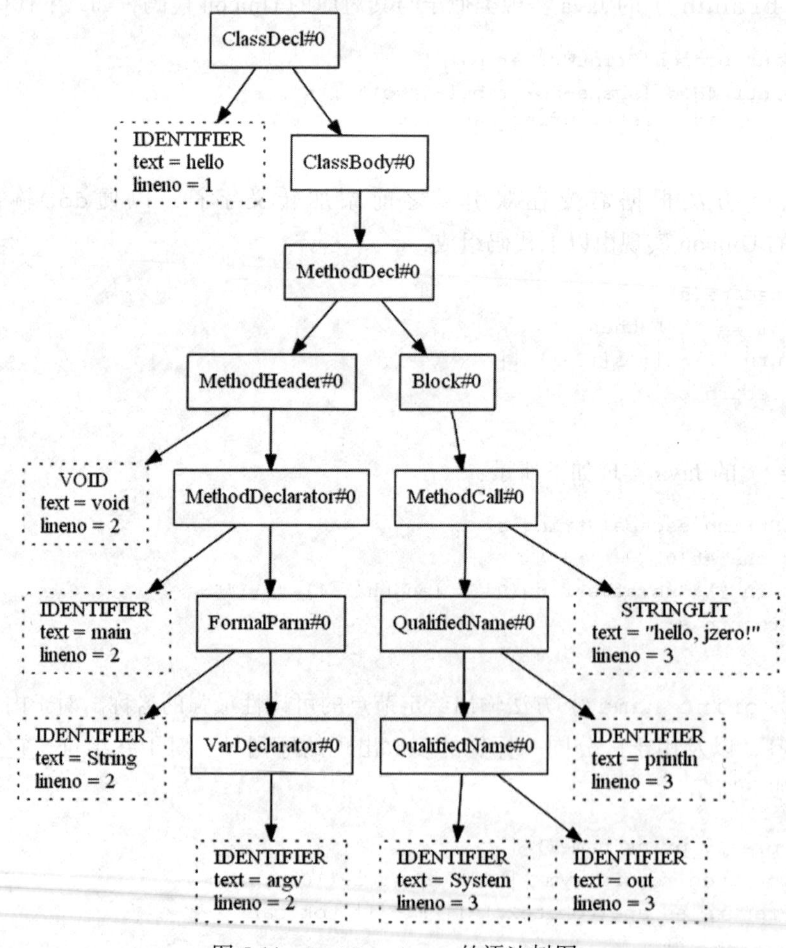

图 5.11 hello.java 的语法树图

如果没有正确编写语法树的构造代码，那么程序会在运行时就会崩溃，或者在检查图像时会发现语法树明显是假的。为了测试程序语言代码，你应该在各种输入程序上运行它并仔细检查生成的语法树。

在本节中，你可以看到只需几行代码即可使用树遍历生成语法树的文本和图形描述。图形渲染由名为 dot 的外部工具提供。树遍历是一种简单但功能强大的编程技术，它将在本书中接下来的几章中占据主导地位。

5.8　本章小结

本章介绍了在解析输入程序时用于构建语法树的关键技术技能和工具。语法树是用于在编译器或解释器内部表示源代码的主要数据结构。

本章还介绍了如何开发代码来识别用于构建每个内部节点的产生式规则，以便我们可以知道后续要学习的内容。本章还介绍了如何为扫描器中的每个规则添加树节点构造函数，如何将扫描器中的叶子连接到解析器中内置的树中，以及如何检查树和调试常见的树构造问题。

目前你已经将输入源代码合成为可以使用的数据结构。现在，是时候开始分析程序源代码的含义了，以便确定它指定了哪些计算。这是通过使用树遍历方法遍历解析树以执行语义分析而完成的。

第 6 章将通过遍历树以构建符号表来开始我们的旅程，这样我们能够跟踪程序中的所有变量并找出它们的声明位置。

5.9　思考题

1. 语法树的叶子从何而来？
2. 如何创建语法树的内部节点？
3. 在构建语法树时叶节点和内部节点存储在哪里？
4. 为什么在值栈上压入和弹出值时，值会被包装和解包？

第二部分 *Part 2*

语法树遍历

编译器的核心是树遍历。在学习完这一部分内容后，我们将构建一个执行语义分析和代码生成的编译器。

本部分包括以下章节：

- 第 6 章　符号表
- 第 7 章　基本类型检查
- 第 8 章　检查数组、方法调用和结构访问的类型
- 第 9 章　中间代码生成
- 第 10 章　IDE 中的语法着色

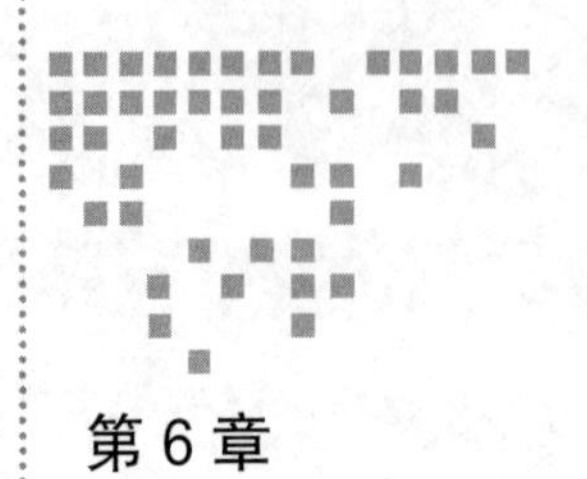

Chapter 6 第6章

符号表

要了解程序源代码中名称的使用，编译器必须查找名称的每次使用并确定该名称所指的内容。你可以使用语法树的辅助表数据结构在每个使用符号的位置查找符号，这个数据结构就是**符号表**。构造并使用符号表是**语义分析**的第一步。语义分析是研究输入源代码含义的地方。

本书第4章中的上下文无关文法有终结符和非终结符，它们以树节点和标记结构表示。在谈论程序的源代码时，**符号**另有其意思。例如，在本章及其后续章节中，符号指的是变量、函数、类或包的名称。在本书中，符号、名称、变量和标识符这些词可以互换使用。

本章将介绍如何构建符号表并将符号插入其中，以及使用符号表来识别两种语义错误：未声明的变量和非法重新声明的变量。在后续章节中，将用符号表来检查类型并为输入程序生成代码。

本章中的例子主要通过为Java的Jzero子集构建符号表来演示如何使用符号表。符号表对能够检查类型以及为编程语言生成代码非常重要。在本章和接下来的几章中，你将通过编写许多选择性和专门的树遍历函数来学习递归的艺术。

是时候了解符号表以及如何构建它们了。但首先你需要了解一些用于完成这项工作的概念基础。

6.1 技术需求

本章的代码在GitHub上可用：`https://github.com/PacktPublishing/Build-Your-Own-Programming-Language/tree/master/ch6`。

6.2 建立符号表基础

在软件工程中，在开始编码之前，必须开展需求分析和设计。同样，要构建符号表，首先要了解它们的用途，以及如何编写完成这项工作的语法树遍历。对于初学者，应该查看编译器必须存储和调用不同类型变量的信息类型。这些信息存储在程序代码中声明的符号表中，让我们来看看这些内容。

6.2.1 声明和作用域

计算机程序的含义归结为正在计算的信息的含义，以及要执行的实际计算。符号表都是关于第一部分的：定义程序正在处理的信息。我们将首先确定正在使用的名称、它们所指的内容以及它们的使用方式。

考虑一个简单的赋值语句，如下所示：

```
x = y + 5;
```

在大多数语言中，诸如 x 或 y 之类的名称必须在使用前声明。**声明**用于指定将在程序中使用的名称，通常包括类型信息。例如，对 x 的声明可能看起来如下所示：

```
int x;
```

每个变量声明都有一个**作用域**，用于描述程序中该变量可见的区域。在 Jzero 中，用户定义的作用域是类作用域和本地（方法）作用域。Jzero 还必须支持与一些预定义系统包相关的作用域，它是完整 Java 编译器所需的包作用域功能的一小部分。其他语言也有其他不同类型的作用域来处理。

示例程序如图 6.1 所示，参见 https://github.com/PacktPublishing/Build-Your-Own-Programming-Language/tree/master/ch6 的 xy5.java 文件，该示例对前面的示例进行了扩展，以进一步说明作用域。浅灰色类作用域包围着较深灰色的局部作用域：

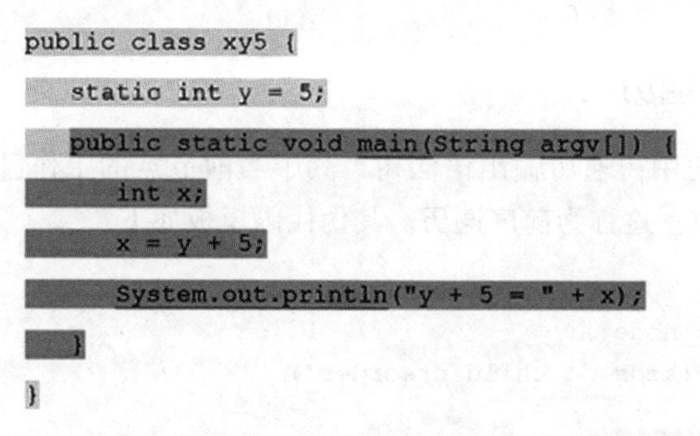
```
public class xy5 {
   static int y = 5;
   public static void main(String argv[]) {
      int x;
      x = y + 5;
      System.out.println("y + 5 = " + x);
   }
}
```

图 6.1 局部作用域（深灰色部分）嵌入类作用域

对于任何符号，例如 x 或 y，可以在两个作用域内声明相同的符号。在内部作用域中声明的名称会覆盖并隐藏在外部作用域中声明的相同名称。这种嵌套作用域要求编程语言必须创建多个符号表。一个常见的新手错误是尝试只使用一个符号表来完成整个语言，因为符号表听起来又大又可怕，而且编译器书籍经常谈论单张符号表而不是多张符号表。这种错误必须避免，要准备支持多张符号表，并从最里面的可用符号表开始搜索符号，然后逐步向外搜索，直到碰到表结束标志。现在考虑在程序中使用符号与计算机内存交互的两种基本方式：赋值和取消引用。

6.2.2 赋值和取消引用变量

变量是指示内存位置的名称，可以从内存读取数据，或者将数据写入内存。将值写入内存位置称为**赋值**。从内存位置读取值称为**取消引用**。大多数程序员对赋值都有很深的理解。赋值是他们在编程中学到的第一件事，例如，x=0 语句是对 x 的赋值。但许多程序员对取消引用有点模糊。程序员编写的代码总是会取消引用，但他们之前可能没有听说过这个术语。例如，y=x+1 语句在执行加法之前要取消对 x 的引用以获取其值。同样，在调用中传递参数，例如 System.out.println(x) 要取消对 x 的引用。

赋值和取消引用都是使用内存地址的行为。它们在语义分析和代码生成中发挥作用。但是在什么情况下，赋值和取消引用会影响到给定变量的使用是否合法？对于声明为 const 的事物，包括方法名称，赋值是不合法的。是否有不能取消引用的符号？当然是未声明的变量，它们也不能被赋值。还有别的吗？在我们生成赋值或取消引用的代码之前，我们必须能够理解哪些内存地址被使用了，以及所请求的操作是否合法，是否由我们正在实现的语言定义。

到目前为止，我们已经回顾了赋值和取消引用的概念。检查每个赋值或取消引用是否合法需要存储和检索有关程序中使用的名称信息，这就是符号表的用途。除此以外，还有一些基础概念需要理解，然后就可以建立我们需要的符号表了。在本章和接下来的几章中，我们将使用大量语法树遍历函数。我们先考虑一些可供使用的几种树遍历。

6.2.3 选择正确的树遍历

在第 5 章中，我们使用树遍历输出语法树，其中当前节点的工作已完成，然后递归调用每个子节点的遍历函数。这称为**前序遍历**。其伪代码模板如下：

```
method preorder()
   do_work_at_this_node()
   every child := !kids do child.preorder()
end
```

本章中的一些例子会先访问子节点，完成一部分工作，然后利用已访问子节点的结果访问当前节点。这称为**后序遍历**。后序遍历的伪代码模板看起来与如下代码类似：

```
method postorder()
   every child := !kids do child.postorder()
   do_work_at_this_node()
end
```

其他遍历方法也存在，如果方法在每次子节点调用之间工作，则都会访问当前节点——这种遍历方法称为**中序遍历**。最后，在编写树遍历时，同时采用多种方法是可以的，可以让这些方法一起工作并根据需要相互调用，每种树节点都可能采用各自的方法。尽管我们会让我们的树遍历尽可能简单，但本书中的示例将使用最好的工具来完成这项工作。

本节介绍了将在本章和后续章节的代码示例中使用的几个重要概念。其中包括作用域嵌套、赋值和取消引用，以及不同类型的树遍历。现在，是时候使用这些概念来创建符号表了，之后再考虑如何通过在符号表中插入符号来填充符号表。

6.3 为每个作用域创建和填充符号表

符号表包含为作用域声明的所有名称的记录。每个作用域有一个符号表。符号表提供了一种按名称查找符号的方法，以获取有关符号的信息。如果声明了一个变量，则符号表查找将返回一条记录，其中包含有关该符号的所有已知信息：声明的位置、数据类型、公共还是私有的，等等。所有这些信息都可以在语法树中找到。如果我们也把它放在一个表中，其目的就是在任何需要信息的地方都能直接访问该信息。

符号表的传统实现方法是用**哈希表**，它提供了非常快速的信息查找手段。编译器可以使用任何允许存储或检索与符号相关的信息的数据结构，甚至链接列表都可以。但是哈希表是最好用的，它们在Unicon和Java中是标准的，所以我们将在本章中使用哈希表。

Unicon为哈希表提供了一种称为table的内置数据类型。有关说明，请参见附录。表中的插入和查找操作可以通过访问下标进行，如访问数组中的元素。例如，symtable[sym]查找与名为sym的符号关联的信息，而symtable[sym] := x关联与sym相关的关于x的信息。

Java在标准库类中提供哈希表。我们将使用名为HashMap的Java库类，从HashMap中检索信息使用方法调用。信息通过symtable.get(sym)等方法调用从HashMap中检索，并通过symtable.put(sym, x)存储在HashMap中。

Unicon表和Java HashMap将域中的元素映射到关联的范围。对于符号表，域将包含程序源代码中符号的字符串名称。对于域中的每个符号，范围将包含symtab_entry类的相应实例，即符号表条目。在即将介绍的Jzero实现中，哈希表本身将被包装在一个类中，以便符号表可以包含有关整个作用域的附加信息，除了符号和符号表条目。

这里有两个主要问题：一是何时为每个作用域创建符号表；二是如何准确地将信息插入其中？这两个问题的答案都是：在**语法树遍历**期间。在开始之前，我们需要了解语义属性。

6.3.1 向语法树添加语义属性

第 5 章中的树类型简洁明了。它包含一个输出标签、一个产生式规则、若干子节点。但实际上，编程语言需要在树的各个节点中计算和存储大量附加信息。这些信息存储在树节点的额外字段中，通常称为**语义属性**。当构造树节点时，有时可以在解析期间计算这些字段的值。更常见的是，一旦构建了整个树，就更容易计算语义属性的值。在这种情况下，属性是使用树遍历构造的。

有两种语义属性：

- **综合属性**，其每个节点的值可以从其子节点的语义属性构建。
- **继承属性**，使用并非来自节点的子节点的信息计算。

从树中其他地方获取信息的唯一可能路径是通过其父节点，这就是为什么说该属性是继承的。实际上，继承的属性可能来自同级，也可能来自语法树中很远的地方。

本章将为第 5 章的 tree.icn 和 tree.java 文件添加两个属性。第一个属性为 isConst 布尔值，是一个综合属性，用于报告给定树节点是否仅包含编译时已知的常量值。图 6.2 描述了一个名为 x+1 的表达式。父节点的 isConst（带“+”号的方框）是根据其子节点的 isConst 值计算的。

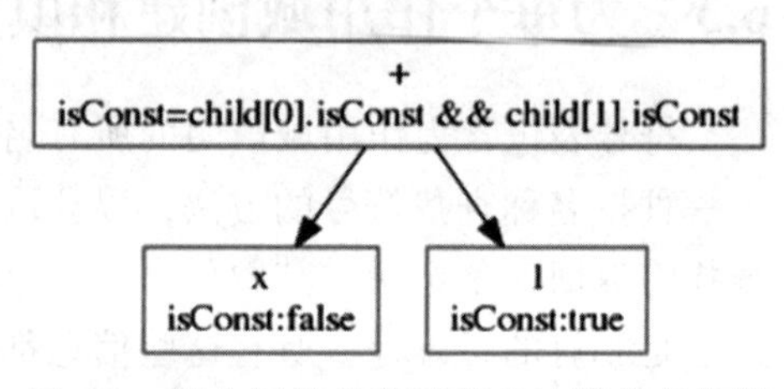

图 6.2 综合属性从其子节点计算节点的值

图 6.2 是一个很好的示例，显示如何由子节点计算综合属性。在这个例子中，叶子“x”和“1”已经有 isConst 值，而这些值必须来自某些地方。很容易猜到“1”标记的 isConst 值来自哪里：编程语言的字面常量值应标记为 isConst=true。

对于像 x 这样的名称，其 isConst 值的来源并不那么明显。如前几章所述，Jzero 语言没有 Java 的 final 关键字（它用于指定给定符号是不可变的）。可选的方法是：对每个 IDENTIFIER 设置 isConst=false；扩展 Jzero 以（至少对变量）允许使用 final 关键字。如果选择后者，需要通过查找 x 的符号表信息来确定 x 是否为常数。x 的符号表条目只会知道 x 是否为常数，如果我们将信息放在那里的话。

第二个属性 stab 是一个继承属性，包含对最近的封闭作用域（包含给定树节点）的符号表的引用。对于大多数节点，stab 值只是从其父节点复制而来。除此以外的节点属于由父节点定义新作用域的节点。图 6.3 展示了从父节点复制到子节点的 stab 属性。

我们如何将属性从子节点推送给父节点呢？采用树遍历！那么如何将属性从父节点下传给子节点呢？还是采用树遍历！但首先，我们必须在树节点中腾出空间来存储这些属性。

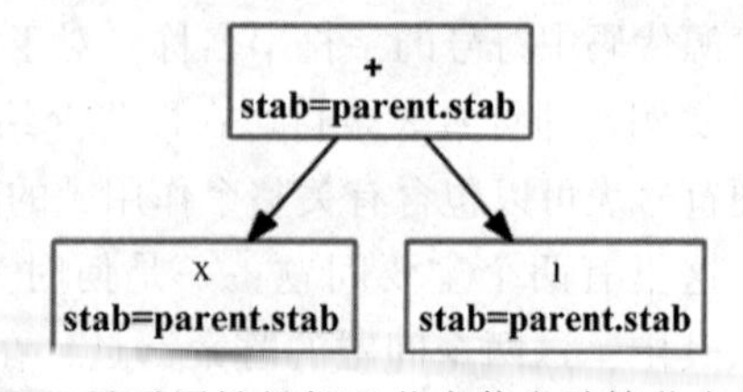

图 6.3 继承属性根据父节点信息计算节点的值

Unicon 中本章的树类头文件已修改为包含这些属性，如下所示：

```
class tree (id,sym,rule,nkids,tok,kids,isConst,stab)
```

这段代码做不了任何事情，关键是在最后添加两个语义属性字段。在 Java 中，这些类树添加会得到以下代码：

```
class tree {
  int id, rule, nkids;
  String sym;
  token tok;
  tree kids[];
  Boolean isConst;
  symtab stab;
}
```

在本章和后续章节中，树类将添加许多方法，因为语言的语义分析和代码生成的大部分内容都将以树遍历的形式呈现。现在看看修改符号表所需的类类型以及包含符号表中保存的信息的符号表条目类。

6.3.2 定义符号表和符号表条目的类

symtab 类的实例管理一个作用域内的符号。对于每个符号表，都需要知道它与什么作用域相关联，以及封闭作用域是什么。symtab 类的 Unicon 代码，可以在 symtab.icn 文件中找到，如下所示：

```
class symtab(scope, parent, t)
  method lookup(s)
    return \ (t[s])
  end
initially
  t := table()
end
```

symtab 类几乎只是 Unicon 内置表数据类型的包装。在这个类中，scope 字段是一个以“class”或“local”开头的字符串，用于表示 Jzero 中用户声明的作用域。如果符号已经在表中，则此类中的一个重要方法 insert() 会出现语义错误。否则，insert() 会分配一个符号表条目并插入其中。insert() 方法将在 6.5 节中介绍。对应的 Java 类由 symtab.java 中的以下代码组成。

```
package ch6;
import java.util.HashMap;
public class symtab {
  String scope;
```

```
    symtab parent;
    HashMap<String,symtab_entry> t;
    symtab(String sc, symtab p) {
       scope = sc; parent = p;
       t = new HashMap<String,symtab_entry>();
    }
    symtab_entry lookup(String s) {
       return t.get(s);
    }
}
```

每个符号表都将一个名称与 symtab_entry 类的一个实例相关联。symtab_entry 类将保存我们已知的给定变量的所有信息。symtab_entry 的 Unicon 实现可以在 symtab_entry.icn 中找到：

```
class symtab_entry(sym,parent_st,st,isConst)
end
```

目前，symtab_entry 类不包含代码，只包含几个数据字段。sym 字段是一个字符串，其中保存条目所表示的符号。parent_st 字段是对封闭符号表的引用。st 字段是对与此符号的子作用域关联的新符号表的引用，仅用于具有子作用域的符号，如类和方法。在后续章节中，symtab_entry 类将获得额外的字段，用于语义分析和代码生成。symtab_entry.java 中 symtab_entry 的 Java 实现如下所示：

```
package ch6;
public class symtab_entry {
   String sym;
   symtab parent_st, st;
   boolean isConst;
   symtab_entry(String s, symtab p, boolean iC) {
     sym = s; parent_st = p, isConst = iC; }
   symtab_entry(String s, symtab p, boolean iC, symtab t) {
     sym = s; parent_st = p; isConst = iC; st = t; }
}
```

前面的类除了两个构造函数之外不包含任何代码。一种用于常规变量，另一种用于类和方法。类和方法符号表条目将子符号表作为参数，因为它们具有子作用域。定义了符号表和符号表条目的类类型之后，是时候看看如何为输入程序创建符号表了。

6.3.3 创建符号表

可以通过编写树遍历为每个类和每个方法创建一个符号表。语法树中的每个节点都需要知道它属于哪个符号表。这里介绍的粗暴方法包括填充每个树节点的 stab 字段。通常该字段是从父节点继承的，但是引入新作用域的节点会继续并在遍历期间分配一个新的符号表。以下 Unicon 中的 mkSymTables() 方法用于构造符号表，它被添加到 tree.icn 文件中的 tree 类中：

```
method mkSymTables(curr)
  stab := curr
  case sym of {
    "ClassDecl": { curr := symtab("class",curr) }
    "MethodDecl": { curr := symtab("method",curr) }
  }
  every (!\kids).mkSymTables(curr)
end
```

mkSymTables() 方法将名为 curr 的封闭符号表作为参数。tree.java 中对应的 Java 方法 mkSymTables() 如下所示：

```
void mkSymTables(symtab curr) {
   stab = curr;
   switch (sym) {
   case "ClassDecl": curr = new symtab("class", curr);
      break;
   case "MethodDecl": curr = new symtab("method", curr);
      break;
   }
   for (int i=0; i<nkids; i++) kid[i].mkSymTables(curr);
}
```

整个解析树的根以一个全局符号表开头，其中包含预定义的符号，例如 System 和 java。这就引出了一个问题：应在何时何地调用 mkSymTables()？答案是在构造了语法树的根之后。在第 5 章调用 j0.print($$) 的地方，它现在应该调用 j0.semantic($$)，并且所有语义分析都将在 j0 类的该方法中执行。因此，j0gram.y 中第一个产生式的语义动作变成：

```
ClassDecl: PUBLIC CLASS IDENTIFIER ClassBody {
  $$=j0.node("ClassDecl",1000,$3,$4);
  j0.semantic($$);
 } ;
```

j0.icn 中的 semantic() 方法如下所示：

```
method semantic(root)
local out_st, System_st
   global_st := symtab("global")
   out_st := symtab("class")
   System_st := symtab("class")
   out_st.insert("println", false)
   System_st.insert("out", false, out_st)
```

```
    global_st.insert("System", false, System_st)
    root.mkSymTables(global_st)
    root.populateSymTables()
    root.checkSymTables()
    global_st.print()
end
```

此代码创建一个全局符号表，然后为 System 类预定义一个符号。System 有一个子作用域，其中一个名称 out 被声明为具有一个子作用域，println 在其中被定义。用于初始化预定义符号的相应 Java 代码如下所示：

```
void semantic(tree root) {
symtab out_st, System_st;
   global_st = symtab("global");
   out_st = symtab("class");
   System_st = symtab("class");
   out_st.insert("println", false);
   System_st.insert("out", false, out_st);
   global_st.insert("System", false, System_st);
   root.mkSymTables(global_st);
   root.populateSymTables();
   root.checkSymTables();
   global_st.print();
}
```

创建符号表是一回事，利用它们则是另一回事。接下来我们看看符号是如何放入符号表中的。然后，我们开始讨论这些符号表是如何使用的。

6.3.4 填充符号表

填充（插入符号到）符号表工作可以在创建这些符号表的同一树遍历期间完成。但是，填充代码在单独的遍历中更简单。每个节点都知道它所在的符号表。挑战在于识别哪些节点引入了符号。

对于一个类，FieldDecl 的第二个子节点有一个要插入的符号列表。MethodDeclarator 的第一个子节点是要插入的符号。对于一个方法，FormalParm 的第二个子节点引入一个符号。LocalVarDecl 的第二个子节点有一个要插入的符号列表，这些操作显示在以下代码中：

```
method populateSymTables()
  case sym of {
    "ClassDecl": {
       stab.insert(kids[1].tok.text, , kids[1].stab)
       }
    "FieldDecl" | "LocalVarDecl" : {
```

```
        k := kids[2]
        while \k & k.label=="VarDecls" do {
          insert_vardeclarator(k.kids[2])
          k := k.kids[1]
          }
        insert_vardeclarator(k); return
        }
      "MethodDecl": {
        stab.insert(kids[1].kids[2].kids[1].tok.text, ,
                    kids[1].stab) }
      "FormalParm": { insert_vardeclarator(kids[2]); return }
    }
    every k := !\kids do k.populateSymTables()
end
```

对应的 Java 代码如下：

```
void populateSymTables() {
    switch(sym) {
    case "ClassDecl": {
       stab.insert(kids[0].tok.text, false, kids[0].stab);
       break;
    }
    case "FieldDecl": case "LocalVarDecl": {
       tree k = kids[1];
       while ((k != null) && k.sym.equals("VarDecls")) {
          insert_vardeclarator(k.kids[1]);
          k = k.kids[0];
          }
       insert_vardeclarator(k); return;
       }
    case "MethodDecl": {
       stab.insert(kids[0].kids[1].kids[0].tok.text, false,
                   kids[0].stab); }
    case "FormalParm": {
      insert_vardeclarator(kids[1]); return; }
    }
   for(int i = 0; i < nkids; i++) {
      tree k = kids[i];
      k.populateSymTables();
   }
}
```

insert_vardeclarator(n) 方法可以传递以下两种可能性之一：IDENTIFIER，包含要插入的符号；VarDeclarator 树节点，以指示要声明的数组。其 Unicon 实现如下所示：

```
method insert_vardeclarator(vd)
   if \vd.tok then stab.insert(vd.tok.text)
   else insert_vardeclarator(vd.kids[1])
end
```

代码的 Java 实现如下所示：

```
void insert_vardeclarator(tree vd) {
   if (vd.tok != null) stab.insert(vd.tok.text, false);
   else insert_vardeclarator(vd.kids[0]);
}
```

填充符号表对于编程语言实现的后续工作是必要的，例如类型检查和代码生成。在找到 IDENTIFIER 之前，它们将无法自由地跳过子树。即使在第一种方法中，它也可以很好地检查某些常见的语义错误，例如未声明的变量。现在，让我们看看如何计算综合属性，在使用信息填充符号表时以及在语义分析和代码生成的后续部分中我们都可以使用这项技能。

6.3.5 综合 isConst 属性

isConst 是综合属性的经典示例，其计算规则取决于节点是叶子（跟随 base case）还是内部节点（使用 recursion step）：

- base case：对于标记和常量是 isConst=true，其他的都是 isConst=false。
- recursion step：对于内部节点，isConst 从子节点计算，但只能通过表达式文法，其中表达式有值。

如果你想知道表达式语法引用了哪些产生式规则，那么这些产生式规则几乎都可以从名为 Expr 的非终结符派生而来。该方法的 Unicon 实现是 tree.icn 中的另一个遍历，如下：

```
method calc_isConst()
   case sym of {
      "INTLIT" | "DOUBLELIT" | "STRINGLIT" |
      "BOOLFALSE" | "BOOLTRUE": isConst := "true"
      "UnaryExpr": isConst := \kid[2].isConst
      "RelExpr": isConst := \kid[1].isConst &
        \kid[3].isConst
      "CondOrExpr" | "CondAndExpr" | "EqExpr" |
      "MULEXPR"|
      "ADDEXPR": isConst := \kid[1].isConst &
        \kid[2].isConst
      default: isConst := &null
   }
   every(!\kids).calc_isConst()
end
```

前面的代码中有几个特殊情况。诸如小于运算符（<）之类的二元关系运算符是否为常数，取决于第一个和第三个子节点。大多数其他二元运算符不会将运算符作为中间叶节点放在树中，而是从第一个和第二个子节点的 isConst 值计算出来。calc_isConst() 的 Java 实现如下所示：

```
void calc_isConst() {
   switch(sym) {
   case "INTLIT": case "DOUBLELIT": case "STRINGLIT":
   case "BOOLFALSE": case "BOOLTRUE": isConst = true;
      break;
   case "UnaryExpr": isConst = kid[1].isConst; break;
   case "RelExpr":
      isConst = kid[0].isConst && kid[2].isConst; break;
   case "CondOrExpr": case "CondAndExpr":
   case "EqExpr": case "MULEXPR": case "ADDEXPR":
      isConst = kid[0].isConst && kid[1].isConst; break;
   default: isConst = false;
   }
   for(int i=0; i <nkids; i++)
      kids[i].calc_isConst();
}
```

整个方法是一个开关，用于处理 base case 并设置 isConst，然后遍历零个或多个子节点。在计算 isConst 综合属性方面，Java 可以说和 Unicon 一样好，或者更好。

本节关于创建和填充符号表的内容到此结束。我们练习的主要技能是编写树遍历的艺术，就是递归函数。常规的树遍历会访问所有子节点，并对它们一视同仁。编程语言可以选择性地遍历树，可以忽略一些子节点，或对不同的子节点做不同的操作。现在，我们看一个例子，演示如何使用符号表来检测未声明的变量。

6.4 检查未声明的变量

要查找未声明的变量，可以检查用于赋值或取消引用的每个变量的符号表。这些内存读取和写入发生在可执行语句和在这些语句中计算其值的表达式中。给定一个语法树，如何找到它们？答案是使用查找 IDENTIFIER 标记的树遍历，但仅当它们位于代码块内的可执行语句中时才行。要解决这个问题，要从顶部开始进行树遍历，只找代码块。在 Jzero 中，这是一种查找方法体的遍历。

6.4.1 识别方法体

check_codeblocks() 方法从顶部遍历树，以查找所有方法体，其可执行代码位于

Jzero 中。对于它找到的每个方法声明，它在该方法体上调用另一个名为 check_block() 的方法：

```
method check_codeblocks()
   if sym == "MethodDecl" then { kids[2].check_block() }
   else every k := !\kids do
         if k.nkids>0 then k.check_codeblocks()
end
```

check_codeblocks() 对应的 Java 实现在 tree.java 文件中：

```
void check_codeblocks() {
tree k;
   if (sym.equals("MethodDecl")) { kids[1].check_block(); }
   else {
      for(int i = 0; i<=nkids; i++){
         k := kids[i];
         if (k.nkids>0) k.check_codeblocks();
      }
   }
}
```

上述方法演示了在查找一种特定类型的树节点时搜索语法树的模式。它不会在 MethodDecl 上递归调用自己。相反，它调用更专业的 check_block() 方法，该方法实现找到方法体时要完成的工作。这个方法知道它在一个方法体中，找到的标识符是变量的使用。

6.4.2 发现方法体中变量的使用

在方法体中，找到的任何 IDENTIFIER 都已知位于可执行代码语句块中。一个例外是由局部变量声明引入的新变量不可能是未声明的变量：

```
method check_block()
   case sym of {
   "IDENTIFIER": {
     if not (stab.lookup(tok.text)) then
        j0.semerror("undeclared variable "||tok.text)
     }
   "FieldAccess" | "QualifiedName": kids[1].check_block()
   "MethodCall": {
      kids[1].check_block()
      if rule = 1290 then
         kids[2].check_block()
      else kids[3].check_block()
      }
```

```
    "LocalVarDecl": { } # skip
    default: {
      every k := !kids do {
            k.check_block()
        }
      }
    }
  end
```

前面的check_block()方法正在处理几种特殊情况的树形。可参阅j0gram.y文法文件，以检查由于其语法上下文而未在本地符号表中查找的IDENTIFIER的使用。对FieldAccess或QualifiedName，第二个子项是一个IDENTIFIER，它是字段名，而不是变量名。一旦在接下来的几章中添加了类型信息，就可以对其进行检查。同样，规则1290（MethodCall的第二个产生式规则）跳过了它的第二个子节点。对应的Java方法如下：

```
void check_block() {
  switch (sym) {
  case "IDENTIFIER": {
    if (stab.lookup(tok.text) == null)
      j0.semerror("undeclared variable " + tok.text);
    break;
    }
  case "FieldAccess": case "QualifiedName":
    kids[0].check_block();
    break;
  case "MethodCall": {
      kids[0].check_block()
      if (rule == 1290)
         kids[1].check_block();
      else kids[2].check_block();
      break;
    }
  case "LocalVarDecl": break;
  default:
     for(i=0;i<nkids;i++)
           kids[i].check_block();
  }
}
```

尽管有break语句，但Java实现等同于前面介绍的Unicon版本代码。本节的主要思想是如何将整个树遍历任务拆分为查找感兴趣节点的一般遍历，然后对在一般遍历找到的节点上执行专门遍历。下面让我们看看如何对变量重新声明语义错误进行检查，该错误发生在将符号插入符号表时。

6.5 查找重新声明的变量

声明变量后，如果在同一作用域内再次声明同一变量，大多数语言都会报告错误。这样做的原因是在给定的作用域内，名称必须具有单一的、明确定义的含义。尝试声明一个新变量需要分配一些新内存，这会使该名称具有歧义。如果 x 变量被定义了两次，则不清楚某个给定的使用都引用了哪个 x。在将符号插入符号表时，可以识别此类重新声明的变量错误。

6.5.1 将符号插入符号表

符号表类中的 insert() 方法调用该语言的底层哈希表 API。该方法采用符号、布尔型 isConst 标志和可选的嵌套符号表，用于引入新（子）作用域的符号。符号表的 insert() 方法的 Unicon 实现如下所示。参阅 https://github.com/PacktPublishing/Build-Your-Own-Programming Language/tree/master/ch6，可以了解 symtab.icn，以及其他类的 symtab 方法：

```
method insert(s, isConst, sub)
   if \ (t[s]) then j0.semerror("redeclaration of "||s)
   else t[s] := symtab_entry(s, self, sub, isConst)
end
```

在符号插入操作之前执行符号表查找。如果符号已经存在，则会报告重新声明错误。符号表的 insert() 对应的 Java 实现方法如下所示：

```
void insert(String s, Boolean iC, symtab sub) {
   if (t.containsKey(s)) {
      j0.semerror("redeclaration of " + s);
   } else {
      sub.parent = this;
      t.put(s, new symtab_entry(s, this, iC, sub));
   }
}
void insert(String s, Boolean iC) {
   if (t.containsKey(s)) {
      j0.semerror("redeclaration of " + s);
   } else {
      t.put(s, new symtab_entry(s, this, iC));
   }
}
```

这个代码虽然粗糙，但很有效。底层哈希表 Java API 的使用冗长但易读。现在，让我们看看 semerror() 方法。

6.5.2 报告语义错误

j0 类中的 semerror() 方法必须向用户报告错误，并记录发生的错误，以便编译器不会尝试生成代码。报告语义错误的代码类似于报告词汇或语法错误，尽管有时更难确定应归咎于哪个文件中的哪一行。目前，可以将这些错误视为致命错误并在发生错误时停止编译。在后续章节中，我们会将此错误设为非致命错误，并在发现一个错误后报告其他语义错误。j0 类的 semerror() 方法的 Unicon 代码如下所示：

```
method semerror(s)
   stop("semantic error: ", s)
end
```

j0 类的 semerror() 方法的 Java 代码如下所示：

```
void semerror(String s) {
   System.out.println("semantic error: " + s);
   System.exit(1);
}
```

在填充符号表时，即当试图插入声明时，可以很自然地识别重新声明错误。与未声明的符号错误不同，在报告错误之前必须检查所有嵌套的符号表，并且重新声明错误会被立即报告，但前提是该符号已在当前最内层作用域内声明。现在看看真正的编程语言如何处理本次讨论中没有提到的其他符号表问题。

6.6 在 Unicon 中处理包和类作用域

为 Jzero 创建符号表需要考虑两个作用域：类和局部。由于 Jzero 不做实例，所以 Jzero 的类作用域是静态的，具有词法属性的。一个更大的、真实世界的语言必须做更多的工作来处理作用域。例如，Java 必须区分何时在类作用域内声明的符号是对类中的所有实例共享的变量的引用，何时该符号是为类的每个实例单独分配的普通成员变量。对于 Jzero，可以在符号表条目中添加 isMember 布尔值，以区分成员变量和类变量，类似于 isConst 标志。

Unicon 的实现与 Jzero 有很大不同，它们的很多符号表和类作用域可以进行充分的比较。与 Jzero 类似的处理也可能是其他语言处理事情的方式。Unicon 与 Jzero 的不同之处在于，每种语言都可能以自己独特的方式进行。Unicon 采用这些方法处理这些主题是因为它适合实际应用场景，而不是因为它具有某种示范性或理想性。

Unicon 示例和本章 Jzero 示例之间的一个基本区别是 Unicon 的语法树是不同类型树节点对象的异构混合。除了通用树节点类型之外，还有单独的树节点类型来表示类、方法和一些其他语义上重要的语言结构。通用树节点类型存于 tree.icn 文件中，而其他类存于名为 idol.icn 的文件中，它源自 Unicon 的前身，一种称为 Idol 的语言。现在看看 Unicon 的包实现中出现的 Unicon 和 Jzero 之间的另一个区别。这称为名称修饰。

6.6.1 名称修饰

作用域检查可能会说明已在包中找到符号。许多编程语言，如 C++，是一个很好的例子，它在生成的代码中使用名称修饰。在 Unicon 中，一些作用域规则是通过名称修饰来解决的。诸如 foo 之类的名称，如果发现它位于 package bar 的包作用域内，则在生成的代码中将其写为 bar__foo。

Unicon 实现中的 mangle_sym(sym) 方法已在此处以其部分形式呈现，并且为了便于阅读而进行了一些抽象。这种方法取一个符号（一个字符串）并根据它所属的导入包对其进行修饰，包括当前文件的声明包，它优先于任何导入：

```
procedure mangle_sym(sym)
…
   if member(package_level_syms, sym) then
      return package_mangled_symbol(sym)
   if member(imported, sym) then {
      L := imported[sym]
      if *L > 1 then
         yyerror(sym || " is imported from multiple
             packages")
      else return L[1] || "__" || sym
   }
   return sym
end
```

在 mangle_sym() 方法中，一个名为 package_level_syms 的 Unicon 表存储与当前文件关联的包中声明的符号条目。另一个名为 imported 的表跟踪其他包中定义的所有符号。此表返回在其中找到符号的其他包的列表。该列表的大小由 *L 给出。如果在两个或多个导入包中定义了某个符号，则在此文件中使用该符号会有歧义，并产生错误。使用包是一种相对简单的编译时机制，可以为不同的作用域创建单独的命名空间。更难的作用域规则必须在运行时处理。例如，访问 Unicon 中的类成员需要编译器生成代码，该代码使用对名为 self 的当前对象的引用。

6.6.2 为成员变量引用插入 self

作用域规则可以返回符号是类成员变量的答案。在 Unicon 中，所有方法都是非静态的，方法调用总是有一个名为 self 的隐式第一参数，它是对调用该方法的对象的引用。类作用域是通过在名称前加上点运算符来引用 self 对象中的变量来实现的。这段代码是从 Unicon 的 idol 中名为 scopeck_expr() 的方法提取的。icn 是一个语义分析文件，它说明 self. 如何成为成员变量引用的前缀：

```
"token": {
   if node.tok = IDENT then {
      if not member(\local_vars, node.s) then {
         if classfield_member(\self_vars, node.s)then
            node.s := "self." || node.s
         else
            node.s := mangle_sym(node.s)
      }
   }
}
```

此代码修改现有语法树字段的内容。"self." 字符串前缀的使用是可能的，因为代码以类似源代码的形式写出，并由后续代码生成器进一步编译为 C 或虚拟机字节码。使用 self 作为对当前对象的引用不仅需要访问对象内的成员变量，还需要访问对对象方法的调用。接下来让我们看看 Unicon 在调用方法时如何提供 self 变量。

6.6.3 在方法调用中插入 self 作为第一个参数

当标识符出现在括号前面时，语法表明它是被调用的函数或方法的名称。在这种情况下，需要额外做特殊处理。方法的插入前缀必须在称为方法向量的辅助结构中查找方法名称。方法向量通过 self.__m 引用。例如，对于名为 meth 的方法，该方法的引用不会变为 self.meth，而是变为 self.__m.meth。

除了使用方法向量 __m 之外，方法调用还需要将 self 作为第一个参数插入调用中。在 Unicon 早期版本中，这在生成的代码中是明确的。诸如 meth(x) 之类的调用将变为 self.__m.meth(self,x)。在 Unicon 实现中，将对象插入调用的参数列表中的操作是内置到运行时系统中点运算符的实现中的。当要求点运算符执行 self.meth 时，它会查找 meth 以查看它是不是常规成员变量。如果发现不存在，则点运算符会检查 self.__m.meth 是否存在，如果存在，则点运算符会查找该函数并将 self 作为其第一个参数推入栈。

总结一下：在 Unicon 虚拟机经过修改后，方法调用的代码生成更简单。考虑以下示例中对 o.m() 的调用，o.m(3,4) 调用的语义等价于 o.__m.m(o,3,4)，但编译器只生成 o.m(3,4) 的指令，并且由 Unicon 点运算符完成所有工作：

```
class C(…)
   method m(c,d); … end
end
procedure main()
   o := C(1,2)
```

```
    o.m(3,4)
end
```

构建编程语言的好处之一是，可以让运行我们生成的代码的运行时系统做任何我们想做的事情。现在考虑如何测试和调试符号表以判断它们是否正确和有效。

6.7 测试和调试符号表

可以编写一些测试用例，验证它们是否获得预期未声明或重新声明的变量错误消息，来对符号表进行测试。但是没有什么比对符号表进行实际可视化描述更能说明信心了。如果我们按照本章中的指导正确地构建了符号表，那么应该有一个符号表树。我们可以使用与第 5 章中用于验证语法树相同的树输出技术，采用文本或图形方式输出符号表。

与语法树相比，符号表的遍历工作略多。要输出符号表，需要输出该表的信息，然后访问所有的子节点，而不是只按名称查找。此外，如果从根符号表开始，还涉及两个类：symtab 和 symtab_entry。在 Unicon 中，要遍历所有符号表，请在 symtab.icn 中使用以下方法：

```
method print(level:0)
  writes(repl(" ",level))
  write(scope, " - ", *t, " symbols")
  every (!t).print(level+1);
end
```

注意，虽然子节点是用相同名称的方法调用的，但 symtab_entry 中的 print() 方法与 symtab 上的方法不同。符号表的 print() 方法的 Java 代码如下所示：

```
void print() { print(0); }
void print(int level) {
   for(int i=0;i<level;i++) System.out.print(" ");
   System.out.print(scope + " - " + t.size()+" symbols");
   for (symtab_entry : t.values()) se.print(level+1);
}
```

对于 symtab_entry 的 print() 方法，将输出一个实际的符号。如果符号表条目有一个子作用域，则将其输出并做更深缩进显示，以体现作用域的嵌套：

```
method print(level:0)
  writes(repl(" ",level), sym)
  if \isConst then writes(" (const)")
  write()
  (\st).print(level+1);
end
```

如果嵌套符号表为空，则跳过输出嵌套符号表的相互递归调用。在 Java 中代码更长，但更明确：

```
void print(level:0) {
   for(int i=0;i<level;i++) System.out.print(" ");
   System.out.print(sym);
   if (isConst) System.out.print(" (const)");
   System.out.println("");
   if (st != null) st.print(level+1);
}
```

输出符号表不需要很多代码行。我们可能会发现添加额外的词法信息是值得的，例如声明变量的文件名和行号等。在后续章节中，我们将使用类型信息扩展这些方法。

要使用本章中显示的符号表输出运行 Jzero 编译器，请从本书的 GitHub 库下载代码，进入 `ch6/` 子目录，并使用 `make` 程序构建它。默认情况下，`make` 将同时构建其 Unicon 和 Java 版本。在符号表输出到位的情况下运行 `j0` 命令时，它将生成如图 6.4 所示的输出，本例展示了其 Java 实现。

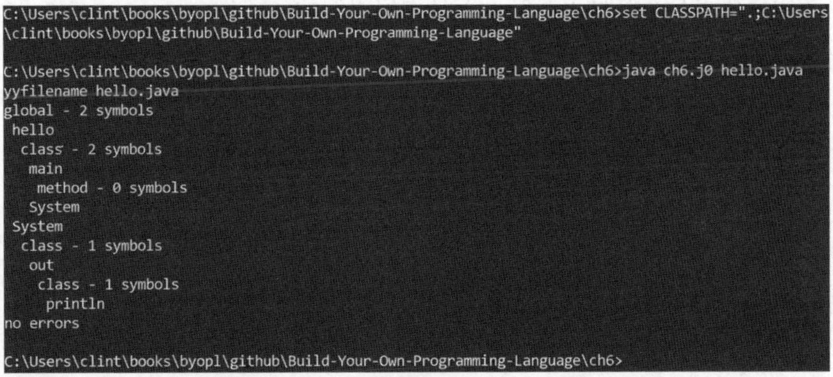

```
C:\Users\clint\books\byopl\github\Build-Your-Own-Programming-Language\ch6>set CLASSPATH=".;C:\Users
\clint\books\byopl\github\Build-Your-Own-Programming-Language"

C:\Users\clint\books\byopl\github\Build-Your-Own-Programming-Language\ch6>java ch6.j0 hello.java
yyfilename hello.java
global - 2 symbols
 hello
  class - 2 symbols
   main
    method - 0 symbols
   System
 System
  class - 1 symbols
   out
    class - 1 symbols
     println
no errors

C:\Users\clint\books\byopl\github\Build-Your-Own-Programming-Language\ch6>
```

图 6.4　来自 Jzero 编译器的符号表输出

必须仔细阅读 `hello.java` 输入文件，以确定此符号表输出是否正确和完整。语言的作用域和可见性规则越复杂，符号表的输出就越复杂。例如，对于变量的公共和私有状态，此符号表输出不会输出任何内容，但对于完整的 Java 编译器，我们则希望有所输出。如果你对所有符号都存在并在正确的作用域内进行解释感到满意，那么可以继续进行下一阶段的语义分析。

6.8　本章小结

本章介绍了用于构建符号表的关键技术和工具，这些符号表跟踪输入程序中所有作用域内的所有变量。你为程序中的每个作用域都创建了一个符号表，并将条目插入到每个变量的正确符号表中。所有这些操作都是通过遍历语法树来完成的。

本章还介绍了如何编写为每个作用域创建符号表的树遍历，以及如何为与语法树中每个节点的当前作用域关联的符号表创建继承属性。本章之后介绍了如何将符号信息插入与语法树关联的符号表中，并检测何时非法重新声明了相同的符号；如何编写在符号表中查找信息并识别未声明的变量错误的树遍历。这些技能使我们能够在执行与编程语言相关的语义规则方面迈出第一步。在编译器的其余部分，语义分析和代码生成都依赖于并添加到在本章建立的符号表中。

现在你已经使用树遍历通过解析树构建了符号表，是时候考虑如何检查程序对数据类型的使用了。第 7 章将首先介绍如何检查整数和实数等基本类型，从而开始我们的旅程。

6.9 思考题

1. 编译器中创建的各种符号表与第 5 章创建的语法树之间有什么关系？
2. 综合语义属性和继承的语义属性有什么区别？它们是如何计算的？存储在哪里？
3. Jzero 语言中需要多少个符号表？符号表是如何组织的？
4. 假设 Jzero 语言允许多个类，在单独的源文件中分别编译。这将如何影响本章中符号表的实现？

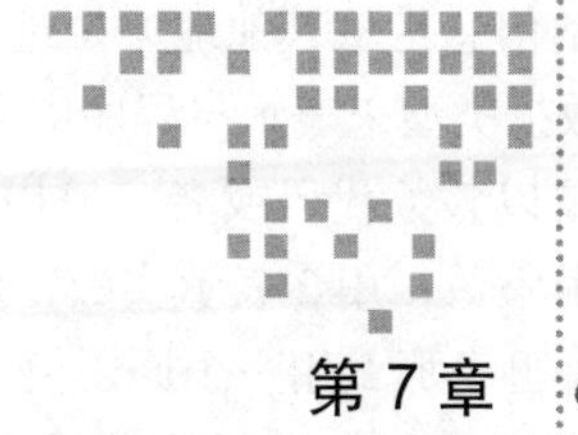

第7章 Chapter 7

基本类型检查

本章与第8章是介绍类型检查的章节。在大多数主流编程语言中，**类型检查**是语义分析的一个关键，必须在生成代码之前执行。

本章将展示如何对Java的Jzero子集中包含的基本类型进行简单的类型检查。类型检查的副产品之一就是将类型信息添加到语法树中。了解语法树中操作数的类型能够为各种操作生成正确的指令。

是时候从基本类型开始学习类型检查了。有人可能会想：为什么要进行类型检查？如果编译器不进行类型检查，则无论使用什么类型的操作数，它都必须生成有效的代码。Lisp、BASIC和Unicon是采用这种设计方法的语言示例。通常，这可以让编程语言变得对用户友好，但运行速度更慢。因此，本章将介绍类型检查，下面首先介绍如何表示从源代码中提取的类型信息。

7.1 技术需求

本章的代码在GitHub上可用：`https://github.com/PacktPublishing/Build-Your-Own-Programming-Language/tree/master/ch7`。

7.2 编译器中的类型表示

编译器通常需要执行一些操作，如比较两个变量的类型，查看它们是否兼容。程序源代码用字符串数据表示类型，它包含在语法树中。在某些语言中，可以使用很少的语法子树来表示类型检查中使用的类型。但是，通常类型信息并不完全对应于语法树中的子树，因为部分类型信息是从其他地方拉进来的，例如另一种类型。出于这个原因，我们需要构建一个新的数据类型来表示与程序中声明或计算的任意给定值相关的类型信息。

如果只是以整数代码或者字符串类型名等单个原子值表示类型，那就太好了。例如，可以用 1 表示整数，用 2 表示实数，用 3 表示字符串，等等。如果一种语言只有一小部分固定的内置类型，那么用一个原子值表示就足够了。然而，真正的语言类型比这复杂得多。数组、类或方法等复合类型的类型表示更为复杂。我们可以从能够表示原子类型的基类开始。

7.2.1 定义表示类型的基类

与编程语言中的所有名称或值相关的类型信息都可以在名为 typeinfo 的新类中表示。typeinfo 类不以 type 命名，因为某些编程语言会将其用作保留字或内置名称。在 Unicon 中，type 就是一个内置函数的名称，因此，如果用 type 声明一个类会引起不必要的麻烦。

typeinfo 类有一个基类型（basetype）成员，用于存储所表示的数据类型。复杂类型根据需要可以添加附加信息。例如，其 basetype 表明它是一个数组类型，有一个额外的 element_type。有了这些额外的信息，我们就能够区分整数数组与字符串数组或某种类类型的数组。在某些语言中，数组类型也有明确的大小，或带有开始和结束索引。

有许多方法可以处理不同类型所需信息的上述变化。这些差异的经典面向对象表示是使用子类。对于 Jzero，可以添加 arraytype、methodtype 和 classtype 作为 typeinfo 的子类。首先是超类本身，可以在 typeinfo.icn 文件中找到，如以下代码所示：

```
class typeinfo(basetype)
   method str()
      return string(basetype)|"unknown"
   end
end
```

除了 basetype 成员之外，typeinfo 类还有便于调试的方法。类型需要能够以可读的格式输出。typeinfo.java 文件中的 Java 版本如下所示：

```
public class typeinfo {
   String basetype;
   public typeinfo() { basetype = "unknown"; }
   public typeinfo(String s) { basetype = s; }
   public String str() { return basetype; }
}
```

子类在 Java 中正确编译需要额外的不带参数的构造函数。拥有一个类，不仅仅是一个整数，对类型信息进行编码允许我们通过继承基类来表示更复杂的类型。

7.2.2　子类化复杂类型的基类

typeinfo 子类的 Unicon 代码也存储在 typeinfo.icn 中，因为它们很短且密切相关。在 Jzero 中，arraytype 类只有一个 element_type。在其他语言中，数组类型可能需要额外的字段来保存数组大小或有效索引的类型和范围。Jzero 中数组类型的 Unicon 表示如下：

```
class arraytype : typeinfo(element_type)
initially
   basetype := "array"
end
```

arraytype.java 文件包含 arraytype 类的相应 Java 实现：

```
public class arraytype extends typeinfo {
   typeinfo element_type;
   public arraytype(typeinfo t) {
      basetype = "array"; element_type = t; }
}
```

方法的表示，也称为**类成员函数**，包括由它们的参数和返回类型组成的签名。目前它只允许方法被这样识别。methodtype 类的 Unicon 实现如下：

```
class methodtype : typeinfo(parameters,return_type)
initially
   basetype := "method"
end
```

方法类型包含零个或多个参数的列表，以及一个返回类型。这些信息将在第 8 章中用于检查调用方法（函数）时的类型。方法的 Java 表示如下所示，可以在 methodtype.java 文件中找到：

```
public class methodtype extends typeinfo {
   parameter [] parameters;
   typeinfo return_type;
   methodtype(parameter [] p, typeinfo rt){
      parameters = p; return_type = rt;
   }
}
```

其中 parameters 可以是 typeinfo 数组。此处为 parameters 定义了一个单独的类，以允许语言包含参数名称及其类型以表示方法，其 Unicon 实现如下：

```
class parameter(name, param_type)
end
```

其中一些类似乎很空，它们是占位符，将在后续章节中包含更多代码，或者需要在其他语言中进行更多实质性处理。parameter. java文件中对应的parameter类的Java实现如下所示：

```
public class parameter {
   String name;
   typeinfo param_type;
   parameter(String s, typeinfo t) { name=s; param_type=t; }
}
```

用于表示类的类包括类名、其关联的符号，以及包含零个或多个字段、方法和构造函数的列表。在有些编程语言中，这可能比Jzero更复杂，例如包括超类。Unicon实现如下所示：

```
class classtype : typeinfo(name, st, fields, methods,
      constrs)
   method str()
      return name
   end
initially
   basetype := "class"
end
```

我们也许想知道st字段，它包含一个符号表。在第6章中，符号表被构建并存储在语法树节点中，在那里它们形成了与程序声明的作用域对应的逻辑树。对这些相同符号表的引用需要放在类型中，以便我们计算使用点运算符产生的类型，点运算符引用了与语法树无关的作用域。classtype.java文件包含classtype类的Java实现，以下代码展示了一个示例：

```
public class classtype extends typeinfo {
   String name;
   symtab st;
   parameter [] methods;
   parameter [] fields;
   typeinfo [] constrs;
}
```

给定一个typeinfo类，将这种类型的成员字段添加到tree类和symtab_entry类是合适的，以便为表达式和变量表示类型信息。我们在两个类中都称它为typ，如下所示：

```
class tree (id,sym,rule,nkids,tok,kids,isConst,stab,typ)
class symtab_entry(sym,parent_st,st,isConst,typ)
```

我们在这里不会全部这些类的重复内容，你可以在https://github.com/Packt-Publishing/Build-Your-Own-Programming-Language的ch7/子目录中找到相

关代码。在 Java 中，相应的类修改如下：

```
class tree { . . .
   typeinfo typ; . . . }
class symtab_entry { . . .
   typeinfo typ; . . . }
```

给定一个 typ 字段，可以编写所需的迷你树遍历，以便将类型信息与声明的变量一起放置在符号表中，下面让我们看看如何将这种类型信息分配给声明的变量。

7.3 将类型信息分配给声明的变量

类型信息是在树遍历期间构造的，然后与其关联的变量一起存储在符号表中。这通常是填充符号表的遍历的一部分，如第 6 章所述。在本节中，我们将遍历语法树以查找变量声明，就像我们之前所做的那样，但是这一次，我们需要通过利用综合和继承的属性来传播类型信息。

要使将变量插入符号表时的类型信息可用，必须在某个先前的时间点计算类型信息。此类型信息通过前面的树遍历或在构造语法树时的解析期间计算。考虑以下来自第 5 章的文法规则和语义动作：

```
FieldDecl: Type VarDecls ';' {
  $$=j0.node("FieldDecl",1030,$1,$2); };
```

语义动作在名为 FieldDecl 的新节点下构建一个树节点，以将 Type 与 VarDecls 连接起来，编译器必须从 Type 合成类型信息，并将其继承到 VarDecls 中。从左子树向上流动并向下进入右子树的信息如图 7.1 所示。

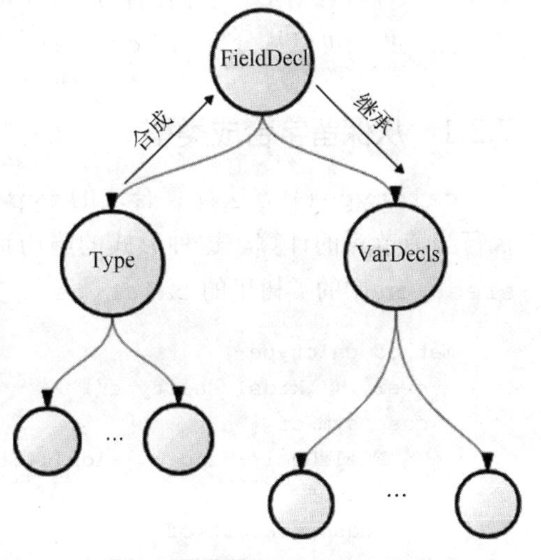

图 7.1　变量声明中的类型信息流

可以通过子树的迷你遍历将其嵌入语法树构建过程中。以下代码添加了对名为 calctype() 的方法的调用，该方法将在 j0gram.y 中进行语义分析，如前面的示例所示：

```
FieldDecl: Type VarDecls ';' {
  $$=j0.node("FieldDecl",1030,$1,$2);
  j0.calctype($$);
};
```

通过检查文法，我们可能会注意到：非终结符 FormalParm 需要对 calctype() 进行类似调用，并且文法中还有一些其他地方，其中类型与标识符或标识符列表相关联。j0

类的 calctype() 方法转头回来在 FieldDecl 的两个子树上调用两个树遍历。j0.icn 中此方法的 Unicon 版本如下所示：

```
method calctype(t)
   t.kids[1].calctype()
   t.kids[2].assigntype(t.kids[1].typ)
end
```

j0 类的 calctype() 方法调用类树的 calctype() 方法，计算左子树的综合 typ 属性。然后将该类型作为继承属性传递给右子树。j0.java 中此方法的 Java 版本类似于如下代码段：

```
void calctype(parserVal pv){
   tree t = (tree)pv.obj;
   t.kids[0].calctype();
   t.kids[1].assigntype(t.kids[0].typ);
}
```

相比我们在前几章中看到的树遍历，类树方法（包括 calctype() 和 assigntype()）属于种一种特殊情形，它们的树形状和可能的节点种类是有限的。遍历代码可能专门利用这一点。我们可以从分析 calctype() 方法开始。

7.3.1 从保留字合成类型

calctype() 方法计算合成的 typ 属性。首先完成计算子节点值的递归工作，然后执行当前节点的计算。这种形式的遍历称为**后序遍历**，在编译器中很常见。在 Unicon 中，tree.icn 中的类树里的 calctype() 方法如下所示：

```
method calctype()
  every (!\kids).calctype()
  case sym of {
    "FieldDecl": typ := kids[1].typ
    "token": {
      case tok.cat of {
        parser.IDENTIFIER:{return typ :=
            classtype(tok.text) }
        parser.INT:{ return typ := typeinfo(tok.text) }
        default:
          stop("can't grok the type of ", image(tok.text))
        }
      }
    default:
      stop("can't grok the type of ", image(sym))  }
end
```

上述代码使用来自子节点的信息构造当前树节点的 typ 值，这种情况是通过直接访问子节点的公共 typ 字段实现的。或者，可以通过调用返回子类型作为其返回值（例如 calctype() 的返回值）的方法来获取从子类型获取的信息。在这段代码中，case 分支的数量很小，因为非终结符 Type 的 Jzero 文法是最小的。在其他语言中，它会更丰富。对应的 Java 代码显示在以下示例中 tree.java 的 calctype() 方法中：

```
typeinfo calctype() {
  for(int i=0; i<nkids; i++) kids[i].calctype()
  switch (sym) {
    case "FieldDecl": return typ = kids[0].typ;
    case "token": {
      switch (tok.cat) {
       case parser.IDENTIFIER:{
          return typ=new classtype(tok.text); }
       case parser.INT: { return typ=new
           typeinfo(tok.text); }
       default:
          j0.semerror("can't grok the type of " +
              tok.text);
      }
   }
    default:
      j0.semerror("don't know how to calctype " + sym);}
}
```

综合了 FieldDecl 左子树的类型之后，我们看看如何将该类型继承到 FieldDecl 右分支子树的变量节点中。

7.3.2 将类型继承到变量列表中

将类型信息传递到子树中是在 assigntype(t) 方法中执行的。继承的属性通常通过**前序遍历**进行编码，其中当前节点完成其工作，然后使用它们继承的信息调用子节点。assigntype(t) 方法的 Unicon 实现如下：

```
method assigntype(t)
  typ := t
  case sym of {
  "VarDeclarator": {
    kids[1].assigntype(arraytype(t))
    return
    }
  "token": {
    case tok.cat of {
      parser.IDENTIFIER:{
```

```
          return
          }
        default: stop("eh? ", image(tok.cat))
        }
      }
    default:
       stop("don't know how to assign the type of ", image(sym))
      }
    every (!\kids).assigntype(t)
  end
```

由于信息是从父节点传递给子节点的，因此很自然地将此信息作为参数传递给子节点，然后子节点通过 typ:=t 将其分配为其类型。也可以通过显式分配将其复制到子节点的公共字段中。以下代码展示了 assigntype(t) 方法的相应 Java 实现：

```
void assigntype(typeinfo t) {
    typ = t;
    switch (sym) {
    case "VarDeclarator": {
    kids[0].assigntype(new arraytype(t));
    return;
  }
  case "token": {
    switch (tok.cat) {
      case parser.IDENTIFIER:{ return; }
      default: j0.semerror("eh? " + tok.cat);
    }
  }
  default:
      j0.semerror("don't know how to assigntype " + sym);
  }
  for(tree k : kids) k.assigntype(t);
}
```

将类型信息附加到声明它们的变量名上很重要，且并不难，尤其是对于像 Jzero 这样的简单语言。现在，是时候看看本章要解决的的主要问题了：如何计算和检查表达式中的类型信息？这些表达式包括函数和方法主体中的可执行代码。

7.4 确定每个语法树节点的类型

在语法树中，与方法主体中的实际代码表达式相关联的节点具有与表达式计算的值相关联的类型。例如，如果一个树节点对应于两个数相加的和，那么树节点的类型由操作数的类型和加法运算符的语言规则决定。本节的目标就是说明如何计算这种类型的信息。

正如7.2节所述，语法树节点的类有一个属性来存储该节点的类型（如果有的话）。在后序树遍历期间，type属性是自底向上计算的。这里与检查未声明的变量有相似之处，就如我们在第6章中所做的那样，类型检查表达式只出现在函数体中。调用此类型检查树遍历的调用从语法树的根开始，并添加到j0类中的semantic()方法的末尾。在Unicon中，调用包括以下内容：

```
root.checktype()
```

这里没有参数，但这与传入空值或false是一样的。在Java中，添加了以下语句：

```
root.checktype(false);
```

在这两种情况下，参数都指示给定节点是否在可执行语句的主体内。从根本上说，答案是false。当树遍历到达包含代码的方法体时，它将变为true。要执行树遍历，你必须考虑如何处理树的叶子。

7.4.1 确定叶子的类型

在叶子上，文字常量值的类型从其词汇类别来看不言而喻。首先，我们必须在类标记中添加一个typ字段。对于文字，则必须在构造函数中初始化typ。在Unicon中，token.icn的第1行和初始部分变为以下内容：

```
class token(cat, text, lineno, colno, ival, dval, sval, typ)
   . . .
initially
  case cat of {
  parser.INTLIT:{ ival := integer(text);
    typ:=typeinfo("int")}
  parser.DOUBLELIT:{dval:=real(text);
    typ:=typeinfo("double")}
  parser.STRINGLIT:{
    sval:=deEscape(text); typ := typeinfo("String") }
  parser.BOOLLIT: { typ := typeinfo("boolean") }
  parser.NULLVAL: { typ :=  typeinfo("null") }
  ord("="|"+"|"-"): { typ := typeinfo("unknown") }
  }
end
```

此处的代码将"unknown"类型分配给运算符（使用这些运算符从其操作数类型计算表达式类型的代码将在7.4.2节给出）。在Java中，文本类型的类标记的相应更改如下所示：

```
package ch7;
public class token {
 . . .
 public typeinfo typ;
```

```
public token(int c, String s, int l) {
  cat = c; text = s; lineno = l;
  id = serial.getid();
  switch (cat) {
  case parser.INTLIT: typ = new typeinfo("int"); break;
  case parser.DOUBLELIT:typ = new typeinfo("double");
      break;
  case parser.STRINGLIT: typ= new typeinfo("String");
      break;
  case parser.BOOLLIT: typ = new typeinfo("boolean");
      break;
  case parser.NULLVAL: typ = new typeinfo("null"); break;
  case '=': case '+': case '-':
     typ = new typeinfo("unknown"); break;
  }
 }
```

变量的类型可在符号表中查找，这意味着符号表填充必须在类型检查之前进行。符号表查找由 `type()` 方法执行，并添加到 `token.icn` 中的类标记中。它将标记作用域内的符号表作为参数，如下所示：

```
method type(stab)
  if \typ then return typ
  if cat === parser.IDENTIFIER then
    if rv := stab.lookup(text) then return typ := rv.typ
  stop("cannot check the type of ",image(text))
end
```

如果先前已确定此标记的类型，则此方法中的第 1 行立即返回此标记的类型。如果没有，那么这个方法的其余部分只是检查是否有一个标识符，如果有，就在符号表中查找它。对 `token.java` 的相应添加内容如下所示：

```
public typeinfo type(symtab stab) {
  symtab_entry rv;
  if (typ != null) return typ;
  if (cat == parser.IDENTIFIER)
      if ((rv = stab.lookup(text)) != null)
         return typ=rv.typ;
  j0.semerror("cannot check the type of " + text);
}
```

在介绍了计算语法树叶子类型的代码之后，现在是时候开始检验如何检查内部节点的类型了，这是类型检查的核心功能。

7.4.2　计算和检查内部节点的类型

内部节点仅在程序代码主体中的可执行语句和表达式内进行检查。这是一种前序遍历，首先在子节点上完成工作，然后在父节点上完成工作。委托给 checkkids() 辅助函数的访问子节点进程因树节点而异，在父节点上完成的工作取决于它是否在代码块中：

```
method checktype(in_codeblock)
  if checkkids(in_codeblock) then return
  if /in_codeblock then return
  case sym of {
    "Assignment": typ := check_types(kids[1].typ,
                                     kids[3].typ)
    "AddExpr": typ := check_types(kids[1].typ, kids[2].typ)
    "Block" | "BlockStmts": { typ := &null }
    "MethodCall": { }
    "QualifiedName": {
       if type(kids[1].typ) == "classtype__state" then {
         typ := (kids[1].typ.st.lookup(
                 kids[2].tok.text)).typ
         } else stop("illegal . on ",kids[1].typ.str())
    }
    "token": typ := tok.type(stab)
    default: stop("cannot check type of ", image(sym))
    }
end
```

除了 checkkids() 辅助方法之外，此代码还依赖于一个名为 check_types() 的辅助函数，它根据给定的操作数确定结果类型。checktype() 的相应 Java 实现如下所示：

```
void checktype(boolean in_codeblock) {
  if (checkkids(in_codeblock)) return;
  if (! in_codeblock) return;
  switch (sym) {
  case "Assignment":
    typ = check_types(kids[0].typ, kids[2].typ); break;
  case "AddExpr":
    typ = check_types(kids[0].typ, kids[1].typ); break;
  case "Block": case "BlockStmts": typ = null; break;
  case "MethodCall": break;
  case "QualifiedName": {
    if (kids[0].typ instanceof classtype) {
      classtype ct = (classtype)(kids[0].typ);
      typ = (ct.st.lookup(kids[1].tok.text)).typ;
    } else j0.semerr("illegal . on  " + kids[0].typ.str());
    break;
    }
```

```
    case "token": typ = tok.type(stab); break;
    default: j0.semerror("cannot check type of " + sym);
    }
}
```

在默认情况下，checkkids() 辅助函数对每个子节点调用 checktype() 函数，但在某些情况下不会。例如，在方法声明时，方法头没有可执行的代码表达式，因此被跳过，仅访问代码块，并且在该代码块中，in_codeblock 布尔参数设置为 true。类似地，在遇到局部变量声明的代码块中，仅访问变量列表，并且在该列表中，in_codeblock 被关闭（仅在初始化程序中再次打开）。再举一个例子，句号运算符右侧的标识符不在常规符号表中查找，相反，它们相对于句号左侧的表达式类型进行查找，因此需要特殊处理。checkkids() 的 Unicon 实现如下所示：

```
method checkkids(in_codeblock)
  case sym of {
    "MethodDecl": { kids[2].checktype(1); return }
    "LocalVarDecl": { kids[2].checktype(); return }
    "FieldAccess": { kids[1].checktype(in_codeblock);
        return }
    "QualifiedName": {
      kids[1].checktype(in_codeblock);
      }
    default: { every (!\kids).checktype(in_codeblock) }
    }
end
```

对应此辅助函数的相应 Java 实现如下所示：

```
public boolean checkkids(boolean in_codeblock) {
  switch (sym) {
  case "MethodDecl": kids[1].checktype(true); return true;
  case "LocalVarDecl": kids[1].checktype(false);
                      return true;
  case "FieldAccess": kids[0].checktype(in_codeblock);
                     return true;
  case "QualifiedName":
                     kids[0].checktype(in_codeblock);
                     break;
  default: for (tree k : kids) k.checktype(in_codeblock);
  }
  return false;
}
```

check_types() 辅助方法从最多两个操作数的类型中计算当前节点的类型。它的计算会有所不同，具体取决于正在执行的运算符以及语言规则。其答案可能是类型与一个或两个操作数相同，或者可能是某种新类型或错误。tree.icn 中 check_types() 的 Unicon 实现如下：

```
method check_types(op1, op2)
  operator := get_op()
  case operator of {
    "="|"+"|"-" : {
      if tok := findatoken() then
         writes("line ", tok.tok.lineno, ": ")
      if op1.basetype === op2.basetype === "int" then {
         write("typecheck ",operator," on a ",
               op2.str(), " and a ", op1.str(), " -> OK")
         return op1
         }
      else stop("typecheck ",operator," on a ",
                op2.str(), " and a ", op1.str(),
                " -> FAIL")

      }
    default: stop("cannot check ", image(operator))
   }
end
```

此方法依赖于两个辅助方法。get_op() 方法报告正在执行哪个运算符。findatoken() 方法查找源代码中由给定语法树节点表示的第一个标记，用于报告行号。check_types() 的相应 Java 实现如下所示：

```
public typeinfo check_types(typeinfo op1, typeinfo op2) {
  String operator = get_op();
  switch (operator) {
  case "=": case "+": case"-": {
    tree tk;
    if ((tk = findatoken())!=null)
      System.out.print("line " + tk.tok.lineno + ": ");
    if ((op1.basetype.equals(op2.basetype)) &&
        (op1.basetype.equals("int"))) {
      System.out.println("typecheck "+operator+" on a "+
                op2.str() + " and a "+ op1.str()+
                " -> OK");
    return op1;
  }
    else j0.semerror("typecheck "+operator+" on a "+
              op2.str()+ " and a "+ op1.str()+
              " -> FAIL");
    }
  default: j0.semerror("cannot check " + operator);
  }
```

```
return null;
}
```

当前语法节点所代表的运算符通常可以从节点对应的非终结符中确定。在某些情况下，还必须使用真正的产生式规则。get_op() 的 Unicon 实现如下所示：

```
method get_op()
   return case sym of {
       "Assignment" : "="
       "AddExpr": if rule=1320 then "+" else "-"
       default: fail
   }
end
```

Unicon 允许返回由 case 表达式产生的结果。"AddExpr" 指定的加法表达式包括加法和减法。产生式规则用于消除歧义。get_op() 的对应 Java 实现类似，如下所示：

```
public String get_op() {
  switch (sym) {
  case "Assignment" : return "=";
  case "AddExpr": if (rule==1320) return "+";
                  else return "-";
  }
  return sym;
}
```

findatoken() 方法从语法树的内部节点使用，以追踪其叶子之一。它递归地潜入子节点，直到找到一个标记。findatoken() 的 Unicon 实现如下：

```
method findatoken()
if sym==="token" then return self
return (!kids).findatoken()
end
```

findatoken() 的对应 Java 实现如下所示：

```
public tree findatoken() {
  tree rv;
  if (sym.equals("token")) return this;
  for (tree t : kids)
     if ((rv=t.findatoken()) != null) return rv;
  return null;
}
```

即使是类型检查的基础（所有这些都已在本节中介绍），也要求我们学习许多遍历树的新方法。事实上，构建一种编程语言或编写一个编译器是一项庞大而复杂的工作，如果我们要把一个主流编程语言展示完整，本书的篇幅将超过页面限制。

本章介绍了如何将大约一半的类型检查器添加到 Jzero。使用这些添加运行 j0 并不十分迷人，它只是让我们看到简单的类型错误如何被检测和报告。如果想看这些代码，则可以从本书的 GitHub 站点（Chapter07/ 子目录）下载，并使用 make 程序构建代码。在默认情况下，make 将构建 Unicon 和 Java 版本。当运行 j0 命令并进行初步类型检查时，它会产生类似于以下内容的输出。在这种情况下，Unicon 实现如图 7.2 所示。

```
D:\Users\Clinton Jeffery\books\byopl\github\Build-Your-Own-Programming-Language\ch7>type hello.java

public class hello {
   public static void main(String argv[]) {
      int x;
      x = 0;
      x = x + "hello";
      System.out.println("hello, jzero!");
   }
}

D:\Users\Clinton Jeffery\books\byopl\github\Build-Your-Own-Programming-Language\ch7>j0 hello.java
line 4: typecheck = on a int and a int -> OK
line 5: typecheck + on a String and a int -> FAIL

D:\Users\Clinton Jeffery\books\byopl\github\Build-Your-Own-Programming-Language\ch7>
```

图 7.2　类型检查器的输出在各种运算符上产生“OK”或“FAIL”

当然，如果程序没有类型错误，则你只会看到以 OK 结尾的行。现在让我们考虑在实现某些编程语言（包括 Unicon）时遇到的类型检查的一个方面：运行时类型检查。

7.5　Unicon 中的运行时类型检查和类型推断

Unicon 语言处理类型与本章中描述的 Jzero 类型系统有很大不同。在 Unicon 中，类型不与声明相关联，而是与实际值相关联。Unicon 虚拟机代码生成器不会将类型信息放在符号表中或进行编译时类型检查。相反，类型在运行时显式表示，并在使用值之前到处检查。在运行时显式表示类型信息在解释型和面向对象的语言中很常见，在一些半面向对象的语言（如 C++）中是可选的。

考虑 Unicon 的 write() 函数，write() 的每个参数如果不是指定写入位置的文件，则必须是字符串，或者能够转换为字符串。在 Unicon 虚拟机中，会根据需要在运行时创建和检查类型信息，Unicon 中 write() 函数的伪代码如下所示：

```
for (n = 0; n < nargs; n++) {
   if (is:file(x[n])) {
      set the current output file
   } else if (cnv:string(x[n])) {
      output the string to the output file
   } else runtime_error("string or file expected")
}
```

对于 write() 的每个参数，前面的代码要么设置当前文件，将参数转换为字符串并写入，要么因运行时错误停下来。在运行时检查事物的类型具有额外的灵活性，但会减慢执行速度。在运行时保留类型信息也会消耗内存（可能会占用大量内存）。为了执行运行时类型检查，Unicon 语言中的每个值都存储在描述符中。描述符是一种结构，它包含一个值加上一个编码其类型的额外内存字，称为 d-word。对某个 Unicon 值 x，执行诸如 `is:file(x)` 之类的布尔表达式，归结起来就是检查 d-word 是否表示该值属于文件类型。

Unicon 还有一个优化编译器，可以生成 C 代码。优化编译器执行**类型推断**，在超过 90% 的时间内都是确定唯一类型，并去除大多数运行时类型检查的需要。考虑以下简单的 Unicon 程序：

```
procedure main()
   s := "hello" || read()
   write(s)
end
```

优化编译器知道 `"hello"` 是一个字符串，而 `read()` 只返回字符串。它可以推断 `s` 变量只保存字符串值，因此这个对 `write()` 的特定调用传递了一个已经是字符串并且不需要检查或转换的值。类型推断超出了本书要介绍的范围，但是知道它的存在是很有价值的，并且对于某些语言来说，它就是一个重要的桥梁。类型推断允许灵活的高级语言以与低级编译语言相当的速度运行。

7.6 本章小结

本章介绍了基本类型的表示，以及检查常见操作的类型安全性，例如防止将整数添加到函数中，所有这些都可以通过遍历语法树来完成。

本章还介绍了如何在数据结构中表示类型，并将属性添加到语法树节点以存储该信息；如何编写树遍历来提取有关变量的类型信息，并将该信息存储在它们的符号表条目中；如何在每个树节点处计算正确的类型，检查这些类型是否在该过程中被正确使用。本章最后介绍如何报告发现的类型错误。

类型检查过程似乎是一项吃力不讨好的工作，只会产生大量错误消息，但实际上，在语法树中的每个运算符和函数调用处计算的类型信息都有助于确定为这些树节点生成了哪些机器指令。目前我们已经构建了类型表示并实现了简单的类型检查，是时候考虑检查复合类型所必需的一些更复杂的操作了，例如函数调用和类，这将在第 8 章详细介绍。

7.7 思考题

1. 除了让程序员感到身心俱疲之外，类型检查还有什么作用？

2. 为什么需要一个结构类型（在我们的例子中是“类”）来表示类型信息？为什么不能只用一个整数来表示每种类型？
3. 本章中的代码输出行，用“OK”报告每一次成功的类型检查，这非常令人放心。为什么其他编译器不像这样报告成功的类型？
4. Java 比它的祖先——C 语言对类型更加挑剔。更加挑剔类型，而不是按需自动转换类型的优势是什么？

Chapter 8 第 8 章

检查数组、方法调用和结构访问的类型

第 7 章介绍了内置原子类型的类型检查。相比之下，本章将介绍更复杂的类型检查操作。

本章将介绍如何在 Java 的 Jzero 子集中对数组、参数和方法调用的返回类型执行类型检查。此外，本章还将介绍复合类型（例如类）的类型检查。

在学完本章后，我们就能够编写更复杂的树遍历，来检查自身包含一个或多个其他类型的类型。能够在编程语言中支持这样的复合类型对我们超越简单编程语言，编写在现实世界中更有用的语言是必要的。现在是时候了解关于类型检查的更多知识了，本章将从最简单的复合类型“数组”开始。

8.1 技术需求

本章的代码在 GitHub 上可用，参见：`https://github.com/PacktPublishing/Build-Your-Own-Programming-Language/tree/master/ch8`。

8.2 检查数组类型的操作

数组是由相同类型的元素组成的一个序列。到目前为止，Jzero 语言还没有真正支持数组类型，只是允许 `main()` 有足够的语法来声明其 `String` 参数数组。现在，是时候添加对 Jzero 数组操作的支持了，这些操作只是 Java 数组可以做的一小部分。Jzero 数组被限制为在没有初始化程序的情况下创建的一维数组。为了正确地检查数组操作，我们将修改前几章中的代码，以便在声明数组变量时能够对其进行识别，然后检查这些数组上的所有使用，仅保证对其操作合法。下面让我们从数组变量声明开始。

8.2.1　处理数组变量声明

对于非终结符 VarDeclarator，在 j0gram.y 中的递归文法规则中，将变量持有对数组的引用附加到变量的类型中。这里所讨论的规则是第二个产生式规则，它出现在竖线之后，如下所示：

```
VarDeclarator: IDENTIFIER | VarDeclarator '[' ']' {
  $$=j0.node("VarDeclarator",1060,$1); };
```

对于此规则，类树的 assigntype() 方法中的相应代码在被继承的类型之上添加了一个 arraytype() 函数，因为 assigntype() 递归到 VarDeclarator 子节点中。Tree.icn 文件中的 Unicon 代码如下所示：

```
method assigntype(t)
 . . .
  "VarDeclarator": {
    kids[1].assigntype(arraytype(t))
    return
  }
```

被继承的 t 类型不会被丢弃，它成为此处构造的数组类型的元素类型。tree.java 中对应的 Java 代码和之前 Unicon 中的代码几乎相同：

```
void assigntype(typeinfo t) {
  . . .
  case "VarDeclarator": {
    kids[0].assigntype(new arraytype(t));
    return;
  }
```

因为它是递归的，所以此代码适用于语法树中 VarDeclarator 节点链表示的多维数组。虽然为了简洁起见，Jzero 的其余部分不会这样处理。即使对于一维数组，当在可执行代码中使用数组时考虑如何检查类型信息时，事情也会变得很有趣。代码中需要检查数组类型的第一点是创建数组的时间。

8.2.2　在数组创建期间检查类型

Java 中的数组是用 new 表达式创建的。到目前为止，这是从 Jzero 中省略的内容。这需要为保留的 "new" 保留字添加一个新标记到 javalex.l，如以下代码所示：

```
"new"    { return j0.scan(parser.NEW); }
```

此外，还需要一种新的基本表达式，称为 ArrayCreation 表达式，这是在 j0gram.y 内的文法中添加的，如下代码所示：

```
Primary:  Literal | FieldAccess | MethodCall |
        '(' Expr ')' { $$=$2;} | ArrayCreation ;
ArrayCreation: NEW Type '[' Expression ']' {
  $$=j0.node("ArrayCreation", 1260, $2, $4); };
```

在添加了 new 保留字并为其定义了树节点之后，是时候考虑如何为该表达式分配类型了。考虑在 new int[3] Java 表达式中创建一个数组。int 标记第一次在可执行表达式中使用，最初，在 token.icn 中创建 int 标记的代码应按如下方式分配其类型：

```
class token(cat, text, lineno, colno, ival, dval, sval,
  typ)
   . . .
initially
  case cat of {
     parser.INT:     typ := typeinfo("int")
     parser.DOUBLE:  typ := typeinfo("double")
     parser.BOOLEAN: typ := typeinfo("boolean")
     parser.VOID:    typ := typeinfo("void")
```

可以看出，其他原子标量类型也需要相同的添加。token.java 的构造函数中对应的 Java 代码如下所示：

```
case parser.INT: typ = new typeinfo("int"); break;
case parser.DOUBLE: typ = new typeinfo("double");
    break;
case parser.BOOLEAN: typ = new typeinfo("boolean");
    break;
case parser.VOID: typ = new typeinfo("void"); break;
```

对类标记的这些补充，考虑到了为我们提供基类型的叶子。ArrayCreation 节点的类型是通过添加到 checktype() 方法来计算的。tree.icn 中添加了 checktype()，其主要由对 arraytype() 的调用组成，如下所示：

```
class tree (id,sym,rule,nkids,tok,kids,isConst,stab,typ)
   . . .
   method checktype(in_codeblock)
   . . .
    "ArrayCreation": typ := arraytype(kids[1].typ)
```

tree.java 文件中与此对应的 Java 代码如下：

```
case "ArrayCreation":
   typ = new arraytype(kids[0].typ); break;
```

因此，当使用新创建的数组时，通常情况下，其数组类型在赋值中必须与周围表达式允许的类型匹配。例如，在以下两行中，第二行的赋值运算符在其类型被检查时必须允许对数组变量赋值：

```
int x[];
x = new int[3];
```

允许从数组值对数组变量赋值的代码添加到 tree.icn 文件中的 check_types() 方法中，如下所示：

```
method check_types(op1, op2)
   . . .
   else if (op1.basetype===op2.basetype==="array") &
           operator==="=" &
           check_types(op1.element_type,
                       op2.element_type) then {
           return op1
           }
```

上述代码检查 op1 和 op2 是否都是数组，我们是否正在执行赋值，以及元素类型是否 OK。这里，then 部分中的 write() 语句可能对测试本章代码很有用。但是在编译器中，只有类型错误会被显示，tree.java 文件中 check_types() 方法对应的 Java 补充如下：

```
else if (op1.basetype.equals("array") &&
         op2.basetype.equals("array") &&
         operator.equals("=") &&
         (check_types(((arraytype)op1).element_type,
            ((arraytype)op2).element_type) !=
               null)) {
         return op1;
       }
```

从本节中的示例来看，类型检查似乎只是对细节更加挑剔。例如，对数组元素类型 check_types() 的递归调用可防止程序意外地将字符串数组分配给 int 类型数组的变量。现在，是时候考虑对数组元素访问进行类型检查了。

8.2.3　在数组访问期间检查类型

数组访问包括使用下标运算符对数组元素的读和写操作。这里需要为这些操作添加语法支持并构建语法树节点，然后才能对它们执行类型检查。向语法中添加数组访问包括添加一个非终结符 ArrayAccess，然后添加两个使用此非终结符的产生式规则：

- 用于将值存储在数组元素中的赋值。
- 用于从数组元素中获取值的表达式。

j0gram.y 文件的更改如下所示。清晰起见，它们已在文法中重新排序：

```
ArrayAccess: Name '[' Expr ']' {
  $$=j0.node("ArrayAccess",1390,$1,$3); };
LeftHandSide: Name | FieldAccess | ArrayAccess ;
Primary:  Literal | FieldAccess | MethodCall | ArrayAccess
```

```
    |'(' Expr ')' { $$=$2;} | ArrayCreation ;
```

用于访问数组元素的方括号运算符必须检查其操作数类型，并使用它们计算结果类型。数组下标的结果从左操作数的类型中删除一级数组，从而产生其元素类型。在 tree.icn 文件中对 checktype() 方法的添加如下所示：

```
method checktype(in_codeblock)
  . . .
   "ArrayAccess": {
      if match("array ", kids[1].typ.str()) then {
         if kids[2].typ.str()=="int" then
            typ := kids[1].typ.element_type
         else stop("subscripting array with ",
                   kids[2].typ.str())
         }
    else stop("illegal subscript on type ",
              kids[1].typ.str())
    }
```

上述代码检查 kids[1] 的类型是否是数组类型，以及 kids[2] 的类型是否是整数类型。如果都没问题，则分配给节点 typ 的值就是数组的 element_type。下面展示了 tree.java 文件中对 checktype() 方法的相应 Java 添加：

```
case "ArrayAccess":
if (kids[0].typ.str().startsWith("array ")) {
    if (kids[1].typ.str().equals("int"))
    typ = ((arraytype)(kids[0].typ)).element_type;
    else j0.semerror("subscripting array with " +
                      kids[1].typ.str());
    }
else j0.semerror("illegal subscript on type " +
                 kids[0].typ.str());
break;
```

本节演示了如何检查数组类型。幸运的是，语法中的非终结符和语法树使查找需要这种类型检查的节点变得很容易。现在是时候看看类型检查中最具挑战性的部分了。接下来我们学习如何检查方法调用的参数和返回类型。

8.3 检查方法调用

函数调用是命令式和函数式编程范式的基本构件，在面向对象语言中，函数称为**方法**，它们可以扮演与函数相同的所有角色。除此之外，一组方法提供对象的公共接口。要对方法调用进行类型检查，必须同时验证参数的数量和类型，以及返回类型。

8.3.1　计算参数和返回类型信息

第 7 章中介绍的类型表示包括一个 methodtype 类，该类具有参数字段和返回类型；但是，我们还没有提供从语法树中提取该信息并将其放入类型中的代码。方法的参数和返回类型称为它的**签名**。可以通过构建 MethodHeader node 的文法规则声明方法签名的文法规则。要计算返回类型，我们需要从 MethodReturnVal node 对其综合。为了计算参数，我们需要遍历 MethodDeclarator 中的 FormalParmList 子树。可以通过向 MethodHeader 的语法规则添加对 j0.calctype() 的调用来实现这一点，这与前面为变量声明添加的方法类似：

```
MethodHeader: PUBLIC STATIC MethodReturnVal
  MethodDeclarator {
 $$=j0.node("MethodHeader",1070,$3,$4);
 j0.calctype($$);
 };
```

j0 类中的 calctype() 方法没有被修改，但它在 tree.icn 中调用的方法已被扩展，以根据需要添加更多类型信息，以处理方法签名。tree 类中的 calctype() 方法进行了小幅升级，以从其包含的标记类型（如果存在）合成一个叶子的类型。在 Unicon 中，以下代码行添加到 tree.icn 中，从 tok.typ 分配 typ：

```
method calctype()
  . . .
  "token": {
     if typ := \ (tok.typ) then return
```

tree.java 中对 calctype() 的相应 Java 添加如下所示：

```
    if ((typ = tok.typ) != null) return;
```

对用于构造方法签名的 assigntype() 方法的修改更为重要。对于变量声明，只需将类型作为继承属性沿列表传递给各个变量的叶标识符。对于方法，要与标识符关联的类型是从继承属性（即返回类型）构造的，加上从与参数列表关联的子树中获得的方法签名的其余部分，如下所示：

```
method assigntype(t)
  case sym of {
  . . .
  "MethodDeclarator": {
    parmList := (\ (kids[2]).mksig()) | []
    kids[1].typ := typ := methodtype(parmList , t)
   return
  }
```

在此代码中，parmList 参数列表被构造为类型列表。如果参数列表不为空，则通过在该非空树节点上调用mksignature()方法来构造。如果参数列表为空，则将parmList初始化为空列表“[]”。传入t的参数列表和返回类型，以构造分配给MethodDeclarator节点及其第一个子节点的方法类型，也就是将插入类符号表中的标识符方法名称。tree.java中的assigntype()方法的相应Java添加代码如下所示：

```
Case "MethodDeclarator":
typeinfo parmList[];
 if (kids[1] != null) parmList = kids[1].mksig();
 else parmList = new typeinfo [0];
 kids[0].typ = typ = new methodtype(parmList , t);
 return;
```

mksig()方法构造一个方法参数类型列表。mksig()方法是一个非常特殊的树方法示例。该方法是一种子树遍历，只遍历所有树节点的一个非常窄的子集，只在形式参数列表上调用，只需要考虑FormalParmList和FormalParm节点遍历参数列表，并获取每个参数的类型。tree.icn中mksig()的Unicon代码如下：

```
method mksig()
   case sym of {
      "FormalParm": return [ kids[1].typ ]
      "FormalParmList":
         return kids[1].mksig() ||| kids[2].mksig()
      }
end
```

case中的FormalParm返回大小为1的列表，FormalParmList case返回对其子节点的两个递归调用的连接，tree.java中对应的Java代码如下所示：

```
typeinfo [] mksig() {
  switch (sym) {
  case "FormalParm": return new typeinfo[]{kids[0].typ};
  case "FormalParmList":
    typeinfo ta1[] = kids[0].mksig();
    typeinfo ta2[] = kids[1].mksig();
    typeinfo ta[] = new typeinfo[ta1.length +
          ta2.length];
    for(int i=0; i<ta1.length; i++) ta[i]=ta1[i];
    for(int j=0; j<ta2.length; j++)
      ta[ta1.length+j]=ta2[j];
    return ta;
  }
  return null;
}
```

Java实现使用数组。前面的大部分代码连接从对子节点的mksig()调用返回的两个数组。这种连接可以通过导入java.util.Arrays来执行，并在其中使用实用工具方法，但 Arrays 代码并没有更短或更清晰。需要对代码进行最后一项调整，以连接所有这些方法类型信息并使其可用。当该方法在 populateSymTables() 方法中插入符号表时，需要将其类型信息存储在那里。在 Unicon 中，对 tree.icn 中相应代码的更改如下所示：

```
method populateSymTables()
 case sym of {
 . . .
 "MethodDecl": {
   stab.insert(kids[1].kids[2].kids[1].tok.text, ,
               kids[1].stab, kids[1].kids[2].typ)
```

与前几章相比，类型信息的添加只是要给符号表的 insert() 方法传递一个额外参数，其 tree.java 中对应的 Java 代码如下所示：

```
stab.insert(s, false, kids[0].stab, kids[0].kids[1].typ);
```

我们在声明方法时为其构造了类型信息，并使类型信息在符号表中可用。现在看看如何使用各种方法中的类型信息来检查实际参数被调用时的类型。

8.3.2　检查每个方法调用站点的类型

通过查找构建非终结符 MethodCall 的两个产生式规则，可以在语法树中找到方法调用站点。这里显示了一条规则，其中 MethodCall 是一个 Name，后跟一个包含零个或多个参数的括号列表。规则包括经典函数语法，主要用于调用同一类中的方法，以及带 object.function 语法的限定名，用以调用另一个类中的方法。本节重点介绍经典函数语法的类型检查。object.function 语法将在 8.4 节中介绍。本节对此处给出的代码进行了修订。

检查方法调用类型的代码被添加到 checktype() 方法中，对 tree.icn 的 Unicon 添加如下所示：

```
Method checktype(in_codeblock)
  . . .
  "MethodCall": {
    if rule = 1290 then {
      if kids[1].sym ~== "token" then
        stop("can't check type of Name ", kids[1].sym)
      if kids[1].tok.cat == parser.IDENTIFIER then {
        if (\(rv:=stab.lookup(kids[1].tok.text))) then {
          rv := rv.typ
          if not match("method ", rv.str()) then
            stop("method expected, got ", rv.str())
            cksig(rv)
          }
        }
```

```
      else stop("can't typecheck token ", kids[1].tok.cat)
     }
     else stop("Jzero does not handle complex calls")
   }
   ...
```

在前面的代码中，方法要在符号表中查找，并检索其类型。如果没有参数，则检查类型，确保其参数列表为空。如果调用中有实际参数，则通过调用 cksig() 方法将它们与形式参数进行检查比较。如果该检查成功，则该节点的 typ 字段从 return_type 类型分配，该类型是为被调用的方法指定的。tree.java 中对应的 Java 代码如下所示：

```
case "MethodCall":
  if (rule == 1290) {
    symtab_entry rve;
    methodtype rv;
    if (!kids[0].sym.equals("token"))
      j0.semerror("can't check type of " + kids[0].sym);
    if (kids[0].tok.cat == parser.IDENTIFIER) {
      if ((rve = stab.lookup(kids[0].tok.text)) != null){
        if (! (rve.typ instanceof methodtype))
          j0.semerror("method expected, got " +
                      rv.str());
        rv = (methodtype)rve.typ;
        cksig(rv);
      }
    }
  else j0.semerror("can't typecheck " + kids[0].tok.cat);
  }
else j0.semerror("Jzero does not handle complex calls");
break;
```

用于检查函数签名并应用其返回类型的方法是 cksig() 方法。tree.icn 中 cksig() 的 Unicon 实现如下所示：

```
method cksig(sig)
local i:=*sig.parameters, nactual := 1, t := kids[2]
  if /t then {
    if i ~= 0 then stop("0 parameters, expected ", i)
    }
  else {
    while t.sym == "ArgList" do {
      nactual +:= 1; t:=t.kids[1] }
    if nactual ~= i then
      stop(nactual " parameters, expected ", i)
    t := kids[2]
    while t.sym == "ArgList" do {
```

```
      check_types(t.kids[-1].typ, sig.parameters[i])
      t := t.kids[1]; i-:=1
      }
    check_types(t.typ, sig.parameters[1])
  }
  typ := sig.return_type
end
```

该方法首先将零参数作为特例处理，但是，除此之外，它在 while 循环中一次检查一个参数。对于每个参数，它调用 ckarg() 来检查形式和实际类型。由于语法树的构造方式，参数在树遍历过程中以逆序出现。第一个参数是在单击树节点（不是 ArgList）时找到的。处理完参数后，cksig() 将 MethodCall 节点的类型设置为方法返回的类型。tree.java 中对应的 Java 代码如下所示：

```
void cksig(methodtype sig) {
  int i = sig.parameters.length, nactual = 1;
  tree t = kids[1];
  if (t == null) {
    if (i != 0) j0.semerror("0 params, expected ",i);
  }
  else {
    while (t.sym.equals("ArgList")){nactual++;
    t=t.kids[0];}
    if (nactual != i)
      j0.semerror(nactual + " parameters, expected "+ i);
    t = kids[1];
    i--;
    while (t.sym.equals("ArgList")) {
      check_types(t.kids[1].typ, sig.parameters[i--]);
      t = t.kids[0];
    }
    check_types(t.typ, sig.parameters[0]);
  }
  typ = sig.return type;
}
```

为了处理参数类型检查，需要调整 check_types() 方法及其 get_op() 辅助方法，Unicon 中相应的变更情况如下：

```
method get_op()
  return case sym of { …
  "MethodCall" : "param"
. . .
method check_types(op1, op2)
  operator := get_op()
  case operator of {
```

```
    "param"|"return"|"="|"+"|"-" : {
    . . .
```

tree.java 中 get_op() 和 check_types() 对应的 Java 改动如下：

```
public String get_op() {
  switch (sym) {
  case "MethodCall" : return "param";
  . . .
public typeinfo check_types(typeinfo op1, typeinfo op2) {
  String operator = get_op();
  switch (operator) {
  case "param": case "return": case "=": case "+":
  case"-":
```

到此为止，我们已经学会了如何检查传递给方法调用的参数类型，这是类型检查中最具挑战性的内容之一，现在是时候学习通过函数的返回语句检查函数调用的返回类型了。

8.3.3 检查返回语句中的类型

方法的返回语句中的表达式类型必须与类型声明的返回类型相匹配。这两个位置在语法树中相距甚远，有很多不同的方式可以连接它们。例如，可以将 return_type 属性添加到所有树节点，并将类型从 MethodHeader 继承到 Block 中，然后通过代码继承到返回语句中。然而，这种方法对于使用相对较少的信息来说是浪费时间。符号表是连接远程位置最方便的方法。我们可以在保存函数返回类型的符号表中插入一个虚拟符号。可以在每个返回语句中查找并检查该虚拟符号的类型。这个名为 return 的虚拟符号是理想的。它比较容易记住，并且是一个保留字，永远不会与用户代码中的真实符号冲突。将返回类型插入方法符号表的代码是对 populateSymTables() 方法的补充，tree.icn 中的 Unicon 实现如下：

```
method populateSymTables()
case sym of {
. . .
  "MethodDecl": {
    stab.insert(kids[1].kids[2].kids[1].tok.text, ,
                kids[1].stab, kids[1].kids[2].typ)
    kids[1].stab.insert("return", , ,
          kids[1].kids[1].typ)
    }
```

在上述代码中，kids[1] 是 MethodHeader 节点。它的 stab 字段是作为封闭类作用域内的子作用域插入的局部符号表。kids[1].kids[1] 表达式是 MethodReturnVal 节点，通常只是表示返回类型的标记。"return" 和类型之间用逗号分隔的一对空格是空值，它们被传递到 insert() 符号表的第二个和第三个参数中。添加到 tree.java 中

populateSymTables() 方法的对应 Java 代码如下：

```
Kids[0].stab.insert("return", false, null,
                    kids[0].kids[0].typ);
```

在返回语句中使用此返回类型信息的类型检查代码被添加到 checktype() 方法中，该方法也在树类中。tree.icn 中的 Unicon 实现如下所示：

```
Method checktype(in_codeblock)
. . .
  case sym of {
  "ReturnStmt": {
    if not (rt := ( \ ( \ stab).lookup("return")).typ)
          then
       stop("stab did not find a returntype")
    if \ (kids[1].typ) then
      typ := check_types(rt, kids[1].typ)
    else {
      if rt.str() ~== "void" then
        stop("void return from non-void method")
      typ = rt;
      }
  }
```

此处提供了相应的 Java 代码：

```
Case "ReturnStmt":
  symtab_entry ste;
  if ((ste=stab.lookup("return")) == null)
     j0.semerror("stab did not find a returntype");
  typeinfo rt = ste.typ;
  if (kids[0].typ != null)
    typ = check_types(rt, kids[0].typ);
  else {
    if (!rt.str().equals("void"))
      j0.semerror("void return from non-void method");
  typ = rt;
  }
 break;
```

目前你已经学习了如何检查 return 语句。现在，是时候学习如何检查对类实例的字段和方法的访问了。

8.4 检查结构化类型访问

在本书中，术语**结构化类型**用于表示复合对象，这些对象可以包含各种类型，其元素可以通过名称访问。这与数组形成对比，数组的元素是通过其位置来访问的，并且数组元素类型都相同。在某些语言中，这种数据分为两种：结构体或记录类型。在 Jzero 和大多数面向对象的语言中，类用作主要的结构化类型。

本节讨论如何检查类操作（更具体地说，是类实例）的类型。这种组织方式反映了本章开头对数组类型的介绍，从处理类变量声明所需的内容开始。

Jzero 的最初意图是支持一个很小的 Java 子集，它在某种程度上可以与 Wirth 的 PL/0 语言相当。这种语言不需要类实例或面向对象，而且由于篇幅限制，本书无法涵盖功能丰富的面向对象语言（如 Java 或 C++）所需的许多细节。但是，我们将介绍其中一些亮点。首先要考虑的是如何为类类型声明实例变量。

8.4.1 处理实例变量声明

类类型的变量通过给出类名以及一个或多个标识符的逗号分隔列表来被声明。例如，编译器需要处理类似于以下三个字符串的声明：

```
String a, b, c;
```

Jzero 必须从一开始就处理这样的声明，因为 main() 过程需要一个字符串数组，尽管 Jzero 编译器已经支持类变量声明，但需要考虑一些额外的注意事项。

在许多面向对象语言中，变量声明将附带可见性规则，例如 public 和 private。在 Jzero 中，所有方法都是 public，所有变量都是 private，但是仍然可以继续实现 isPublic 属性。类似的考虑适用于静态变量。Jzero 没有 static 变量，但如果决定需要它们，可以使用 isStatic 属性。对之前的示例加以扩展，考虑上述两个因素后变量声明如下所示：

```
private static String a, b, c;
```

要支持这些 Java 属性，可以将它们添加到标记、树节点和符号表条目类型，可以将它们从保留字传播到声明变量的位置，就像我们对类型信息所做的那样。

8.4.2 在创建实例时检查类型

对象，也称为**类实例**，是使用 new 保留字创建的，就像我们在 8.2 节讨论的数组一样，对 j0gram.y 中语法的补充如下所示：

```
Primary:  Literal | FieldAccess | MethodCall | ArrayAccess
   |'(' Expr ')' { $$=$2;} | ArrayCreation |
      InstanceCreation;
InstanceCreation: NEW Name '(' ArgListOpt ')' {
  $$=j0.node("InstanceCreation", 1261, $2, $4); };
```

这种添加的语法可以创建实例。为了计算表达式的类型以便对其进行检查，我们需要在符号表中查找类的类型。为此，在较早的时间点，我们必须构造相应的 classtype 对象并将其与封闭符号表中的类名相关联。

与在解析过程中嵌入代码来构造具有子树遍历的类类型不同，就像我们在前面的部分中为方法构造签名那样，对于类，更容易等到解析和填充符号表之后，即类型检查之前，再构造类类型。这样，构造类类型的所有信息都在类符号表中准备好了。在符号表处理之后，类型检查之前，j0.icn 中的 semantic() 方法中添加了对新 mkcls() 方法的调用，如下所示：

```
method semantic(root)
...
  root.checkSymTables()
  root.mkcls()
  root.checktype()
```

对 j0.java 的相应 Java 补充如下所示：

```
root.mkcls();
```

mkcls() 方法代表 make 类。在遇到类声明时，该方法查找类名并遍历类符号表，将条目放入正确的类别中。有一个用于字段的列表，一个用于方法的列表，一个用于构造函数的列表。tree.icn 中 mkcls() 的 Unicon 实现如下所示：

```
method mkcls()
  if sym == "ClassDecl" then {
      rv := stab.lookup(kids[1].tok.text)
      flds := []; methds := []; constrs := []
      every k := key(rv.st.t) do
         if match("method ", rv.st.t[k].typ.str()) then
            put(methds, [k, rv.st.t[k].typ])
         else put(flds, [k, rv.st.t[k].typ])
     /(rv.typ) := classtype(kids[1].tok.text, rv.st,
                              flds, methds, constrs)
  }
  else every k := !kids do
    if k.nkids>0 then k.mkcls()
end
```

当此遍历遇到类声明时，它会查找类名并获取该类的符号表。每个符号都会被检查，如果它是一个方法，则它会出现在名为 methods 的方法列表中；否则，它会出现在名为 flds 的字段列表中。类的符号表条目中的类类型被分配一个包含所有这些信息的类类型的实例。读者也许会注意到构造函数没有被识别并被放置在构造函数列表中。Jzero 可以不支持构造函数，但是对于更大的 Java 子集，每个类至少支持一个构造函数。无论如何，对应的 Java 版本如下所示：

```
void mkcls() {
  symtab_entry rv;
  if (sym.equals("ClassDecl")) {
    int ms=0, fs=0;
    rv = stab.lookup(kids[0].tok.text);
    for(String k : rv.st.t.keySet()) {
      symtab_entry ste = rv.st.t.get(k);
      if ((ste.typ.str()).startsWith("method ")) ms++;
      else fs++;
    }
    parameter flds[] = new parameter[fs];
    parameter methds[] = new parameter[ms];
    fs=0; ms=0;
    for(String k : rv.st.t.keySet()) {
    symtab_entry ste = rv.st.t.get(k);
    if ((ste.typ.str()).startsWith("method "))
       methds[ms++] = new parameter(k, ste.typ);
   else flds[fs++] = new parameter(k, ste.typ);
    }
   rv.typ = new classtype(kids[0].tok.text,
                rv.st, flds, methds, new typeinfo[0]);
  }
  else for(int i = 0; i<nkids; i++)
   if (kids[i].nkids>0) kids[i].mkcls();
}
```

还需要一段代码来完成实例创建的处理。必须在 checktype() 方法中为 InstanceCreation 节点设置类型字段。在完成将类信息类型放入符号表的所有工作之后，这就是一个简单的查找操作。tree.icn 中的 Unicon 实现如下所示：

```
method checktype(in_codeblock)
 . . .
  "InstanceCreation": {
    if not (rv := stab.lookup(kids[1].tok.text)) then
      stop("unknown type ",kids[1].tok.text)
    if not (typ := \ (rv.typ)) then
      stop(kids[1].tok.text, " has unknown type")
  }
```

前面的代码只是单纯完成符号表查找，包括从符号表条目中获取类型，并完成大量错误检查，tree.java 中对应的 Java 补充代码如下所示：

```
case "InstanceCreation":
  symtab_entry rv;
  if ((rv = stab.lookup(kids[0].tok.text))==null)
    j0.semerror("unknown type " + kids[0].tok.text);
```

```
if ((typ = rv.typ) == null)
  j0.semerror(kids[0].tok.text + " has unknown
        type");
break;
```

到此为止，我们已经学习了如何为类构造类型信息，并在创建实例时使用它，以生成正确的类型。现在，我们来探讨如何对实例中定义的名称进行访问。

8.4.3 在实例访问时检查类型

实例访问是指对对象的字段和方法的引用，有隐式访问和显式访问两种。隐式访问是指当前对象的字段或方法直接通过名称引用，显示访问中由点运算符通过其公共接口访问其对象。隐式访问由当前作用域中的常规符号表查找处理，它将自动尝试封闭作用域，包括可以找到当前对象的类方法和变量的类作用域。本节主要介绍使用点运算符的显式访问。在 j0gram.y 语法中，这些被称为 QualifiedName 节点。要添加对限定名称的支持，首先要修改类树的 checktype() 方法中的 MethodCall 代码。本章前面介绍的用于简单名称的方法签名检查的代码放在 else 子句中。tree.icn 中的 Unicon 实现添加了以下几行：

```
method checktype(in_codeblock)
 . . .
 "MethodCall": {
   if rule = 1290 then {
     if kids[1].sym == "QualifiedName" then {
       rv := kids[1].dequalify()
       cksig(rv)
       }
     else {
       if kids[1].sym ~== "token" then
         …
       else stop("can't check type of ",
                  kids[1].tok.cat)
     }
```

在上述代码中，checktype() 方法中的代码在用作被调用方法的名称时识别限定名称，并调用 dequalify() 方法来获取带点名称的类型。然后，它使用前面介绍的签名检查方法 cksig() 在调用时检查类型。tree.java 中对应的 Java 代码如下：

```
if (kids[0].sym.equals("QualifiedName")) {
  rv = (methodtype)(kids[0].dequalify());
  cksig(rv);
  }
```

其中 kids[0] 是一个有两个子节点的树节点。左子节点的类型包含符号表，我们在其中查找右子节点的方法类型。dequalify()方法完成了这项吃力不讨好的工作。tree.icn中的Unicon实现如下所示：

```
method dequalify()
local rv, ste
  if kids[1].sym == "QualifiedName" then
    rv := kids[1].dequalify()
  else if kids[1].sym=="token" &
          kids[1].tok.cat=parser.IDENTIFIER then {
    if not \ (rv := stab.lookup(kids[1].tok.text)) then
       stop("unknown symbol ", kids[1].tok.text)
    rv := rv.typ
  }
  else stop("can't dequalify ", sym)
  if rv.basetype ~=== "class" then
    stop("can't dequality ", rv.basetype)
  if \ (ste := rv.st.lookup(kids[2].tok.text)) then
    return ste.typ
  else stop(kids[2].tok.text, " is not in ", rv.str())
end
```

此方法首先计算左侧操作数的类型，如果左侧操作数是另一个限定名称，则需要执行递归操作；否则，左侧操作数必须是可以在符号表中查找的标识符。无论是哪种方式，都会检查左侧操作数的类型，以确保它是一个类。如果它是一个类，则在该类中查找点右侧的标识符并返回其类型。相应的Java实现如下所示：

```
public typeinfo dequalify() {
    typeinfo rv = null;
    symtab_entry ste;
    if (kids[0].sym.equals("QualifiedName"))
      rv = kids[0].dequalify();
    else if (kids[0].sym.equals("token") &
         (kids[0].tok.cat==parser.IDENTIFIER)) {
    if ((ste = stab.lookup(kids[0].tok.text)) != null)
      j0.semerror("unknown symbol " + kids[0].tok.text);
    rv = ste.typ;
    }
    else j0.semerror("can't dequalify " + sym);
    if (!rv.basetype.equals("class"))
      j0.semerror("can't dequalify " + rv.basetype);
    ste = ((classtype)rv).st.lookup(kids[1].tok.text);
    if (ste != null) return ste.typ;
    j0.semerror("couldn't lookup " + kids[1].tok.text +
        " in " + rv.str());
    return null;
}
```

在本节中，我们学习了如何处理结构访问，在声明和实例化类类型的变量时考虑了类型检查。然后我们学习了如何计算对象中限定名称的类型。

在所有这些类型检查之后，输出再次变得有点虎头蛇尾。我们可以从本书的 GitHub 站点下载代码，导航到 `Chapter08/` 子目录，然后使用 `make` 程序进行构建，将会同时构建 Unicon 和 Java 版本的代码。提醒一下，必须对已安装的软件执行配置操作，并将类路径设置到我们解压本书示例的目录，如从第 2 章到第 5 章所讨论的那样。当运行带有类型检查的 `j0` 命令时，它会产生类似于图 8.1 的输出。如果程序没有类型错误，则所有行都以 `OK` 结尾。在后面的章节中，当类型检查成功完成时，Jzero 不会费心输出，所以这里将是你最后看到这些 `OK` 行的地方。

```
> type funtest.java
public class funtest {
   public static int foo(int x, int y, String z) {
      return 0;
   }
   public static void main(String argv[]) {
      int x;
      x = foo(0,1,"howdy");
      x = x + 1;
      System.out.println("hello, jzero!");
   }
}

> java ch8.j0 funtest.java
line 3: typecheck return on a int and a int -> OK
checking the type of a call to foo
line 7: typecheck param on a String and a String -> OK
line 7: typecheck param on a int and a int -> OK
line 7: typecheck param on a int and a int -> OK
line 7: typecheck = on a int and a int -> OK
line 8: typecheck + on a int and a int -> OK
line 8: typecheck = on a int and a int -> OK
line 9: typecheck param on a String and a String -> OK
no errors
```

图 8.1　参数和返回类型的类型检查

8.5　本章小结

本章介绍了类型检查。我们学习了如何表示复合类型，例如构建方法签名，并使用它们来检查方法调用。所有这些操作都是通过遍历语法树来完成的，其中大部分操作都通过对第 7 章中的函数添加少量扩展来实现。

本章还展示了如何识别数组声明，并为它们构建适当的类型表示。我们学习了如何检查是否在数组创建和访问中使用了正确的类型；如何为方法声明构建类型签名；如何检查方法调用和返回是否使用了正确的类型。

虽然编写更高级的树遍历函数本身就是一项有价值的技能，但表示类型信息并将其围绕语法树传播到需要的地方，也可以很好地练习编译器后续步骤所需的技能。现在我们已经实现了类型检查，可以继续进行代码生成了，这表示我们已经走到了编程语言实现的中间点。到目前为止，我们一直在收集有关该程序的信息。第 9 章我们将从中间代码生成开始，学习处理输入程序的转换输出。

8.6 思考题

1. 检查数组访问类型和检查结构体或类成员访问类型之间的主要区别是什么？
2. 函数的返回语句如何知道其返回的类型？它们在树中通常离声明函数返回类型的位置很远。
3. 在函数调用期间如何检查类型？这与加号和减号等运算符的类型检查相比有何异同？
4. 除了通过 [] 和 . 运算符，对于数组、结构或类类型，还需要哪些其他形式的类型检查？

第 9 章 Chapter 9

中间代码生成

在完成语义分析后，你就可以考虑如何执行程序了。对于编译器，下一步是生成一系列与机器无关的指令，称为**中间代码**。在中间代码之后通常是优化和目标机器的最终代码生成阶段。本章通过 Jzero 语言示例演示如何生成中间代码。在学习了前几章的如何编写树遍历，以分析信息并将其添加根据输入构建的语法树之后，本章令人兴奋的事情是，其中的树遍历开始了构建编译器输出的过程。

现在是时候开始了解为什么中间代码如此有用了，可以将中间代码生成视为为最终代码生成做准备的过程。

9.1 技术需求

本章的代码在 GitHub 上可用，参见：`https://github.com/PacktPublishing/Build-Your-Own-Programming-Language/tree/master/ch9`。

9.2 准备生成代码

生成中间代码会产生足够的信息，以完成生成可运行最终代码的任务。就像生活中的许多事情一样，当你做好准备时，完成一项艰巨的任务就会成为可能。急切的开发人员可能希望跳过此阶段，直接跳转到最终代码生成阶段，因此我们要思考为什么中间代码生成很有好处。生成最终机器代码是一项复杂的任务，大多数编译器为了完成这一任务，选择使用中间代码将工作分解为多个阶段，本节将介绍详细内容及相关原因，这里从生成中间代码的一些具体技术动机开始。

9.2.1 为什么要生成中间代码

编译器此阶段的目标是：为程序中的每个方法生成与机器无关的指令列表。生成初步的机器中立代码作为程序指令的中间表示具有以下好处：

- 它允许你识别存储变量的内存区域和字节偏移量，而无须担心特定于机器的细节，如寄存器和寻址模式。
- 它允许你计算出控制流的大部分细节，例如识别需要标签和 go-to 指令的位置。
- 在编译器中包含中间代码可以减少特定于 CPU 的代码的大小和作用域，提高编译器对新架构的可移植性。
- 它允许你对目前为止的工作进行检查，在使人陷入低级机器代码之前，它以可读性强的格式提供输出。
- 通过生成中间代码，可以允许在特定机器的最终代码生成之前对其进行应用广泛的优化，对中间代码进行的优化有利于之后的最终代码生成。

现在，让我们看看一些有助于生成中间代码的数据结构添加项。

9.2.2 了解生成程序的存储区域

在解释器中，用户程序中的地址指解释器地址空间中的内存，可以直接操作。编译器面临更困难的挑战是推理出地址，这些地址是生成的程序未来执行时内存位置的抽象。在编译时，用户程序的地址空间还不存在，但当它存在时，它将以类似图 9.1 的方式组织。

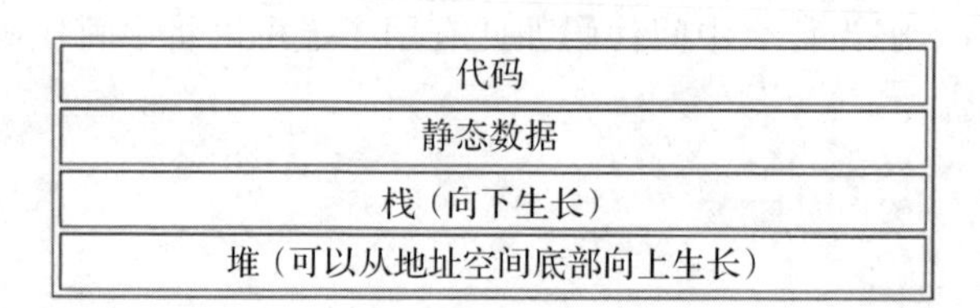

图 9.1　运行时存储区域

有些地址在静态内存中，有些在栈中，有些在堆中，有些则在代码中。在最终的代码中，访问这些区域的方式有所不同，但对于中间代码地址，我们只需要一种方法来告诉每个地址所在的区域。我们可以使用整数代码来表示这些不同的内存区域，但在 Unicon 和 Java 中，字符串名称是一种用来指定它们的直接可读的方式。就这样吧。我们将使用的区域及其解释如下：

- “`loc`”——在本地区域中，偏移是相对于栈顶的。例如，它可能会相对于栈帧指针寄存器进访问。
- “`glob`”——全局区域保存静态分配的变量。偏移是相对于加载时固定的某个数据区域的起点。根据最终代码的不同，它可能会解析为绝对地址。
- “`const`”——常量区域保存静态分配的只读值。除了只读之外，其属性类似于全局区域的属性。它通常保存字符串和其他常量结构化数据。小常量属于“imm”伪区域。

- “lab”——一个唯一的整数标签，用于抽象相对于代码区域开始的偏移，该代码区域通常是只读静态区域。标签在最终代码中被解析为绝对地址，但我们让汇编程序来计算字节偏移量。在中间代码中，就像在汇编代码中一样，标签只是机器指令的名称。
- “obj”——偏移量是相对于从堆中分配的某个对象的开始，这意味着它将相对于另一个地址进行访问。例如，面向对象语言可能将实例变量作为相对于自身或此指针的偏移量。
- “imm”——立即数的伪区域表示偏移量是实际值，而不是地址。

一旦我们习惯之后，对这些区域的学习就不是很难了。现在让我们看看它们在编译器用来表示生成代码内地址的数据结构中是如何使用的。

9.2.3　为中间代码引入数据类型

编译器中最常使用的中间代码形式是**三地址代码**，每条指令包含一个操作码和零到三个操作数，这些操作数是该指令使用的值，通常是地址。对于 Jzero 编译器，我们将定义一个名为 address 的类，它将地址表示为一块区域加上一个偏移量。address 类的 Unicon 实现始于 address.icn 文件，如下所示：

```
class address(region, offset)
end
```

对应的 Java 版本要求我们决定区域和偏移使用什么类型。我们使用字符串来表示区域，而偏移通常是距离区域开头的字节距离，因此可以用整数表示。address.java 中 address 类的 Java 实现如下：

```
public class address {
   public String region;
   public int offset;
   address(String s, int x) { region = s; offset = x; }
}
```

稍后我们根据需要向该类添加方法。鉴于这种地址表示，我们可以在一个名为 tac 的类中定义三地址代码，它由一个操作码和最多三个地址组成。并非所有操作码都会使用所有三个地址。tac.icn 中 tac 类的 Unicon 实现如下所示：

```
class tac(op, op1, op2, op3)
end
```

此时想到的一个有趣的问题是，是使用 Unicon 的内置列表类型和 Java 的 ArrayList 类，还是实现显式链表表示？显式链表表示将使 Unicon 和 Java 代码更加同步，并有助于共享某些子列表。此外，老实说，想到使用 Java 的 ArrayList get() 和 set()、length 与 length() 及 size() 等，我有点不好意思。

如果我们滚动自己的链表，我们将在实现语言应该提供的基本操作的相对低级代码上浪费空间和时间。因此，我们使用 Unicon 中的内置列表类型和 Java 中的 ArrayList，并看看它们的性能如何。tac.java 中对应的 Java 实现如下：

```
public class tac {
  String op;
  address op1, op2, op3;
   tac(String s) { op = s; }
   tac(String s, address x) { op = s; op1 = x; }
   tac(String s, address o1, address o2) {
      op = s; op1 = o1; op2 = o2; }
   tac(String s, address o1, address o2, address o3) {
      op = s; op1 = o1; op2 = o2; op3 = o3; }
}
```

为了方便组装三地址指令列表，我们在类树中添加一个名为 gen() 的工厂方法，该方法创建一条三地址指令并返回包含它的大小为 1 的新列表，tree.icn 中的 Unicon 实现如下所示：

```
method gen(o, o1, o2, o3)
   return [ tac(o, o1, o2, o3) ]
end
```

Unicon 版本不需要做任何事情来允许省略参数，并将 op1...op3 初始化为空值。tree.java 中相应的 Java 实现使用变参数方法语法，其代码如下所示：

```
ArrayList<tac> gen(String o, address a) {
  ArrayList<tac> L = new ArrayList<tac>();
  tac t = null;
  switch(a.length) {
    case 3: t = new tac(o, a[0], a[1], a[2]); break;
    case 2: t = new tac(o, a[0], a[1]); break;
    case 1: t = new tac(o, a[0]); break;
    case 0: t = new tac(o); break;
    default: j0.semerr("gen(): wrong # of arguments");
  }
  L.add(t);
  return L;
}
```

前面的示例演示了 Java 生硬地支持参数数量可变的方法的两种方式。首先，采用方法重载：tac 类由四个不同的构造函数来容纳不同数量的参数。其次，gen() 方法使用 Java 的变参数语法，它提供了一个奇怪的类似数组（但并不是数组）的东西来保存方法的参数。

三地址码指令很容易映射成 1～2 条本机指令的短序列，而具有复杂指令集的计算机具有三个操作数且直接对应于三地址码的指令。现在让我们看看如何扩充树节点以包含中间代码所需的信息，包括这些三地址指令。

9.2.4　将中间代码属性添加到树中

在前两章中，我们给语法树节点添加了符号表作用域和类型信息。现在是时候为代码生成所需的几条信息添加表示了。

对于每个包含中间代码的树节点，名为 icode 的字段表示与执行该子树的代码相对应的代码指令列表。

对于表达式，名为 addr 的第二个属性将表示地址，其中表达式计算值可以在执行表达式后找到。

对于每个包含中间代码的树节点，first 和 follow 字段表示当控制流应该与代码开始一起执行时，或者它应该执行逻辑上紧接该代码之后的任何指令时用作目标的标签。

最后，对于表示布尔表达式的每个树节点，onTrue 和 onFalse 字段将分别保存在发现该布尔表达式为 true 或 false 时用作目标的标签。采用这样的名称是为了避免与 Java 中的保留字 true 和 false 相冲突。

在 Unicon 中，如下将这些属性添加到 tree.icn 中的类树：

```
class tree (id,sym,rule,nkids,tok,kids,isConst,stab,
            typ,icode,addr,first,follow,onTrue,onFalse)
```

我们的树节点越来越胖，虽然可能必须要分配数千个内存地址来编译程序，但在具有千兆字节内存的机器上，内存成本并不重要，对 tree.java 的相应 Java 添加如下所示：

```
class tree {
  ...
  typeinfo typ;
  ArrayList<tac> icode;
  address addr, first, follow, onTrue, onFalse;
```

到此为止，你可能想知道我们如何计算这些新属性。答案主要是，它们是通过后序树遍历合成的，这将在下面的部分中介绍。

9.2.5　生成标签和临时变量

在中间代码生成过程中，有几个辅助方法被证明是有用的。如果我们愿意，则可以将它们视为工厂方法。工厂方法是一种构造对象并返回该对象的方法。不管怎样，我们都需要一个方法用于标签，以便于控制流，一个方法用于临时变量。我们姑且将它们分别命名为 genlabel() 和 genlocal()。

标签生成器 genlabel() 生成一个唯一的标签。可以从 serial.getid() 获得一个唯一的整数，因此genlabel()可以将“L”与调用该方法的结果连接起来。一个有趣的问题是：genlabel()应该将标签返回为整数或字符串、地址、三地址指令，或是包含三地址指令的列表？正确的答案可能是一个address。tree.icn中genlabel()的Unicon代码可能如下所示：

```
method genlabel()
   return address("lab", serial.getid())
end
```

tree.java中对应的Java方法如下所示：

```
address genlabel() {
   return new address("lab", serial.getid());
}
```

临时变量生成器genlocal()需要在本地区域中保留一块内存。从逻辑上讲，在将来某一天运行生成的程序时，需要在栈顶部的某个地址空间中分配内存。这是令人头疼的事情。实际上，每当调用一个方法时，堆栈的分配都是大块的。编译器计算每个方法的块需要有多大，包括程序中的所有局部变量，以及方法中的表达式在执行时用于计算各种操作期间的部分结果的临时变量。

每个局部变量都需要一定数量的字节，本书中，分配的单元是完全双对齐的64位字。偏移量以字节为单位报告，但如果需要一个字节，则四舍五入并分配一个字。符号表是Jzero分配局部变量的地方。在树类代码中，方法可以使用stab.genlocal()表达式从符号表中调用genlocal()。为了实现genlocal()，符号表条目被扩展以跟踪变量占用的地址，符号表本身跟踪总共分配了多少字节。每当请求新变量时，我们都会分配它需要的字数，并使计数器计算增加的数量。

如给定的那样，genlocal()分配一个字并为其生成一个地址。对于在栈上分配多字实体的语言，可以扩展genlocal()以接受指定要分配的字数的参数，但是由于Jzero从堆中分配数组和类实例，所以Jzero的genlocal()可以为每次调用分配一个八字节字。

符号表条目使用名为addr的地址字段进行扩展，Unicon中symtab_entry.icn添加的代码如下所示：

```
class symtab_entry(sym,parent_st,st,isConst,typ,addr)
```

symtab_entry.java中相应的Java代码添加如下所示：

```
public class symtab_entry {
   . . .
   address addr;
   . . .
  symtab_entry(String s, symtab p, boolean iC,
       symtab t, typeinfo ti, address a) {
    sym = s; parent_st = p; isConst = iC;
    st = t; typ = ti; addr = a;
```

符号表类获取一个字节计数器，用于计算对应于符号表的区域内分配了多少字节。符号表插入在符号表条目中放置一个地址并使计数器递增。调用 genlocal() 会插入一个新变量。symtab.icn 中的 Unicon 实现如下所示：

```
class symtab(scope, parent, t, count)
  . . .
  method insert(s, isConst, sub, typ)
     . . .
     t[s] := symtab_entry(s, self, sub, isConst, typ,
                          address(scope,count))
     count +:= 8
     . . .
  end
  method genlocal()
  local s := "local$" || count
    insert(s, false, , typeinfo("int"))
    return t[s].address
  end
initially
  t := table()
  count := 0
end
```

每当分配变量时，对 insert() 方法的上述更改都会将区域顶部的地址传递给 symtab_entry 构造函数，然后递增计数器以为其分配空间。genlocal() 方法的添加包括插入一个新变量并返回其地址。临时变量中有一个 $ 符号，因此该名称不能作为常规变量名称出现在源代码中，对 symtab.java 添加的 Java 实现包括以下更改：

```
public class symtab {
  . . .
  int count;
  . . .
  void insert(String s, Boolean iC, symtab sub,
               typeinfo typ){
   . . .
       t.put(s, new symtab_entry(s, this, iC, sub, typ,
                   new address(scope,count)));
   count += 8;
      }
   }
   address genlocal() {
      String s = "local$" + count;
      insert(s, false, null, new typeinfo("int"));
      return t.get(s).addr;
   }
```

有了用于生成标签和临时变量的辅助方法，下面我们了解一下中间代码指令集。

9.3 中间代码指令集

中间代码类似于抽象 CPU 的与机器无关的汇编代码。指令集定义了一组操作码，每个操作码都指定了其语义，包括使用了多少个操作数，以及执行它时会发生的状态变化。因为这是中间代码，我们不必担心寄存器或寻址模式，我们可以根据主存储器中发生的修改来定义状态变化。中间代码指令集包括常规指令和伪指令，其他汇编语言也是如此。让我们看一下 Jzero 语言的一组操作码，其中有两类操作码：指令和声明。

9.3.1 指令

除立即模式外，指令的操作数是地址和指令，这些地址和指令隐式地取消引用位于这些地址的内存中的值。在典型的现代机器上，字的单位是 64 位，偏移量以字节为单位，如图 9.2 所示。

操作码	等效的 C 语言表达式	说明
ADD, SUB, MUL, DIV	x=y op z	将 y 和 z 的二进制运算结果存储到 x
NEG	x=-y	存储 y 的一元运算结果到 x
ASN	x=y	存储 y 到 x
ADDR	x=&y	存储 y 的地址到 x
LCON	x=*y	存储 y 指向的内容到 x
SCON	*x=y	将 y 存储到 x 指向的位置
GOTO	goto L	无条件跳转到 L
BLT,BLE,BGT,BGE	if(x rop y)goto L	根据关系式结果有条件地跳转到 L
BIF	if(x)goto L	如果 x 不等于 0，则有条件地跳转到 L
BNIF	if(!x)goto L	如果 x 等于 0，则有条件地跳转到 L
PARM		将 x 存储为参数（压入调用栈）
CALL	x=p(...)	以 n 字参数调用过程 p
RET	return x	从函数返回结果 x

图 9.2 不同的操作码、等效的 C 语言表达式及其说明

接下来，我们将看看其中的一些声明。

9.3.2 声明

声明和其他伪指令通常将名称与程序某个内存区域中一定数量的内存相关联，图 9.3 展示了一些声明及其说明。

这些指令和声明是通用的，能够表达各种计算。输入 / 输出可以通过添加指令或进行运

行时系统调用来建模。从 9.5 节开始，我们将在后续章节大量使用这个指令集。但首先，我们必须更多地计算语法树中的属性，这些属性是控制流必需的。

声明	说明
glob x, n	声明一个名为 x 的全局变量，该变量引用全局区域中的偏移量 n
proc x, n1, n2	用 n1 个字的参数和 n2 个字的局部变量声明过程 x
loc x, n	声明一个名为 x 的局部变量，该变量引用本地区域中的偏移量 n
lab Ln	声明一个标签 Ln，作为代码区域中指令的名称
end	声明当前过程的结束

图 9.3　声明及其说明

9.4　用标签为控制流注释语法树

某些树节点处的代码是控制流的源或目标。要生成代码，我们需要一种在目标上生成标签并将该信息传播到要到达这些目标的指令的方法。从名为 first 的属性开始是有意义的。first 属性包含一个标签，分支指令可以跳转到该标签以执行给定的语句或表达式。如果需要，则可以通过蛮力合成。如果你必须这样做，则可以为每个树节点分配一个唯一标签，其结果是会充满冗余和未使用的标签，但它会起作用。对于大多数节点，first 标签可以从其中一个子节点合成，不用分配一个新的。

考虑加法表达式 e1 + e2，它构建了一个名为 AddExpr 的非终结符。如果 e1 中有代码，则它将有一个 first 字段，这将是用于整个 AddExpr 的 first 字段的标签。如果 e1 没有代码，则 e2 可能有一些代码并为父节点提供 first 字段。如果两个子表达式都没有代码，则需要为在 AddExpr 节点中生成的执行加法的代码生成一个新标签。类似的逻辑适用于其他运算符。tree.icn 中 genfirst() 方法的 Unicon 实现如下所示：

```
method genfirst()
  every (!\kids).genfirst()
  case sym of {
  "UnaryExpr": first := \kids[2].first | genlabel()
  "AddExpr"|"MulExpr": first := \kids[1|2].first |
    genlabel()
  . . .
  default: first := (!\kids).first
  }
end
```

前面代码中的 case 分支依赖于 Unicon 的目标导向评估。对于那些可能有代码的子节点，对子节点的 first 字段应用非空测试。如果这些非空测试失败，则调用 genlabel() 来分配 first（如果该节点生成指令）。默认值可以赋给 first（如果子节点有的话，缺省值对文法中许多高级非终结符都有好处)，但不调用genlabel()。tree.java中对应的Java代码如下所示：

```
void genfirst() {
  if (kids != null) for(tree k:kids) k.genfirst();
  switch (sym) {
    case "AddExpr": case "MulExpr": {
      if (kids[1].first != null) first = kids[1].first;
      else if (kids[2].first != null)
              first = kids[2].first;
      else first = genlabel();
      }
   . . .
   }
}
```

除了first属性之外，我们还需要一个名为follow的属性，该属性表示要跳转到给定块后代码的标签。这将有助于实现诸如if-then之类的语句以及break语句。follow属性传播来自上级和同级节点而不是子节点的信息。实现必须使用继承属性，而不是综合属性。实现不是简单的自底向上的后序遍历，而是在前序遍历中向下复制信息，正如我们之前将类型信息复制到变量声明列表中所看到的那样。follow属性使用first属性值，并且必须在genfirst()运行后计算。

考虑最简单的文法规则，你可以在其中定义follow属性。在Jzero文法中，语句按顺序执行的基本规则包括以下内容：

```
BlockStmts : BlockStmts BlockStmt ;
```

对继承的属性，父节点(BlockStmts，位于冒号左侧)负责为两个子节点提供follow属性。左子节点的follow将是右子节点的第一条指令，因此属性从一个同级节点移动到另一个同级节点。右子节点的follow将跟随其父节点，所以直接复制下来。一旦设置了这些值，父节点必须让子节点为其下一级子节点(如果有的话)采取同样的操作。tree.icn中的Unicon实现如下所示：

```
method genfollow()
   case sym of {
   "BlockStmts": {
      kids[1].follow := kids[2].first
      kids[2].follow := follow
      }
   . . .
   }
   every (!\kids).genfollow()
end
```

tree.java中对应的Java代码如下所示：

```
void genfollow() {
  switch (sym) {
   case "BlockStmts": {
      kids[0].follow = kids[1].first;
      kids[1].follow = follow;
      break;
      }
   . . .
  }
  if (kids != null) for(tree k:kids) k.genfollow();
}
```

计算这些属性使得能够为控制流生成指令，这些指令指向不同的标签。你可能已经注意到，其中很多 first 和 follow 从未使用。我们可以总是生成它们，也可以设计一种机制，只在它们是分支指令的实际目标时才生成它们。在开始为使用这些标签的具有挑战性的控制流指令生成代码之前，我们需要了解一个更简单的问题：为普通算术和相似表达式生成代码。

9.5　为表达式生成代码

最容易生成的代码是由语句和表达式组成的直线代码，它们按顺序执行，没有控制流。如本章前面所述，每个节点有两个属性要计算：用于查找表达式值的属性称为 addr，而计算其值所需的中间代码称为 icode。对于 Jzero 表达式文法的子集，要为这些属性计算的值如图 9.4 所示，其中 ||| 运算符表示列表连接。

表达式	语义规则
Assignment : IDENT '=' AddExpr	Assignment.addr = IDENT.addr Assignment.icode = AddExpr.icode ||| gen(ASN, IDENT.addr, AddExpr.addr)
AddExpr : AddExpr$_1$ '+' MulExpr	AddExpr.addr = newtemp() AddExpr.icode = AddExpr$_1$.icode ||| MulExpr.icode ||| gen(ADD,AddExpr.addr,AddExpr$_1$.addr,MulExpr.addr)
AddExpr : AddExpr$_1$ '-' MulExpr	AddExpr.addr = newtemp() AddExpr.icode = AddExpr$_1$.icode ||| MulExpr.icode ||| gen(SUB,AddExpr.addr,AddExpr$_1$.addr,MulExpr.addr)
MulExpr : MulExpr$_1$ '*' UnaryExpr	MulExpr.addr = newtemp() MulExpr.icode = MulExpr$_1$.icode ||| UnaryExpr.icode ||| gen(MUL,MulExpr.addr,MulExpr$_1$.addr,UnaryExpr.addr)
MulExpr : MulExpr$_1$ '/' UnaryExpr	MulExpr.addr = newtemp() MulExpr.icode = MulExpr$_1$.icode ||| UnaryExpr.icode ||| gen(DIV,MulExpr.addr,MulExpr$_1$.addr,UnaryExpr.addr)
UnaryExpr : '-' UnaryExpr$_1$	UnaryExpr.addr = newtemp() UnaryExpr.icode = UnaryExpr$_1$.icode ||| gen(NEG,UnaryExpr.addr,UnaryExpr$_1$.addr)
UnaryExpr : '(' AddExpr ')'	UnaryExpr.addr = AddExpr.addr UnaryExpr.icode = AddExpr.icode
UnaryExpr : IDENT	UnaryExpr.addr = IDENT.addr UnaryExpr.icode = emptylist()

图 9.4　表达式的语义规则

主要的中间代码生成算法是对语法树采取自底向上的后序遍历。为了以小块的形式呈现它，遍历被分解为每个非终端的主要方法、gencode()方法和辅助方法。在Unicon中，tree.icn中的gencode()方法如下所示：

```
method gencode()
  every (!\kids).gencode()
  case sym of {
    "AddExpr": { genAddExpr() }
    "MulExpr": { genMulExpr() }
    . . .
    "token":   { gentoken() }
   default: {
      icode := []
      every icode |||:= (!\kids).icode
      }
   }
end
```

对于不知道如何生成代码的树节点，默认情况下只需要将子节点的代码连接起来。相应的Java代码如下所示：

```
void gencode() {
  if (kids != null) for(tree k:kids) k.gencode();
  switch (sym) {
  case "AddExpr": { genAddExpr(); break; }
  case "MulExpr": { genMulExpr(); break; }
  . . .
  case "token": { gentoken(); break; }
  default: {
    icode = new ArrayList<tac>();
    if (kids != null) for(tree k:kids)
        icode.addAll(k.icode);
    }
  }
}
```

用于为特定非终结符生成代码的方法有时必须生成不同的指令，具体取决于产生式规则，genAddExpr()的Unicon代码如下所示：

```
method genAddExpr()
      addr := genlocal()
      icode := kids[1].icode ||| kids[2].icode |||
              gen(if rule=1320 then "ADD" else "SUB",
                 addr, kids[1].addr, kids[2].addr)
end
```

在生成一个临时变量以保存结果之后，代码通过在子代码的末尾添加适当的算术指令来构造。在此方法中，规则1320指的是加法，规则1321指的是减法。对应的Java代码如下所示：

```
void genAddExpr() {
    addr = genlocal();
    icode = new ArrayList<tac>();
    icode.addAll(kids[0].icode);
    icode.addAll(kids[1].icode);
    icode.addAll(gen(((rule==1320)?"ADD":"SUB"), addr,
                    kids[0].addr, kids[1].addr));
}
```

gentoken()方法为终结符生成代码，icode属性通常为空。在变量的情况下，addr属性是符号表查找，而在字面常量的情况下，addr属性是对常量区域内的值（或立即值）的引用。在Unicon中，gentoken()方法如下所示：

```
method gentoken()
  icode := []
  case tok.cat of {
    parser.IDENTIFIER: { addr := stab.lookup(tok.text).addr }
    parser.INTLIT: { addr := address("imm", tok.ival) }
    . . .
    }
end
```

i代码属性是一个空列表，addr属性是通过符号表查找获得的，在Java中，gentoken()看起来如下所示：

```
void gentoken() {
  icode = new ArrayList<tac>();
  switch (tok.cat) {
    case parser.IDENTIFIER: {
      addr = stab.lookup(tok.text).addr; break; }
    case parser.INTLIT: {
      addr = new address("imm", tok.ival); break; }
    . . .
    }
}
```

可见，为直线代码中的表达式生成中间代码主要通过连接操作数代码，然后为每个运算符添加一条或多条新指令。通过提前以临时变量地址的形式分配空间，这项工作显得更容易，而生成控制流的代码则是一个更大的挑战。

9.6　为控制流生成代码

如9.5节所示，为条件和循环等控制结构生成代码，比为算术表达式生成代码更具挑战性。控制流代码不是在单个自底向上的遍历中使用综合属性，而是使用标签信息。这些标签信息必须使用继承属性移动到需要它的位置。这可能涉及多次遍历语法树。我们将从最基本的控制流（例如 if 语句）所需的条件表达式逻辑开始，之后将展示如何将其应用于循环，然后是方法调用所需的注意事项。

9.6.1 为条件表达式生成标签目标

我们已经通过分配 first 和 follow 属性来设置控制流，如 9.4 节所述。考虑 first 和 follow 属性所起的作用，从最简单的控制流语句 if 语句开始。考虑如下代码片段：

```
if (x < 0) x = 1;
y = x;
```

这两个语句的语法树如图 9.5 所示：

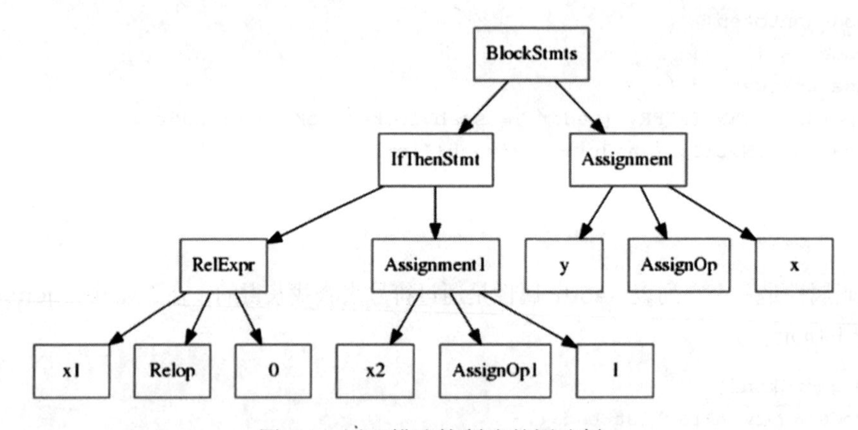

图 9.5 用于描述控制流的语法树

BlockStmts 将 IfThenStmt 节点的 follow 属性分配给 y=x 的 first 属性。如果 RelExpr 为 true，则为 RelExpr 生成的代码应转到 then 部分的 first 标签，此处显示为 Assignment1。如果 RelExpr 为 false，则应将整个 IfThenStmt 转到 follow。为了实现这一点，从 IfThenStmt 计算的标签值可以被继承到 RelExpr 的两个新属性中。我们不能称其为 true 或 false，因为它们是 Java 保留字。我们将表达式为 true 时的属性称为 onTrue，将表达式为 false 时的属性称为 onFalse，要实现的语义规则如图 9.6 所示。

由上可见，IfThenStmt 中的条件是 Expr，它从 Stmt 继承 onTrue，Stmt 是其 then 部分，并从父节点的 follow 属性继承 onFalse（任何代码都跟随整个 IfThenStmt）。这些属性必须通过逻辑 AND 和 OR 等运算符向下继承到布尔子表达式中，布尔表达式的语义规则如图 9.7 所示。

表达式	语义规则
IfThenStmt : if '(' Expr ')' Stmt	Expr.onTrue = Stmt.first Expr.onFalse = IfThenStmt.follow Stmt.follow = IfThenStmt.follow IfThenStmt.icode = (Expr.icode != null) ? Expr.icode : gen(BIF, Expr.onFalse, Expr.addr, con:0) IfThenStmt.icode |||:= gen(LABEL, Expr.onTrue) ||| Stmt.icode
IfThenElseStmt : if '(' Expr ')' $Stmt_1$ else $Stmt_2$	Expr.onTrue = $Stmt_1$.first Expr.onFalse = $Stmt_2$.first $Stmt_1$.follow = IfThenElseStmt.follow; $Stmt_2$.follow = IfThenElseStmt.follow; IfThenElseStmt.icode = (Expr.icode != null) ? Expr.icode : gen(BIF, Expr.onFalse, Expr.addr, con:0) IfThenElseStmt.icode |||:= gen(LABEL, Expr.onTrue) ||| $Stmt_1$.icode ||| gen(GOTO, IfThenElseStmt.follow) ||| gen(LABEL, Expr.onFalse) ||| $Stmt_2$.icode

图 9.6　if-then 和 if-then-else 语句的语义规则

表达式	语义规则
AndExpr : $AndExpr_1$ && EqExpr	EqExpr.first = newlabel(); $AndExpr_1$.onTrue = EqExpr.first; $AndExpr_1$.onFalse = AndExpr.onFalse; EqExpr.onTrue = AndExpr.onTrue; EqExpr.onFalse = AndExpr.onFalse; AndExpr.icode = $AndExpr_1$.icode ||| gen(LABEL, EqExpr.first) ||| EqExpr.icode;
OrExpr : $OrExpr_1$ || AndExpr	AndExpr.first = newlabel(); $OrExpr_1$.onTrue = OrExpr.onTrue; $OrExpr_1$.onFalse = AndExpr.first; AndExpr.onTrue = OrExpr.onTrue; AndExpr.onFalse = OrExpr.onFalse; OrExpr.icode = $OrExpr_1$.icode ||| gen(LABEL, AndExpr.first) ||| AndExpr.icode;
UnaryExpr : ! $UnaryExpr_1$	$UnaryExpr_1$.onTrue = UnaryExpr.onFalse $UnaryExpr_1$.onFalse = UnaryExpr.onTrue UnaryExpr.icode = UnaryExpr1.icode

图 9.7　布尔表达式的语义规则

计算 onTrue 和 onFalse 属性的代码放在名为 gentargets() 的方法中，tree.icn 中的 Unicon 实现如下所示：

```
method gentargets()
   case sym of {
   "IfThenStmt": {
      kids[1].onTrue := kids[2].first
      kids[1].onFalse := follow
      }
   "CondAndExpr": {
      kids[1].onTrue := kids[2].first
      kids[1].onFalse := onFalse
      kids[2].onTrue := onTrue
      kids[2].onFalse := onFalse
      }
   . . .
```

```
  }
  every (!\kids).gentargets()
end
```

对应的Java方法如下所示：

```
void gentargets() {
   switch (sym) {
   case "IfThenStmt": {
      kids[0].onTrue = kids[1].first;
      kids[0].onFalse = follow;
      }
   case "CondAndExpr": {
      kids[0].onTrue = kids[1].first;
      kids[0].onFalse = onFalse;
      kids[1].onTrue = onTrue;
      kids[1].onFalse = onFalse;
      }
   . . .
   }
   if (kids!=null) for(tree k:kids) k.gentargets();
}
```

在了解了如何分配 onTrue 和 onFalse 属性后，也许最后一个疑惑就是为关系运算符生成的代码，如 x<y 测试。在这些运算符上，可以生成计算 true(1) 或 false(0) 结果的代码，并将其存储在诸如算术运算符之类的临时变量中。但是，计算 onTrue 和 onFalse 标签的目的是生成可以直接跳转到正确标签的代码，具体取决于测试是 true 还是 false。这对于实现 Jzero 从 Java 以及之前从 C 继承的布尔运算符的短路语义至关重要。下面是 genRelExpr() 方法的 Unicon 实现，该方法从 gencode() 调用，以生成关系表达式的中间代码：

```
method genRelExpr()
  op :=  case kids[2].tok.cat of {
    ord("<"): "BLT"; ord(">"): "BGT";
    parser.LESSTHANOREQUAL: "BLE"
    parser.GREATERTHANOREQUAL: "BGT" }
  icode := kids[1].icode ||| kids[3].icode |||
           gen(op, onTrue, kids[1].addr, kids[3].addr) |||
           gen("GOTO", onFalse)
end
```

上述代码首先将 op 变量设置为三地址操作码，该操作码对应于从 kids[2].tok.cat 中提取的运算符的整数类别。然后，它通过连接左右操作数来构造代码，如果运算符的计算结果为 true，则后跟条件分支，如果运算符为 false，则后跟无条件分支。相应的 Java 实现如下所示：

```
void genRelExpr() {
  String op = "ERROR";
  switch (kids[1].tok.cat) {
    case '<': op="BLT"; break; case ';': op="BGT"; break;
    case parser.LESSTHANOREQUAL: op="BLE"; break;
    case parser.GREATERTHANOREQUAL: op="BGT";
    }
  icode = new ArrayList<tac>();
  icode.addAll(kids[0].icode); icode.addAll(kids[2].icode);
  icode.addAll(gen(op, onTrue, kids[0].addr,
                  kids[2].addr));
  icode.addAll(gen("GOTO", onFalse));
}
```

与为普通算术生成的代码相比，if 语句等控制结构的代码传递了大量的标签信息。下面让我们来分析必须在代码中添加什么样的语句来支持循环控制结构。

9.6.2 生成循环代码

本节介绍为 while 循环和 for 循环生成中间代码的思路。while 循环代码应该与 if-then 语句几乎相同，只在顶部添加一个标签，然后在底部添加一个 goto 语句，以跳转到该标签。for 循环只是在 while 循环中额外加入了一些表达式，图 9.8 展示了这两种控制结构的语义规则。

表达式	语义规则
WhileStmt : while '(' Expr ')' Stmt	Expr.onTrue = newlabel(); Expr.first = newlabel(); Expr.false = WhileStmt.follow; Stmt.follow = Expr.first; WhileStmt.icode = gen(LABEL, Expr.first) ||| Expr.icode ||| gen(LABEL, Expr.true) ||| Stmt.icode ||| gen(GOTO, Expr.first)

ForStmt : for(ForInit; Expr; ForUpdate) Stmt
 	
a.k.a.
 	
ForInit;
while (Expr) {
Stmt
ForUpdate
}
	Expr.true = newlabel();
	Expr.first = newlabel();
	Expr.false = S.follow;
	Stmt.follow = ForUpdate.first;
	S.icode = ForInit.icode |||
	gen(LABEL, Expr.first) |||
	Expr.icode ||| gen(LABEL, Expr.true) |||
	Stmt.icode |||
	ForUpdate.icode |||
	gen(GOTO, Expr.first)

图 9.8　循环的中间代码生成的语义规则

genWhileStmt() 方法代表了类似的控制流代码生成方法，如 genIfStmt() 和 genForStmt()。大部分工作是在计算 first、follow、onTrue 和 onFalse 属性时完成的。genWhileStmt() 的 Unicon 实现如下所示：

```
method genWhileStmt()
  icode := gen("LAB", kids[1].first) ||| kids[1].icode |||
           gen("LAB", kids[1].onTrue) |||
           kids[2].icode ||| gen("GOTO", kids[1].first)
end
```

genWhileStmt() 的 Java 实现如下所示：

```
void genWhileStmt() {
  icode = new ArrayList<tac>();
  icode.addAll(gen("LAB", kids[0].first));
  icode.addAll(kids[0].icode);
  icode.addAll(gen("LAB", kids[0].onTrue));
  icode.addAll(kids[1].icode);
  icode.addAll(gen("GOTO", kids[0].first));
}
```

控制流代码生成还有一个方面需要介绍。方法（或函数）调用是所有形式的命令式代码和面向对象代码的基本构建模块。

9.6.3 为方法调用生成中间代码

中间代码指令集提供了三个与方法调用相关的操作码：PARM、CALL 和 RET。要调用一个方法，生成的代码会执行几个 PARM 指令，每个参数一个，然后执行 CALL 指令，然后执行被调用的方法，直到到达一个 RET 指令，此时调用返回给调用方。该中间代码是硬件支持方法（或函数）抽象的几种不同方式的抽象。

在某些 CPU 上，参数主要在寄存器中传递，而在其他 CPU 上，参数都在栈上传递。在中间代码级别，我们必须要考虑 PARM 指令是按实际参数在源代码中出现的顺序出现，还是按相反的顺序出现。在 Jzero 等面向对象的语言中，我们还要考虑如何在被调用的方法中访问对象引用。编程语言在不同的 CPU 上以不同的方式回答了这些问题，但出于我们的目的，我们将使用以下调用约定：参数以逆序给出，然后是对象实例（self 或 this 指针）作为隐式的额外参数，然后是 CALL 指令。

当 gencode() 获得 MethodCall 时，它将调用 genMethodCall()，这是我们文法中的一种主要表达式，其 Unicon 实现如下所示：

```
method genMethodCall()
  local nparms := 0
  if k := \ kids[2] then {
    icode := k.icode
    while k.sym === "ArgList" do {
      icode |||:= gen("PARM", k.kids[2].addr)
      k := k.kids[1]; nparms +:= 1 }
    icode |||:= gen("PARM", k.addr); nparms +:= 1
```

```
    }
  else icode := [ ]
  if kids[1].sym === "QualifiedName" then
    icode |||:= gen("PARM", kids[1].kids[1].addr)
  else icode |||:= gen("PARM", "self")
  icode |||:= gen("CALL", kids[1].addr, nparms)
end
```

生成的代码以计算参数值的代码作为开始。然后以逆序发出 PARM 指令，这来自上下文无关文法为参数列表构建语法树的方式。该方法最棘手的部分在于如何让中间代码知道用于当前对象的地址。genMethodCall() 的 Java 实现如下所示：

```
void genMethodCall() {
  int nparms = 0;
  icode = new ArrayList<tac>();
  if (kids[1] != null) {
    icode.addAll(kids[1].icode);
    tree k = kids[1];
    while (k.sym.equals("ArgList")) {
      icode.addAll(gen("PARM", k.kids[1].addr));
      k = k.kids[0]; nparms++; }
    icode.addAll(gen("PARM", k.addr)); nparms++;
    }
  if (kids[0].sym.equals("QualifiedName"))
    icode.addAll(gen("PARM", kids[0].kids[0].addr));
  else icode.addAll(gen("PARM", "self"));
  icode.addAll(gen("CALL", kids[0].addr,
                   new address("imm",nparms)));
}
```

通过对本节内容的学习，或许你已经相信，调用端的代码生成比返回指令的代码生成更具挑战性，这可以在 GitHub 上的本章代码中加以检验。还值得一提的是，每个方法体的代码都可能附加一条 ret 指令，以确保代码永远不会执行到方法体的末尾，也不会执行到它后面的地方。

9.6.4 检查生成的中间代码

我们不能运行中间代码，但仍应该对其进行仔细检查，以确保所关心的每个特性的逻辑在测试用例中看起来都是正确的。要检查 hello.java 等文件的生成代码，可以使用 Unicon（左侧）或 Java 实现（右侧）运行以下命令。在使用 Java 时，值得提醒的是，在 Windows 上，你必须先执行 set CLASSPATH=".;C:\byopl" 之类的操作，或者在**控制面板**或**设置**中执行类似操作。在 Linux 上，它可能看起来像 export CLASSPATH=.;..:

```
j0 hello.java                    java ch9.j0 hello.java
```

输出应类似于以下内容：

```
.string
L0:
        string  "hello, jzero!"
.global
        global  global:8,hello
        global  global:0,System
.code
proc    main,0,0
        ASIZE   loc:24,loc:8
        ASN     loc:16,loc:24
        ADD     loc:32,loc:16,imm:2
        ASN     loc:16,loc:32
L138:
        BGT     L139,loc:16,imm:3
        GOTO    L140
L139:
        PARM    strings:0
        PARM    loc:40
        CALL    PrintStream__println,imm:1
        SUB     loc:48,loc:16,imm:1
        ASN     loc:16,loc:48
        GOTO    L138
L140:
        RET
end
no errors
```

当我们开始意识到能够完成此编译器并将源代码向下翻译为某种机器代码时，就是检查中间代码的时候。如果此时我们还不兴奋，则应该兴奋起来！此时可以发现许多错误，例如忽略的特性，或者指向不存在标签的分支语句等。因此，在急于生成最终代码之前，一定要先检查这些错误。

9.7 本章小结

在本章中，我们学习了如何生成中间代码。生成中间代码是合成最终允许机器运行用户程序的指令的第一个重要步骤。在本章中学习的技能建立在用于语义分析的技能上，例如如何将语义属性添加到语法树节点，以及如何根据需要以复杂的方式遍历语法树节点。

本章介绍的一个重要功能是我们用于 Jzero 语言的示例中间代码指令集。由于该代码是抽象的，我们可以根据自己的语言需要向该指令集添加新指令。使用 Unicon 的列表 data

类型很容易构建这些指令列表，并且使用Java的`ArrayList`类型也相当简单。

本章还展示了如何为算术计算等直线表达式生成代码。本章将更多的精力放在了控制流的指令上，这些指令通常涉及`goto`指令，其目标指令必须有标签。这需要在构建代码指令列表之前计算标签的若干属性，包括继承属性。

既然我们已经生成了中间代码，那么就可以进入最后的代码生成部分了。然而，第10章将首先让我们转移注意力，分析如何运用我们的知识在IDE中加入语法着色。

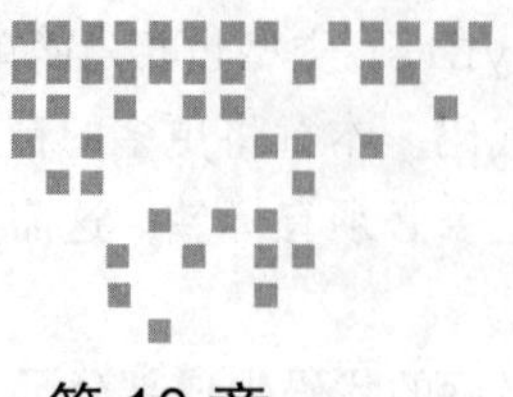

Chapter 10 第 10 章

IDE 中的语法着色

创建一种有用的编程语言不仅需要运行程序的编译器或解释器，还需要开发人员的工具生态系统，这个工具生态系统通常包括调试器、在线帮助，或者**集成开发环境**（Integrated Development Environment，IDE）。IDE 可以被广义地定义为任何编程环境，其中源代码编辑、编译、链接步骤（如果有的话）和执行都可以在同一**用户接口**（User Interface，UI）中执行。

本章将解决一些挑战，包括将编程语言实现中的代码合并到 IDE 中，以提供语法着色，以及语法错误的可视化反馈。这样做的原因之一就是许多程序员并不会认真对待某个编程语言，除非它有 IDE。本章中的代码是一个 Unicon 示例，因为在 Unicon 和 Java 中没有实现相同的 IDE。

本章要学习的技能围绕软件系统的通信和协调展开。首先，将 IDE 和编译器绑定到单个可执行文件中，通过传递对共享数据的引用来进高性能通信，而不是诉诸文件**输入 / 输出**（I/O）或**进程间通信**（Inter-Process Communication，IPC）。

注意事项

编写 IDE 是一个大型项目，这可能是整本书的主题。与本书其他章节从头开始介绍编译器代码不同，本章介绍如何将语法着色添加到 Unicon IDE 中。Unicon IDE 由 Clinton Jeffery 和 Nolan Clayton 编写，之后其他许多人也做出了不少贡献。Luis Alvidres 将语法着色工作作为他硕士学位项目的一部分。Luis 的项目报告参见 http://www.unicon.org/reports/alvidres.pdf。

本章最后介绍 Unicon IDE 代码之后如何被合并到称为**协同虚拟环境**（Collaborative Virtual Environment，CVE）的虚拟环境应用程序中。在 CVE 中，IDE 代码被迁化，以支持其他语言，包括 Java 和 C++ 等。Hani Bani-Salameh 在 Unicon 完成了这项工作，并将其作为其博士学位研究论文的一部分。将 Java 支持添加到 Unicon IDE 代码的描述与我们在现有 IDE 中添加对新语言（如 Jzero）的支持类似，10.1 节将介绍如何获取本章讨论的程序的源代码。

10.1　下载本章中使用的示例 IDE

本章将演示两个简单的 IDE，以解释所提出的概念。第一个 IDE 是一个名为 ui 的程序，代表 Unicon IDE。`ui` 程序包含在 Unicon 语言发行版中，位于名为 `uni/ide` 的目录中，该程序由 26 个文件组成，总计约 10 000 行代码（不包括库模块中的代码）。图 10.1 展示了 `ui` 程序。

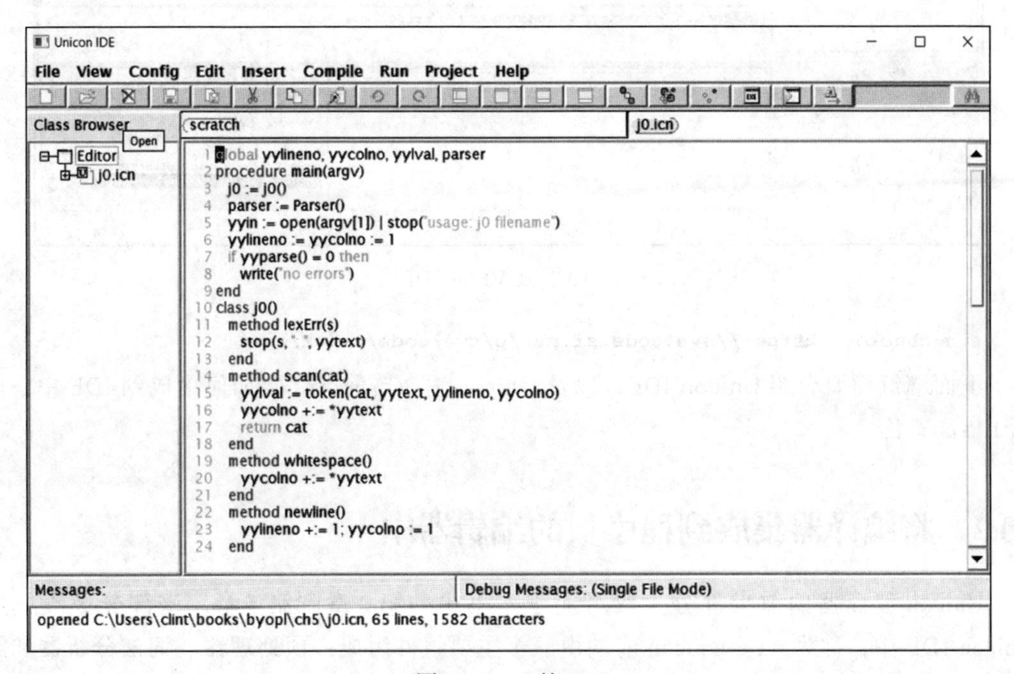

图 10.1　ui 的 IDE

第二个 IDE 名为 CVE。除此之外，CVE 还是一款研究软件，它实验性地对 `ui` IDE 进行了扩展，以支持 C++ 和 Java。CVE 的源代码可以从 `cve.sf.net` 下载，图 10.2 展示了 CVE。如果将图 10.2 与图 10.1 进行比较，可以看到 CVE 程序的 IDE 是从 `ui` 代码库开始的。

CVE 的源代码存储在名为 Subversion 的版本控制系统中，可从 `subversion.apache.org` 获取。在安装完成 Subversion 后，可以运行以下命令来获取 CVE，其中 `svn checkout` 命令将在此命令运行时在所在目录下创建一个名为 `cve/` 的子目录：

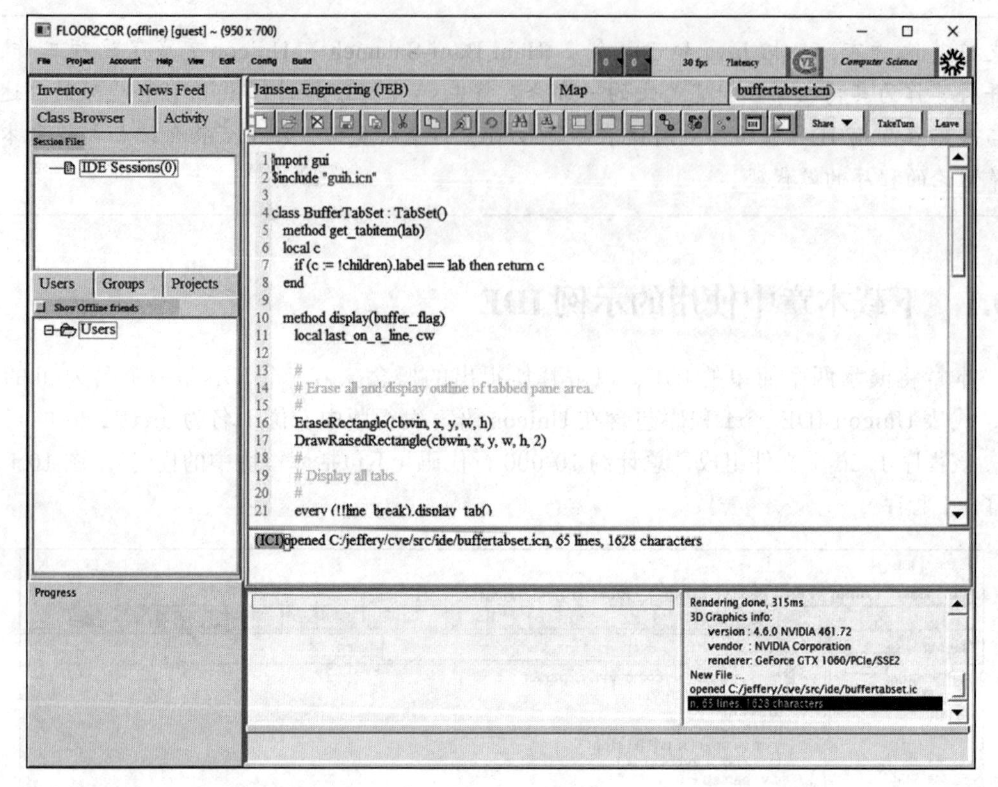

图 10.2 CVE 的 IDE

```
svn checkout https://svn.code.sf.net/p/cve/code/trunk/cve
```

下面继续简要介绍 Unicon IDE，以及 Unicon 编译器前端代码如何集成到 IDE 中，以用于语法着色。

10.2 将编译器集成到程序员的编辑器中

Unicon 编译器的前半部分大致对应于本书中的第 2 章到第 5 章，该部分被集成到 Unicon IDE 中，称为 `ui`。Unicon 前端由三个主要组件组成：**预处理器**、**词法分析器**和**解析器**。在 Unicon 翻译器中，这些组件是从 `main()` 过程调用的。翻译器打开、读取文件，并将文件写入文件系统，以执行其输入 / 输出（I/O）操作，通过将文本写入控制台或终端窗口上的标准输出或标准错误，向用户提供反馈。在 IDE 中，当用户在**图形用户接口**（GUI）中编辑代码时，从后台调用编译器组件。源代码直接从 IDE 中的内存中获取，编译器的输出由 IDE 从内存中获取并呈现给用户。总共有 7 个来自 Unicon 翻译器的文件被修改为库模块，可以在 Unicon 之外的其他程序中链接和使用。10.2.1 节将探讨如何将 IDE 中的源代码输入编译器模块，之后，我们将考虑如何将编译器输出（包括错误消息）输入 IDE。

10.2.1　从 IDE 中分析源代码

编译器通常通过打开并读取命名文件来获取输入。许多编译器使用的 lex 兼容接口特别指定输入来自存储在名为 yyin 的全局变量中的打开的文件句柄。这对于 IDE 来说太慢了，因为 IDE 在用户编辑时需要频繁、重复地执行词法和语法分析。Unicon 编译器前端没有从文件中读取，而是进行了修改，使其可以读取已经在主存储器中的源代码。

考虑一个名为 hello.icn 的文件，其中包含一个 3 行的 Hello,World 程序。在 IDE 中，源代码存储为三个字符串列表。字符串列表保存在可编辑文本列表小部件中名为 contents 的变量中。每次将字符串列表写入磁盘并调用编译器读取它太慢了。修改编译器以显式依赖 IDE 中的字符串列表会使编译器稍微复杂化，并使两个工具之间的接口有点脆弱。再强调一遍，从字符串列表中读取数据并不是高难度的事。字符串列表格式还可以很容易地选择文件的一部分来输入解析器，而不是整个文件。

Unicon 词法分析器位于 Unicon 发行版中的 uni/unicon/unilex.icn 中。在集成之前，Unicon 词法分析器代码用于将整个源文件预读为一个大字符串，并存入名为 buffer 的变量中。支持从字符串列表中读取意味着一次在 buffer 中只放置一行，并且每当词法分析器到达行尾时，执行以下代码：

```
if type(yyin) == "list" then {
  if buffer := pop(yyin) then {
    yylineno +:= 1
    yycolno := 1
    if tokflags < Newline then tokflags +:= Newline
    return yylex(ender)
    }
  }
```

上述代码使用 pop() 从字符串列表中删除下一行，而不是调用 read() 从文件中读取下一行。由于 pop() 修改了它的源列表，所以词法分析是在 IDE 提供的字符串列表的副本上执行的，而不是在 IDE 自己的字符串列表上执行的。复制字符串列表（或列表的一部分）不需要分配和复制所有包含代码的字符串数据，仅需要复制列表结构。下面，让我们看看编译器消息是如何传递到 IDE 的 GUI 的。

10.2.2　将编译器输出发送到 IDE

编译器中的 7 个库模块都被修改，以组成错误诊断列表，而不是直接编写错误输出。然后，常规编译器可以将这些信息输出到控制台，而 IDE 则可以在子窗口中显示消息或以图形方式加以描述。考虑可能的错误消息，例如：

```
hello.icn:5: '}' expected
```

在集成之前，编译器可以使用以下代码行编写：

```
write(&errout, filename, ":", lineno, ": ", message)
```

为了将此类消息集成到 IDE 中，编译器代码进行了如下修改：

```
iwrite( filename, ":", lineno, ": ", message)
```

`iwrite()` 过程实际上将诊断存储在名为 `parsingErrors` 的列表中，该列表可由 IDE 读取或写入 `&errout`，具体取决于编译器前端是否链接到 IDE 或 Unicon 编译器。

在 Unicon IDE 中，这些解析错误在 `ReparseCode()` 方法中以文本形式显示。解析器被调用时，如果遇到错误，则执行以下代码行：

```
every errorObject := !parsingErrors do {
  errorObject.lineNumber +:= lineNumberOffset
  if errorObject.lineNumber <= *contents then {
    SetErrorLineNumber(errorObject.lineNumber)
    uidlog.MsgBox.set_contents(
      [errorObject.lineNumber ||": " ||
        errorObject.errorMessage])
    }
  }
```

错误消息文本放置在名为 `MsgBox` 的 GUI 组件中，并调用其 `set_contents()` 方法，`MsgBox` 绘制在源代码下方。除了与编译器显示的输出文本相同外，当发生错误时，IDE 会突出显示发生错误的行，这将在 10.5 节中讨论。

本节将编译器集成到 IDE 或程序员编辑器的内容讨论了如何组合两个大型、复杂、预先存在部分的软件细节。Unicon 编译器和 IDE 大部分是独立维护的。保持它们之间连接的简单性可降低其中一个的变化影响到另一个的可能性。如果你从头开始编写一个新的 IDE，以配合新的编译器，那么更广泛的集成可能会带来额外的功能，或具有更好的性能，但会在复杂性、可维护性和可移植性上付出代价。现在，让我们看看在用户编辑代码时，如何在不需要总是解析文件的情况下调用语法检查。

10.3 避免在每次更改时重新解析整个文件

本书第 2 章到第 8 章介绍了解析输入、检测和报告语法错误所需的词法和语法分析，这些都是重要的算法。尽管我们使用的 Flex 和 yacc 工具性能很高，但如果给定一个大的输入文件，扫描和解析速度会变得很慢，用户并不希望每次在 IDE 文本编辑器中修改文件时都要重新解析整个文件。在测试中，我们发现对于大于 1000 行代码的文件，对整个文件重新解析都会成为一个问题。

复杂的增量解析算法可以最大限度地减少更改后必须重新解析的数据量，这是博士学位论文和研究论文的研究主题。对于 Unicon IDE，我们采用了一种简单的方法。每当光标移开已更改的行时，就会选择一个解析单元，从更改的行开始，从上到下延伸到最近的过程、方法或另一个全局声明单元的边界。该单元被重新解析。

在 Unicon 中，这提供了非常好的性能。Luis Alvidres 发现，当更改一行后重新解析整个声明单元时，在 98% 的情况下，编译器需重新解析的代码不到 100 行。其余 2% 的大多数情况（即大于 100 行的过程或方法）仍然不是问题。只有非常大的过程或方法体才会导致重新解析变慢。这通常是机器生成的代码，如 Flex 或 yacc 的输出，用户很少手动编辑。为此，IDE 禁用语法检查，以避免产生不可接受的用户响应时间。

当光标移开一行时，用于选择要重新解析的代码片段位于名为 GetCode() 的方法中，该方法位于 BuffEditableTextList 类中，该类是 Unicon 标准 GUI 编辑器组件 EditableTextList 的子类。BuffEditableTextList 位于 uni/ide/buffertextlist.icn 中。这个 GetCode() 方法实现如下，首先是方法头和一组局部变量声明：

```
method GetCode()
   local codeSubStringList,
         originalPositionY, currentPositionY, token,
         startPositionY := 0, endPositionY := 0,
         inClass := 0, inMethod := 0
```

在 GetCode() 方法中，这些变量扮演以下角色：

- codeSubStringList，是一个列表，其中包含开始报告错误的行号，后跟要解析的字符串，以查找可能受当前行更改影响的代码。
- originalPositionY，表示文本已更改的文本行。
- currentPositionY，用于从当前行上下移动的变量。
- Token 是 yylex() 返回的整数类别，如第 2 章中所示。
- startPositionY 和 endPositionY，用于标识当前声明开始和结束的行。
- inClass 和 inMethod，用于报告声明是在类中还是在方法中。

GetCode() 方法的初始化包括重置解析器和从当前光标行开始位置变量，该行指示光标位于哪一行，下面的代码片段对此进行了说明：

```
reinitialize()
originalPositionY := currentPositionY := cursor_y
```

此过程中的主循环从光标位置向后遍历，使用编译器的 yylex 词法分析器函数查看每行上的第一个标记，并找到封闭声明开始的最近的前一行，如以下代码片段所示：

```
while currentPositionY > 0 do {
   yyin := contents[currentPositionY]
   yylex_reinit()
   if (token := yylex()) ~=== EOFX then {
      if token = (PROCEDURE | METHOD | CLASS) then {
         if token=METHOD then inMethod := 1
         if token=CLASS then inClass := 1
         startPositionY := currentPositionY
```

```
         }
      }
   if startPositionY ~= 0 then break
   currentPositionY -:= 1
   }
```

由此可以看到，向后遍历是通过递减 currentPositionY 变量中的当前行索引来实现的。当找到以 procedure、method 或 class 保留字开头的行时，前面的 while 循环终止，当这个 while 循环终止而没有找到封闭声明时，解析又从第 1 行开始，这是通过以下 if 语句实现的：

```
if startPositionY = 0 then startPositionY := 1
```

然后该方法从光标向前搜索以找到封闭的 end 标记，由于存在一些特别的词汇特征（如多行连续字符串内容），这使得操作比我们预期的更复杂。下面的 while 循环足够长，为了好解释，我们将其分成多个段。第一段显示 while 循环在要显示的代码中一次执行一行，在每一行上推进 currentPositionY 并从名为 contents 的字符串的 class member 变量列表中获取内容。在 Unicon 中，未终止的字符串常量可以跨越以下画线结尾的多行，这由内部 while 循环处理：

```
currentPositionY := cursor_y
while currentPositionY < *contents + 1 do {
   yyin := contents[ currentPositionY ]
   yylex_reinit()
   while countdoublequotes(yyin)%2=1 & yyin[-1]=="_" do {
      currentPositionY +:= 1
      if not (yyin ||:= contents[currentPositionY]) then {
         break break
         }
      }
   yylex_reinit()
```

前面代码片段中给出的 while 循环的主要任务在循环的后半部分中显示，如下所示。这个内部循环使用编译器的词法分析器来标识表示可编译单元边界的标记。end 标记表示可编译单元的结束，而 class 和 procedure 表示后续单元的开始：

```
while ( token := yylex() ) ~=== EOFX do {
   case token of {
   END: {
      endPositionY := currentPositionY
      break
      }
   CLASS | PROCEDURE: {
      if currentPositionY ~= startPositionY then {
         endPositionY := currentPositionY-1
         break
```

```
            }
         }
      default : break
      }
   }
```

该方法构造要重新解析的源代码片段并将其作为字符串列表返回，以紧接片段前面的行号作为前缀，如以下代码片段所示：

```
if endPositionY = 0 then
   return codeSubStringList := [ 0 ] ||| contents
if startPositionY = 0 then startPositionY := 1
if inMethod = 1 then
   codeSubStringList := [ startPositionY,
      "class __Parse()" ] |||
      contents[ startPositionY : endPositionY+1 ]|||
      ["end"]
else if inClass = 1 then
   codeSubStringList := [ startPositionY ] |||
      contents[ startPositionY : endPositionY+1 ]|||
      ["end"]
else
   codeSubStringList := [ startPositionY ] |||
      contents[ startPositionY : endPositionY+1 ]
return codeSubStringList
```

细心的读者可能会担心，所呈现的 GetCode() 函数有时是否会错过声明边界，并获取太多代码（例如，如果 procedure 或 end 不在行首时）。这种担心是对的，但并不是致命的，因为这意味着如果源代码是以非常奇怪的方式编写的，语法检查器可能会重新解析更多远超需要的代码。现在，让我们看看源代码是如何着色的。

10.4 使用词法信息为标记着色

程序员在阅读、理解和调试程序等工作时，往往需要获取各种帮助。在图 10.1 中，源代码以多种不同的颜色呈现，以增强代码的可读性。这种着色是基于文本不同元素的词类。尽管有些人认为彩色文本只是吸引眼球，另一些人可能根本看不到颜色，但大多数程序员都很重视它。当给定的源代码与程序员预期的颜色不同时，许多形式的打字错误和文本编辑错误会更快地被发现。出于这个原因，几乎所有现代程序员的编辑器和 IDE 都包含此功能。

10.4.1 扩展 EditableTextList 组件以支持颜色

EditableTextList 是一个 Unicon GUI 组件，用于以单一字体和颜色选择显示字符串列表的可见部分。EditableTextList 不允许设置单个字母或单词的字体，或前景色和背景色。为了支持语法着色，Unicon IDE 扩展了一个名为 BuffEditableTextList

的 EditableTextList 子类，以向用户展示源代码。BuffEditableTextList 不是一个完整的富文本小部件，与 EditableTextList 一样，它将源代码表示为字符串列表，但 BuffEditableTextList 知道在绘制源代码时动态应用语法着色（并突出显示错误行，如果有的话）。

10.4.2 在绘制单个标记时对其进行着色

为了给每个标记着色，BuffEditableTextList 调用 yylex() 来获取每个标记在绘制时的词类。以下代码取自 BuffEditableTextList 类中的 left_string_unicon() 方法，使用大写表达式从 preferences 对象中指定的 5 种用户可自定义颜色中设置颜色。大多数保留字在首选项中使用指定为 syntax_text_color 的特殊颜色绘制。全局声明、过程和方法的边界以及字符串和字符集（cset）文本，则使用单独的颜色。这个简单的颜色指定集可以通过为其他一些重要的词类（如注释或预处理器指令）分配不同的颜色来扩展：

```
while (token := yylex()) ~=== EOFX do {
   Fg(win, case token of {
      ABSTRACT | BREAK | BY | CASE | CREATE | DEFAULT |
      DO | ELSE | EVERY | FAIL | IF | INITIALLY |
      iconINITIAL | INVOCABLE | NEXT | NOT | OF |RECORD|
      REPEAT | RETURN | SUSPEND | THEN | TO | UNTIL |
         WHILE : prefs.syntax_text_color
      GLOBAL | LINK | STATIC |
         IMPORT | PACKAGE | LOCAL :
            prefs.glob_text_color
      PROCEDURE | CLASS |
         METHOD | END      : prefs.procedure_text_color
      STRINGLIT | CSETLIT : prefs.quote_text_color
      default             : prefs.default_text_color
      })
   new_s_Position := yytoken["column"] + *yytoken["s"]-1
   DrawString(win, x, y,
              s[ last_s_Position : (new_s_Position+1)])
   off := TextWidth(win,
                s[ last_s_Position : (new_s_Position
                     +1)])
   last_s_Position := new_s_Position + 1
   x +:= off
   }
```

从前面的代码中可以看出，在从 token 设置前景色之后，token 本身通过调用 DrawString() 来呈现 token 自己，并使用 TextWidth() 调用来更新绘制后续文本的像素偏移量。当所有这些结合在一起时，允许在 IDE 中以不同的颜色绘制源代码的不同词类。业内使用的术语是语法着色，尽管我们引入的编译器部分只是词法分析器，而不是执行语法分析的解析器函数。现在，让我们考虑如果解析器确定在某一行上进行的编辑会使代码出现语法错误的话，那么如何将用户的注意力吸引到这一行。

10.5　使用解析结果突出显示错误

在 BuffEditableTextList 组件中，只要内容发生更改以及光标移动，就会调用 fire() 方法。当内容改变时，它会设置一个名为 doReparse 的标志，指示代码应该进行语法检查。但检查在光标移动之前不会进行。fire() 方法的代码如下所示：

```
method fire(type, param)
   self$Connectable.fire(type, param)
    if type === CONTENT_CHANGED_EVENT then
       doReparse := 1
    if type === CURSOR_MOVED_EVENT &
         old_cursor_y ~= cursor_y then
       ReparseCode()
 end
```

在前面的代码中，Unicon IDE 中偶尔会调用 ReparseCode() 方法来响应光标移动，以查看编辑是否导致语法错误。只有改变当前行的光标移动（old_cursor_y~=cursor_y）才会触发 ReparseCode() 方法，如下所示：

```
method ReparseCode ()
  local s, rv, x, errorObject, timeElapsed,
     lineNumberOffset
  if doReparse === 1 then {
    timeElapsed := &time
    SetErrorLineNumber ( 0 )
    uni_predefs := predefs()
    x := 1
    s := copy(GetCode()) | []
    lineNumberOffset := pop(s)
    preproc_err_count := 0
    yyin := ""
    every yyin ||:= preprocessor(s, uni_predefs) do
      yyin ||:= "\n"
    if preproc_err_count = 0 then {
      yylex_reinit()
      /yydebug := 0
      parsingErrors := []
      rv := yyparse()
      }
    if errors + (\yynerrs|0) + preproc_err_count > 0 then {
```

```
      . . .every loop from Sending compiler output to
           the IDE here
      }
    else uidlog.MsgBox.set_contents(["(no errors)"])
  doReparse := 0
  }
end
```

ReparseCode() 方法不做任何事情，除非代码已经改变（即 doReparse 的值为 1）。如果代码发生了变化，则 ReparseCode() 会调用 GetCode()，重新初始化词法分析器和解析器，以及调用 yyparse()，并将错误输出到 IDE 的消息框。当代码被重新绘制时，实际发生错误的行也被突出显示，如下所示。在 BuffEditableTextList 类的 draw_line() 方法中，如果当前绘制的线是在 errorLineNumber 变量中找到的线，则前景色设置为红色（red）：

```
if \errorLineNumber then {
   if i = errorLineNumber then {
      Fg(self.cbwin, "red")
      }
   }
```

现在我们已经看到，为不同类型的 token（如保留字）设置不同的颜色相当简单，只需要涉及词法分析器，而在后台检查语法错误则相当费事。现在，我们看看如何将其推广到 IDE 中，以增加对新语言的支持。

10.6 添加 Java 支持

Unicon IDE 仅支持 Unicon。协同虚拟环境扩展了 Unicon IDE，以包括对 Java 和 C/C++ 的支持。本节讨论添加新语言（在我们的例子中是 Java，代表 Jzero）支持所涉及的问题。在一个完美的编程环境中，这涉及用处理语言特定部分的数据结构替换硬连接的 Unicon 特定代码的各个位。CVE 并不完美，但部分体现了这一理想。

CVE 比 Unicon IDE 更大、更复杂。IDE 的代码位于 CVE 的 src/ide 子目录中，但其 GUI 集成到一个更大的客户端应用程序中，该应用程序的代码位于 src/client 中。

在 CVE 中，我们添加了一个名为 projecttype 的变量，用于指示用户当前程序的编写语言。在某些地方，IDE 的多语言支持使用 if 语句处理特定于语言的细节，例如以下示例：

```
if projecttype == "Java" then …
else if projecttype == "CPP" then …
else if projecttype == "Unicon" then …
else
```

这类代码主要位于 src/client/menubar.icn，用于选择用于调用构建过程或运行程序的对象。对于 Java，名为 javaProject 的对象具有 RunJava() 等方法。在 IDE 的许多位置手动添加这样的 if 语句并不是很好。IDE 尽可能对数据结构中的语言差异进行编码，并使用 projecttype 变量作为索引从这些结构中选择正确的数据。

IDE 使用面向对象方法并将用户正在使用的语言封装在一对对象中。Language 类包含一些详细信息，例如如何对各种标记进行语法着色等，而 Project 类提供了一个特定于语言的对话框，用于设置选项，例如要使用哪个编译器以及编译时要传递哪些选项等。在我们的例子中，src/ide/jproject.icn 文件包含大部分 Java 特定的代码。除了用于设置 Java 选项的对话框之外，它还包含具有 Java 特定 IDE 行为的 CompileJava()、RunJava() 和 saveJProject() 方法。

CVE 中的多语言语法着色是通过扩展 src/ide/unilex.icn 中的 Unicon 词法分析器来处理 Java（和 C/C++）的保留字。这是在 reswords() 过程中处理的，包括对保留字表的简单添加。与之前在 10.4 节所述 EditableTextList 子类的着色标记不同，在 CVE 中，标记着色被拉入 src/ide/langabstract.icn 中名称不佳的 LanguageAbstract 类中。在该类中，token_highlighter() 方法检查当前文件的文件扩展名，以决定是否应用 Java、C/C++ 或 Unicon 保留字和着色规则。这些方法的代码如下所示：

```
method token_highlighter(f_name,win,s,
                         last_s_Position,x,y,off)
   if find (".java",f_name) then {
      JTok_highlighting(win,s,last_s_Position,x,y,off)
      language := "Java"
      }
   else if find (".cpp"|".c"|".h",f_name) then {
      CTok_highlighting(win,s,last_s_Position,x,y,off)
      language := "C/C++"
      }
   else if find (".icn",f_name) then {
      UTok_highlighting(win,s,last_s_Position,x,y,off)
      language := "Unicon"
      }
   else language := &null
end
```

这是一些非常幼稚的暴力代码。好的方面是，如果在给定时间内 IDE 打开了多个不同语言的文件，则此代码不会混淆。它根据传入的参数选择每次动态调用的方法。但是，当为需要绘制的每个标记重复调用此方法以查看当前文件时，它会执行大量冗余检查。这里引用的 JTok_highlighting() 方法没有显示，因为它与 10.4.2 节中给出的代码非常相似。

CVE 对 Java 的支持不如 Unicon IDE 对 Unicon 的支持那么完整。CVE 不包含适用于 Java 和 C/C++ 的完整编译器前端，因此不会在用户编辑代码时进行动态代码重新解析以报告语法错误。当用户按下**编译**或**运行**按钮并调用（外部）编译器时，CVE IDE 会报告 Java 和 C/C++ 的语法错误。

本节描述了 IDE 支持多种语言的方法，例如对 Java、C/C++ 和 Unicon 的单独处理。程序员可以从这个功能中获益，如果这意味着他们可以轻松地在编程语言之间切换，而不必学习新的 IDE。如果你有机会在 IDE 的开发中投入时间或金钱，那么支持多种语言可能有助于最大限度地提高投资回报。

10.7 本章小结

在本章中，我们学习了如何使用词法和语法信息在 IDE 中为文本着色。大部分着色基于相对简单的词法分析，并且所需的大部分工作涉及修改编译器前端，以提供基于内存的接口，而不是依赖于在磁盘上读写文件。我们在本章还学会了几个技能，包括：如何在程序员的编辑器中为保留字和其他词类着色；如何在编译器代码和程序员的编辑器之间交流信息；如何在编辑期间突出显示语法错误。

到此为止，本书介绍的内容一直围绕分析和使用从源代码中提取的信息展开。本书的其余内容将介绍生成代码和程序执行的运行时环境，第 11 章将探讨的主题是字节码解释器。

第三部分 Part 3

代码生成与运行时系统

在学习完本部分内容之后，我们将最终能够运行以新编程语言编写的程序。

本部分包括以下章节：

- 第 11 章 字节码解释器
- 第 12 章 生成字节码
- 第 13 章 生成本机代码
- 第 14 章 运算符和内置函数的实现
- 第 15 章 域控制结构
- 第 16 章 垃圾收集
- 第 17 章 结语

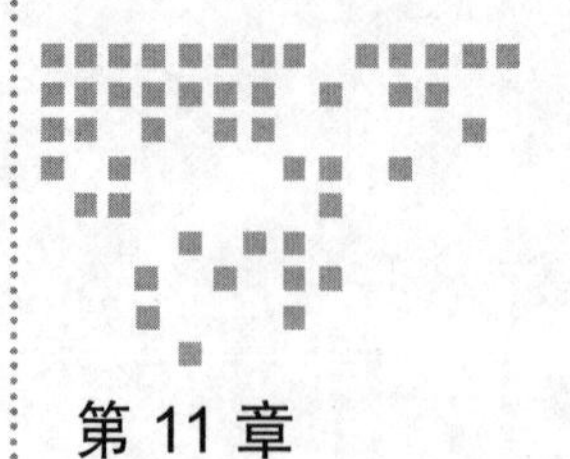

Chapter 11 第 11 章

字节码解释器

一种新的编程语言可能包含主流 CPU 不直接支持的新功能。对多数编程语言而言，生成代码的最实用方法是为抽象机器生成字节码，抽象机器的指令集直接支持该语言。这一点很重要，因为它使编程语言摆脱了当前的硬件 CPU 知道如何做的限制。生成字节码还允许生成与要解决的问题类型更紧密相关的代码。如果你创建自己的字节码指令集，则可以通过编写能够解释该指令集的虚拟机来执行程序。本章将介绍如何设计指令集和执行字节码的解释器。因为本章与第 12 章紧密相关，所以在深入研究代码之前，你需要了解本章内容。

11.1 技术需求

本章的代码在 GitHub 上可用，参见 `https://github.com/PacktPublishing/Build-Your-Own-Programming-Language/tree/master/ch11`

字节码解释器是一种执行抽象机器指令集的软件。下面，让我们通过查看 Jzero 的一个简单字节码机器，快速了解 Unicon 虚拟机，来学习了解字节码解释器。首先，我们讨论一下**字节码**的含义。

11.2 什么是字节码

字节码是以二进制格式编码的机器指令序列，不是为 CPU 执行而编写的，而是为体现给定编程语言语义的抽象（或虚拟）机器指令集编写的。尽管 Java 等语言的许多字节码指令集都使用字节作为最小指令大小，但几乎所有这些指令集都包含更长的指令。这种较长的指令具有一个或多个操作数。由于许多类型的操作数必须在字边界处对齐，地址为 4 或 8 的倍数，因此对于许多形式的字节码来说，一个更好的名称可能是字码。无论指令大小如何，术语字节码通常用于此类抽象机器。

直接负责普及字节码的语言是 Pascal 和 SmallTalk。这些语言之所以采用字节码，原因各不相同。对于按照字节码定义的编程语言来说，这些原因仍是重要的考虑因素。Java 采纳了这个思想，使其在整个计算机行业中广为人知。

对于 Pascal 语言，字节码用于提高语言实现跨不同硬件和操作系统的可移植性。将字节码解释器移植到新平台比为该平台编写新的编译器代码生成器要容易得多。如果大多数语言都是用该语言本身编写的，那么字节码解释器可能是唯一必须移植到新机器上的部分。

SmallTalk 语言普及字节码的原因则不同，其目的是创建一个抽象层，在这个抽象层上实现当时远离硬件的新特性。字节码解释器允许语言开发人员根据需要设计新的指令，并定义该语言所有实现所需的运行时系统语义。

要解释什么是字节码，考虑从以下 Unicon 代码生成的字节码：

```
write("2 + 2 is ", 2+2)
```

字节码将此表达式的执行分解为单独的机器指令，此表达式的字节码的易于阅读理解的表示形式可能类似于以下 Unicon 字节码，称为 ucode：

```
    mark    L1
    var    0
    str    0
    pnull
    int    1
    int    1
    plus
    invoke    2
    unmark
lab L1
```

以上指令逐行执行，mark 指令指定目标标签，如果某指令失败，则在该标签上执行。在 Unicon 中，控制流主要由 failure 决定，而不是由布尔条件和显式 goto 指令决定。var 指令将对变量 #0(write) 的引用压入求值栈上。类似地，str 指令将引用压入字符串常量 #0(2+2 is)。pnull 指令被压入求值栈上，以便在其中放置运算符（+）的结果。int 指令将引用压入常量区域位置 #1 中的整数常量，即值 2。这对加法的两个操作数执行两次。plus 指令弹出顶部的两个栈元素并将它们相加，将结果放在栈顶部。invoke 指令使用两个参数执行调用。当 invoke 返回时，参数将被弹出，而压入 write() 函数的堆栈顶部将保存函数的返回值。

从前面的示例中，你可以看到字节码有点类似于中间代码，这是有意的。那么，有什么区别呢？

11.3 比较字节码和中间码

在第 9 章中，我们使用抽象的三地址指令生成了与机器无关的中间代码。字节码指令集的复杂性介于三地址中间代码和真正的硬件指令集之间，单个三地址指令可以映射到多个字节码指令。这既指任何三地址指令实例的直接翻译，也指可能存在几个字节码指令操作码，用于处理给定三地址操作码的各种特殊情况。字节码通常比中间代码更复杂，即使它能够避免许多 CPU 上操作数寻址模式的复杂性。许多，甚至大多数字节码指令集显式或隐式使用寄存器，尽管字节码机器在寄存器数量和编译器生成代码必须执行的寄存器分配方面通常比 CPU 硬件简单得多。

字节码通常是二进制文件格式。二进制格式通常难以阅读，在本章中讨论字节码时，我们将以类似汇编程序的格式提供示例，但字节码本身全是由 1 和 0 组成。

对中间代码和字节码中的 hello world 程序加以比较，我们可能会发现它们的异同点。以下面的 `hello.java` 程序为例，如果给它命令行参数，则它只会输出一条消息，但它实际上包含算术和控制流指令：

```
public class hello {
   public static void main(String argv[]) {
      int x = argv.length;
      x = x + 2;
      if (x > 3) {
         System.out.println("hello, jzero!");
      }
   }
}
```

该程序的 Jzero 三地址代码如下所示，其操作数包括多种内存引用，从局部变量到代码区域标签。`main()` 函数由 11 条指令和 20 个操作数组成，平均每条指令几乎都有两个操作数：

```
.string
L0:      string   "\"hello, jzero!\""
.global
         global   global:8,hello
         global   global:0,System
.code
proc     main,0,0
         ASIZE    loc:24,loc:8
         ASN      loc:16,loc:24
         ADD      loc:32,loc:16,imm:2
         ASN      loc:16,loc:32
L75:     BGT      L76,loc:16,imm:3
         GOTO     L77
```

```
L76:    PARM    strings:0
        FIELD   loc:40,global:0,class:0
        PARM    loc:40
        CALL    PrintStream__println,1
L77:    RET
end
```

此处显示了由 javap -c 命令生成的该程序的 Java JVM 字节码（注释已删除），main() 函数由 14 条带 4 个操作数的指令组成，相当于每条指令有不到三分之一个操作数：

```
public class hello {
  public hello();
    Code:
       0: aload_0
       1: invokespecial #1
       4: return
  public static void main(java.lang.String[]);
    Code:
       0: aload_0
       1: arraylength
       2: istore_1
       3: iload_1
       4: iconst_2
       5: iadd
       6: istore_1
       7: iload_1
       8: iconst_3
       9: if_icmple      20
      12: getstatic      #2
      15: ldc            #3
      17: invokevirtual  #4
      20: return
}
```

这个 main() 方法中的指令说明了其底层 Java 字节码解释器虚拟机的一些特性，这是一个栈机器。load 和 store 指令族在主存储器区域中的编号槽和栈顶部之间压入和弹出变量，这是表达式求值的地方。此指令集是有类型划分的，Java 语言的每个内置标量原子类型都有助记前缀（i 表示整型数，f 表示浮点型，以此类推）。它具有用于特殊目的的内置指令，例如返回数组的长度。从 -1 到 5 的 7 个整数具有压入这些常量的操作码。诸如 iadd 之类的指令会弹出两个值，将它们相加，然后压入结果。

本章我们将介绍一个更简单的字节码指令集，但知道业界最聪明的人都在干什么也很不错。现在，让我们看一看适用于 Jzero 的更简单的字节码指令集。

11.4 为 Jzero 构建字节码指令集

本节介绍 Jzero 代码的简单文件格式和指令集，它由三地址中间代码生成。对于我们创建的编程语言，可以改用 Java 字节码指令集的子集。Java 字节码是一种复杂的格式，否则我们也不会自找麻烦提出更简单的东西。这里介绍的指令集比 Jzero 使用的功能稍强，以支持常见的扩展。

11.4.1 定义 Jzero 字节码文件格式

Jzero 字节码文件格式由头部分、数据部分和指令序列组成。Jzero 文件被解释为 little-endian 格式的 8 字节字序列。头部分由一个可选的自执行脚本、幻字、版本号和第一条指令相对于幻字的字偏移量组成。自执行脚本是一组用某种平台相关语言编写的命令，它们调用解释器，将 Jzero 文件作为命令行参数提供给它。如果存在，则必须填充自执行脚本(如果需要)，以包含 8 字节的倍数。幻字是包含 `"Jzero!!\0"`8 个字节的字符串。版本号是另外 8 个字节，其中包含一个版本，例如用零填充的 1.0，如 `"1.0\0\0\0\0\0"`。第一条指令的字偏移量最小为 3，这个数字是相对于幻字而言的。字偏移量 3 表示 0 字的空常量部分。在幻字、版本字和字偏移之后，执行开始于偏移在第三个字中给出的指令。

在文件头之后存在一个静态数据部分，在 Jzero 中为静态变量和常量（包括字符串）提供了空间。在更严肃的产生式语言中，可能存在几种静态数据部分。例如，可能有一个部分用于只读数据，另一个部分用于未初始化且不需要物理占用磁盘文件空间的数据，第三个部分用于静态初始化（非零）数据。对于 Jzero，我们只允许磁盘上的一个部分用于所有这些内容。

在数据部分之后，文件的其余部分由指令组成。Jzero 格式的每条指令都是单个 64 位字，其中包含一个操作码（8 位）、一个操作数区域（8 位），并非所有操作码都使用操作数区域和操作数。

Jzero 格式定义了如表 11.1 所示的操作码。

表 11.1 Jzero 指令集

操作码	助记码	说明
1	HALT	停止
2	NOOP	什么都不做
3	ADD	将栈顶两个整数相加，求和压入栈
4	SUB	将栈顶两个整数相减，差值压入栈
5	MUL	将栈顶两个整数相乘，积压入栈
6	DIV	将栈顶两个整数相除，商压入栈
7	MOD	将栈顶两个整数相除，余数压入栈

（续）

操作码	助记码	说明
8	NEG	对栈顶部的整数求反
9	PUSH	将值从内存压入栈顶部
10	POP	从栈顶部弹出一个值并将其放入内存
11	CALL	调用栈上有 *n* 个参数的函数
12	RETURN	将返回值 x 返回给调用方
13	GOTO	将指令指针位置设置为 L
14	BIF	弹出栈，如果非零，则将指令指针设置为 L
15	LT	弹出两个值并进行比较，小于则压入 1，否则压入 0
16	LE	弹出两个值并进行比较，小于或等于则压入 1，否则压入 0
17	GT	弹出两个值并进行比较，大于则压入 1，否则压入 0
18	GE	弹出两个值并进行比较，大于或等于则压入 1，否则压入 0
19	EQ	弹出两个值并进行比较，相等则压入 1，否则压入 0
20	NEQ	弹出两个值并进行比较，不相等则压入 1，否则压入 0
21	LOCAL	在栈上分配 *n* 个字
22	LOAD	间接压入栈；通过指针读取
23	STORE	间接弹出栈；通过指针写入

将此指令集与为中间代码定义的指令集进行比较，可以发现该指令集更高级，允许三个操作数，而此指令集是较低级别的，指令有零或一个操作数。

操作数区域字节被视为带符号的 8 位值。对于非负值，Jzero 格式定义了以下操作数区域：

区域 0 == 无操作数（`R_NONE`）。

区域 1 == 绝对操作数（`R_ABS`）——操作数是相对于幻字的字偏移量。

区域 2 == 立即操作数（`R_IMM`）——操作数是值。

区域 3 == 栈（`R_STACK`）——操作数是相对于当前栈指针的字偏移量。

区域 4 == 堆（`R_HEAP`）——操作数是相对于当前堆指针的字偏移量。

字节码解释器源代码需要能够按名称引用这些操作码和操作数区域。在 Unicon 中，可以使用一组 `$define` 符号，但取而代之的是，使用名为 `Op` 的单例类中的一组常量来保持 Unicon 和 Java 中的代码相似性。包含 Unicon 实现的 `Op.icn` 文件如下所示：

```
class Op(HALT, NOOP, ADD, SUB, MUL, DIV, MOD, NEG, PUSH,
  POP,
  CALL, RETURN, GOTO, BIF, LT, LE, GT, GE, EQ, NEQ, LOCAL,
  LOAD, STORE, R_NONE, R_ABS, R_IMM, R_STACK, R_HEAP)
initially
```

```
  HALT := 1;  NOOP := 2; ADD := 3; SUB := 4; MUL := 5
  DIV := 6; MOD := 7; NEG := 8; PUSH := 9; POP := 10
  CALL := 11; RETURN := 12; GOTO := 13; BIF := 14; LT := 15
  LE := 16; GT := 17; GE := 18; EQ := 19; NEQ := 20
  LOCAL := 21; LOAD := 22; STORE := 23
  R_NONE := 0; R_ABS := 1; R_IMM := 2
  R_STACK := 3; R_HEAP := 4
  Op := self
end
```

对应的 Java 类如下所示：

```
public class Op {
  public final static short HALT=1, NOOP=2, ADD=3, SUB=4,
    MUL=5, DIV=6, MOD=7, NEG=8, PUSH=9, POP=10, CALL=11,
    RETURN=12, GOTO=13, BIF=14, LT=15, LE=16, GT=17, GE=18,
    EQ=19, NEQ=20, LOCAL=21, LOAD=22, STORE=23;
  public final static short R_NONE=0, R_ABS=1, R_IMM=2,
    R_STACK=3, R_HEAP=4;
}
```

有一组操作码固然很好，但三地址码和字节码之间更有趣的区别在于指令的语义。我们将在 11.5.5 节讨论这一点。在开始之前，我们需要了解更多关于栈机如何操作的信息，以及其他一些实现细节。

11.4.2 了解栈机操作的基础知识

与 Unicon 和 Java 类似，Jzero 字节码机器使用栈机架构。多数指令隐式地从栈读取或写入值。例如，考虑 ADD 指令。要添加两个数字，你需要将它们压入栈并执行 ADD 指令。ADD 指令本身不接受操作数，它弹出两个数字并将它们相加，然后压入结果。

现在，考虑一个带有 n 个参数的函数调用，其语法如下所示：

```
arg0 (arg1, …, argN)
```

在栈机上，这可以通过如下指令序列来实现：

```
push reference to function arg0
evaluate (compute and push) arg1
. . .
evaluate (compute and push) argN
call n
```

函数调用将使用其操作数（n）来定位 arg0，即要调用的函数的地址。当函数调用返回时，所有参数都将弹出，函数返回值将位于栈顶部，即之前保存 arg0 的位置。现在让我们考虑如何实现字节码解释器的其他一些方面内容。

11.5　实现字节码解释器

字节码解释器运行以下算法，该算法在软件中实现提取 – 解码 – 执行循环。大多数字节码解释器几乎连续使用至少两个寄存器：一个**指令指针**和一个**栈指针**。Jzero 机器还包括一个用于跟踪函数调用帧的**基指针寄存器**和一个用于保存对当前对象的引用的**堆指针寄存器**。

虽然指令指针在以下提取 – 解码 – 执行循环伪代码中被显式引用，栈指针的使用频率几乎与此相同，但它更经常被隐式使用，作为大多数操作码的指令语义的副产品：

```
load the bytecode into memory
initialize interpreter state
repeat {
   fetch the next instruction,
   advance the instruction pointer
   decode the instruction
   execute the instruction
}
```

字节码解释器通常用 C 语言之类的低级系统编程语言实现，而不是 Java 或 Unicon 等高级应用程序语言。出于这个原因，示例实现可能会让资深系统程序员觉得有些反传统。Java 中的一切都是面向对象的，因此字节码解释器是在一个名为 `bytecode` 的类中实现的。Unicon 中原始字节序列的最原生表示是字符串，而在 Java 中，最原生表示是字节数组。

为了实现字节码解释器算法，本节单独介绍了算法的每个部分，首先，让我们考虑如何将字节码加载到内存中。

11.5.1　将字节码加载到内存中

要将字节码加载到内存中，字节码解释器必须通过某种输入 / 输出来获取字节码。通常，这将通过打开和读取命名的本地文件来完成。当使用可执行头文件时，启动的程序会打开自身并将自身作为数据文件读入。Jzero 字节码被定义为一个 64 位二进制整数序列，但这在某些语言中是比在其他语言中更原生的表示。

在 Unicon 中，加载文件代码可能如下所示：

```
class j0machine(code, ip, stack, sp, bp, hp, op, opr, opnd)
  method loadbytecode(filename)
    sz := stat(filename).st_size
    f := open(filename) | stop("cannot open program.j0")
    s := reads(f, sz)
    close(f)
    s ? {
      if tab(find("Jzero!!\01.0\0\0\0\0\0")) then {
        return code := tab(0)
```

```
      }
      else stop("file ", filename, " is not a Jzero file")
      }
   end
end
```

此示例中对 reads() 的调用将整个字节码文件读入单个连续的字节序列。在 Unicon 中，这表示为字符串，相应的 Java 使用一个字节数组，并带有一个 ByteBuffer 包装器，以提供对代码中单词的轻松访问。j0machine.java 中的 loadbytecode() 方法如下所示：

```
import java.io.IOException;
import java.nio.file.Files;
import java.nio.file.Paths;
import java.nio.charset.StandardCharsets;
import java.nio.ByteBuffer;
public class j0machine {
  public static byte[] code, stack;
  public static ByteBuffer codebuf, stackbuf;
  . . .
  public static boolean loadbytecode(String filename)
    throws IOException {
      code = Files.readAllBytes(Paths.get(filename));
      byte[] magstr = "Jzero!!\01.0\0\0\0\0\0".getBytes(
                StandardCharsets.US_ASCII);
      int i = find(magstr, code);
      if (i>=0) {
        code = Arrays.copyOfRange(code, i, code.length);
        codebuf = ByteBuffer.wrap(code);
        return true;
      }
      else return false;
  }
}
```

copyOfRange() 调用将字节码复制到忽略可选可执行头的新数组中。这样做是为了简化后面对代码和静态区域的引用，它们是相对于幻字的偏移量。在 Java 字节数组中查找幻词需要以下辅助方法：

```
public static int find(byte[]needle, byte[]haystack) {
   for( ; i < haystack.length - needle.length+1; ++i) {
        boolean found = true;
        for(int j = 0; j < needle.length; ++j) {
           if (haystack[i+j] != needle[j]) {
               found = false;
               break;
           }
```

```
        }
        if (found) return i;
      }
    return-1;
  }
```

除了将字节码加载到内存中，在开始执行之前，字节码解释器还必须初始化其寄存器。

11.5.2　初始化解释器状态

字节码解释器状态包括内存区域、指令和栈指针，以及解释器使用的少量常量或静态数据。init() 方法通过调用 loadbytecode() 来分配和初始化代码区域，并分配栈区域。init() 方法将指令寄存器设置为 0，表示执行将从代码区域中的第一条指令开始，栈已初始化为空。

在 Unicon 中，初始化由以下代码组成。对于静态变量，Unicon 必须分配一个单独的静态数据区域，因为用于加载字节码的字符串类型是不可变的，它和字节码解释堆栈都实现为整数列表。这利用了这样一个事实，即 Unicon 版本 13 和更高版本实现了连续内存块中的整数列表：

```
class j0machine(code, ip, stack, sdr)
  . . .
  method init(filename)
    ip := 0
    if not loadbytecode(filename) then
      stop("cannot open program.j0")
    ip := 16
    ip := finstr := 8*getOpnd()
    data := Data(code[25:ip+1])
    stack := list()
  end
end
```

对应的 Java 代码如下，其 100 000 字栈的分配有些随意：

```
public class j0machine {
  public static byte[] code, stack;
  public static ByteBuffer codebuf, stackbuf;
  public static int ip, sp;
  public static boolean[] hasOpnd = new boolean[22];
  . . .
  public static void init(String filename)
    throws IOexception {
      ip = sp = 0;
      if (! loadbytecode(filename)) {
         System.err.println("cannot open program.j0");
```

```
            System.exit(1);
            }
         stack = new byte[800000];
         stackbuf = ByteBuffer.wrap(stack);
      }
   }
```

Jzero 中的程序执行从 main() 函数开始，这是 Jzero 字节码中的一个函数，而不是字节码解释器中 Java 实现的某个函数。

当 Jzero 中 main() 函数运行时，它期望在栈上有一个正常的激活记录，在那里可以访问参数。提供此功能的最简单方法是将指令指针初始化为调用 main() 的短字节码指令序列，并在返回后退出。因此，可以初始化栈，以包含 main 函数的参数（如果有的话），并初始化指令指针，以指向调用 main 的 CALL 指令，然后是 HALT 指令。

对于 Jzero，main() 没有参数，启动顺序始终如下：

```
PUSH main
CALL    0
HALT
```

由于每个程序的启动顺序都是相同的，因此可以将此字节码序列嵌入虚拟机解释器代码本身，并且一些字节码机器会这样做。问题是 main() 的代码偏移量（地址）会因程序而异，除非它是硬连线的，并且链接器被迫总是将 main() 放在同一位置。在 Jzero 的情况下，启动序列始终以头中指定的字偏移量开始代码段，这就足够了，也是可以接受的。现在，让我们考虑解释器如何获取下一条指令。

11.5.3 获取指令并推进指令指针

名为**指令指针**的寄存器 ip 用于保存当前指令的位置。字节码解释器可以将其表示为一个变量，该变量表示指向代码的指针或整数索引，将代码视为数组。在 Jzero 中，它是幻字的字节偏移量。字节码中的指令获取是读取代码中下一条指令的操作，包括必须读取的操作码，以及具有某些指令操作数的任何附加字节或字。在 Unicon 中，这个 fetch() 方法位于 class j0machine 中，如下所示：

```
class j0machine(code, ip, stack, op, opnd)
   . . .
   method fetch()
      op := ord(code[1+ip])
      opr := ord(code[2+ip])
      if opr ~= 0 then opnd := getOpnd()
      ip +:= 8
   end
end
```

fetch() 方法的对应 Java 版本如下所示：

```
public class j0machine {
  public static byte[] code, stack;
  public static int ip, sp, op
  public static long opnd;
  . . .
  public static void fetch() {
      op = code[ip];
      opr = code[ip+1];
      if (opr != 0) { opnd = getOpnd(); }
      ip += 8;
    }
}
```

其中 fetch() 方法依赖于 getOpnd() 方法，它从代码中读取下一个字。在 Unicon 中，getOpnd() 方法的实现可能如下：

```
method getOpnd()
  return signed(reverse(code[ip+3+:6]))
end
```

现在我们已经了解了指令获取方法，下面让我们看看指令解码是如何执行的。

11.5.4 指令解码

解码步骤在硬件 CPU 中非常重要。在字节码解释器中，这没什么大不了的，但它需要速度快。我们并不希望在主循环中出现一长串需要频繁地执行的 if-else-if 语句。无论指令集中的操作码数量是多少，我们都希望解码花费的时间相对固定，因此，通常应该使用查表法，或者 switch 或 case 控制结构来实现。指令解码的 Unicon 实现可以在以下 interp() 方法的 case 表达式中看到，该方法实现了获取 – 解码 – 执行循环：

```
class j0machine(code, ip, stack)
  . . .
  method interp()
    repeat {
      fetch()
      case (op) of {
         Op.HALT: { stop("Execution complete.") }
         Op.NOOP: { . . .  }
         . . .
         default: { stop("Illegal opcode " + op) }
         }
      }
  end
end
```

对应的 Java 代码如下所示：

```
public class j0machine {
  public static byte[] code, stack;
  public static int ip, sp, op, opnd;
  . . .
  public static void interp() {
    for(;;) {
      fetch();
      switch (op) {
        case Op.HALT: { stop("Execution complete."); break; }
        case Op.NOOP: { break; }
        . . .
        default: { stop("Illegal opcode " + op); }
        }
      }
  }
}
```

其中解释器循环中有待展示的关键部分是各种指令的实现。这里给出了几个依赖 stop() 方法实现 HALT 指令执行的示例。在 Unicon 中，stop() 是一个内置方法，但在 Java 中，可以按如下方式实现：

```
public static void stop(String s) {
  System.err.println(s);
  System.exit(1);
  }
```

11.5.5 节将介绍提取 – 解码 – 执行周期的其余执行程序部分。

11.5.5 执行指令

对于每一条 Jzero 指令，其执行都包括对相应 case 分支主体的填充。在 Unicon 中，add 指令可能类似于以下 case 分支：

```
Op.ADD: {
   val1 := pop(stack); val2 := pop(stack)
   push(stack, val1 + val2)
}
```

对应的 Java 实现如下所示：

```
case Op.ADD: {
   long val1 = stackbuf.getLong(sp--);
   long val2 = stackbuf.getLong(sp--);
   stackbuf.putLong(sp++, val1 + val2);
   break;
}
```

类似代码也适用于 SUB、MUL、DIV、MOD、LT 和 LE。

PUSH 指令获取内存操作数并将其压入栈，其中最具挑战性的部分（在 Unicon 和 Java 中，指针是被伪造的）是对操作数的解释，以从内存中获取值。这是通过单独的取消引用方法执行的。诸如 deref() 之类的内部辅助函数是运行时系统的一部分，将在 11.6 节中介绍。PUSH 指令的 Unicon 实现如下所示：

```
Op.PUSH: {
   val := deref(opr, opnd)
   push(stack, val)
}
```

等效的 Java 代码如下所示：

```
case Op.PUSH: {
  long val = deref(opr, opnd);
  push(val);
   break;
}
```

POP 指令从栈中删除值，并将其存储在内存操作数指定的内存位置。POP 指令的 Unicon 实现如下所示：

```
Op.POP: {
   val := pop(stack)
   assign(opnd, val)
}
```

等效的 Java 代码如下所示：

```
case Op.POP: {
   long val = pop();
   assign(opnd, val);
   break;
}
```

GOTO 指令将指令指针寄存器设置到新位置。在 Unicon 中，其实现和我们期望的一样简单：

```
Op.GOTO: {
   ip := opnd
}
```

等效的 Java 代码如下所示：

```
case Op.GOTO: {
   ip = (int)opnd;
   break;
}
```

条件分支指令 BIF（branch-if）用于弹出栈顶部。如果它是非零的，则将指令指针寄存器设置到新位置，例如 GOTO 指令。在 Unicon 中，其实现如下所示：

```
Op.BIF: {
   if pop(stack)~=0 then
      ip := opnd
}
```

等效的 Java 代码如下所示：

```
case Op.BIF: {
   if (pop() != 0)
       ip = (int)opnd;
   break;
}
```

调用指令也与 GOTO 指令类似，该指令保存一个地址，该地址指示在返回指令之后应该在哪里恢复执行。要调用的函数在栈顶部的 n 个参数之前的地址中给出。函数槽中的非负地址是必须设置指令指针的位置。如果该函数为负，则它是对运行时系统函数号 -n 的调用。这在 CALL 指令的以下 Unicon 实现中显示：

```
Op.CALL: {
   f := stack[1+opnd]
   if f >= 0 then {
     push(stack, ip)
             push( stack, bp) # save old ip
             bp := *stack     # set new bp
             ip := f
     }
   else if f = -1 then do_println()
}
```

等效的 Java 代码如下所示：

```
case Op.CALL: {
  long f;
  f = stackbuf.getLong(
                    sp-8-(int)(8*opnd));
  if (f >= 0) {
     push( ip);
     push( bp);
     bp = sp;
     ip = (int)f;
     }
  else if (f == -1) do_println();
  else { stop("no CALL defined for " + f); }
   break;
}
```

返回指令也是一个 GOTO 指令，只是它会转到以前存储在栈中的位置：

```
Op.RETURN: {
          while *stack > bp do pop(stack)
          bp := pop(stack)
          ip := pop( stack )
}
```

等效的 Java 代码如下所示：

```
case Op.RETURN: {
          sp = bp;
          bp = (int)pop();
          ip = (int)pop();
   break;
}
```

Jzero 解释器的执行操作非常简短易用。一些字节码解释器会有额外的输入 / 输出指令，但我们将这些任务委托给一小组可以从生成的代码中调用的函数。我们稍后将介绍这些运行时函数，但首先我们看一看 main() 方法，它从命令行启动 Jzero 解释器。

11.5.6 启动 Jzero 解释器

启动 Jzero 解释器的 main() 函数位于名为 j0x 的模块中，该启动程序简短易用，其 Unicon 代码如下所示，可以在 j0x.icn 中找到：

```
procedure main(argv)
  if not (filename := argv[1]) then
    stop("usage: j0x file[.j0]")
  if not (filename[-3:0] == ".j0") then argv[1] ||:= ".j0"
  j0machine := j0machine()
  j0machine.init(filename)
  j0machine.interp()
end
```

j0x.java 中对应的 Java 代码如下所示：

```
public class j0x {
  public static void main(String[] argv) {
    if (argv.length < 1) {
      System.err.println("usage: j0x file[.j0]");
      System.exit(1);
      }
    String filename = argv[0];
    if (! filename.endsWith(".j0"))
      filename = filename + ".j0";
    j0machine.init(filename);
```

```
    j0machine.interp();
  }
}
```

我们很快会看到这个解释器的运行情况，但我们首先看看内置函数是如何合并到 Jzero 运行时系统中的。

11.6 编写 Jzero 运行时系统

在编程语言实现中，运行时系统这段代码用于提供生成的代码运行所需的基本功能。一般来说，程序语言级别越高，与底层硬件的距离越远，运行时系统就越大。Jzero 运行时系统尽可能小，它只支持一些内部辅助函数，例如 deref() 和一些基本的输入和输出函数。这些函数是用实现语言（在我们的例子中是 Unicon 或 Java）编写的，而不是用 Jzero 语言编写的，Unicon 中的 deref() 方法如下所示：

```
method deref(reg, od)
  case reg of {
    Op.R_ABS: {
      if od < finstr then return data.word(od)
      else return code[od]
    }
    Op.R_IMM: { return od }
    Op.R_STACK: { return stack[bp+od] }
    default: { stop("deref region ", reg) }
  }
end
```

每个区域都有不同的取消引用代码，适合该区域的存储方式。deref() 的对应 Java 实现如下所示：

```
public static long deref(int reg, long od) {
switch(reg) {
case Op.R_ABS: { return codebuf.getLong((int)od); }
case Op.R_IMM: { return od; }
case Op.R_STACK: { return stackbuf.getLong(bp+(int)od); }
default: { stop("deref region " + reg); }
}
return 0;
}
```

对于内置函数，我们必须能够从生成的 Jzero 代码中调用它们。System.out.println() 等内置函数的实现以及如何从字节码解释器中调用它们将在第 14 章中介绍。现在，我们终于到了观察如何运行 Jzero 字节码解释器的时候了。

11.7 运行 Jzero 程序

此时，我们需要能够测试字节码解释器，但我们还没有介绍生成此字节码的代码生成器！出于这个原因，本章中字节码解释器的大多数测试工作将不得不等到第 12 章介绍，我们将在第 12 章介绍代码生成器。现在这里有一个 hello world 程序，其源代码如下：

```
public class hello {
   public static main(String argv[]) {
      System.out.println("hello");
   }
}
```

相应的 Jzero 字节码可能如下所示，每行显示一个字，十六进制的行将每个字节显示为两个十六进制数字。操作码位于最左边的字节中，然后是操作数区域字节，最后是剩余 6 个字节中的操作数：

```
"Jzero!!\0"
"1.0\0\0\0\0\0"
0x0000040000000000
"hello\0\0\0"
0x0902380000000000          push main
0x0B02000000000000          call 0
0x0100000000000000          halt
0x0902FFFFFFFFFFFF          push -1 (println)
0x0902180000000000          push "hello"
0x0B02010000000000          call 1
0x0C02000000000000          return 0
```

如果这以二进制形式写入名为 `hello.j0` 的文件，则执行 `j0x hello` 命令将按预期写出“`hello`”，这个小而具体的例子应该会激起我们将在第 12 章中生成的更有趣的例子的兴趣。同时，我们将比较 Jzero 的简单性与通过检查 Unicon 字节码解释器而发现的一些更有趣的功能。

11.8 检查 Unicon 字节码解释器 iconx

Unicon 语言及其前身 Icon 以字节码解释器和名为 `iconx` 的运行时系统程序的形式共享一个通用架构和实现。与 11.7 节介绍的 Jzero 字节码解释器相比，`iconx` 庞大而复杂，并且具有在一段持续的时间内实际使用的优势。与 Java 虚拟机相比，`iconx` 小巧简单，学习起来比较容易上手。关于 `iconx` 的详细描述可以参阅 *The Implementation of Icon and Unicon: a Compendium*，本节可以看作对该工作的简要介绍。

11.8.1 了解目标导向的字节码

Unicon 有一个不寻常的字节码。11.2 节中提供了一个简单的例子。语言是目标导向的，所有表达式或成功或失败。当周围的表达式失败时，许多称为**生成器**的表达式可以根据需要生成其他结果。**回溯**内置于字节码解释器中，以保存此类生成器表达式的状态，并在以后需要时恢复它们。

在这背后，目标导向的表达式计算可以以多种方式实现，但 Unicon 的字节码指令集（主要继承自 Icon）具有非常不寻常的语义，反映了源语言中的目标方向。指令块都标有信息，以告诉它们如果失败了去哪里。在这样的指令块中，生成器的状态保存在意大利面条栈中，如果表达式失败，则恢复最近暂停的生成器。

11.8.2 在运行时保留类型信息

在 Unicon 中，变量可以保存任何类型的值，并且值知道它们是什么类型。这有助于语言的灵活性并匹配多态代码，但代价是执行速度慢，且需要更多内存才能运行。在 C 语言实现中，所有变量，包括存储在列表或记录之类的结构中的变量，都在描述符中表示，声明为 `struct descrip` 类型。`struct descrip` 包含两个字：用于类型信息的 `dword` 或描述符字；用于值的 `vword` 或值字。此结构的 C 实现如下所示：

```
struct descrip {
   word dword;
   union {
      word integr;
      double realval;
      char *sptr;
      union block *bptr;
      dptr descptr;
      } vword;
   };
```

字符串在 `dword` 中是特殊的。对于字符串，类型信息字包含字符串长度。该字的符号位是一个标志，指示该值是否为非字符串，即是否存在类型信息代码。数字在描述符的 `vword` 中是特殊的，对于整数和实数，值字包含值；对于所有其他类型，值字是指向该值的指针。这里使用了三种不同类型的指针，其中指向 `union` 块的指针可以指向几十种左右不同的 Unicon 数据类型中的任何一种。在所有情况下，使用 `vword union` 的哪个字段都是通过检查 `dword` 来决定的。

11.8.3 获取、解码和执行指令

对 Unicon 字节码，获取 – 解码 – 执行循环存在于一个名为 `interp()` 的 C 函数中。与本章一致，这包括一个无限循环，其中包含一个 `switch` 语句。如本章所述，Unicon 指

令和 Jzero 之间的一个区别是 Unicon 操作码的大小通常是半字，如果它们包含一个操作数，则它通常是该半字操作码之后的一个完整字。由于许多指令没有操作数，这可能使代码更紧凑，并且由于操作数是完整的字，它们可以包含本机 C 指针，而不是相对于给定内存区域的基指针的偏移量。Unicon 字节码由编译器计算并使用偏移量存储在磁盘上的可执行文件中，当它们第一次执行时，偏移量被转换为指针并修改操作码以指示它们现在包含指针。这种聪明的自我修改代码给线程安全带来了额外的麻烦，但这意味着字节码不能从常量或只读内存中执行。

11.8.4 制作运行时系统的其余部分

本章介绍的 iconx 和 Jzero 解释器的另一个区别在于，Unicon 字节码解释器有一个巨大的运行时系统，其中包含许多复杂的功能，如高级图形和网络功能。Jzero 字节码解释器可能占代码的 80%，剩下 20% 留给运行时系统，Unicon 核心的 `interp()` 函数可能只占代码的 5%，其余 95% 的代码用于实现内置函数和运算符。这个运行时系统用一种称为 RTL 的语言编写，它是 C 的一种超集，具有支持 Unicon 类型系统、类型推断和自动类型转换规则的特殊功能。

本节简要介绍了 Unicon 字节码解释器的实现。我们看到，编程语言字节码解释器通常比 Jzero 解释器更有趣、更复杂。它们可能涉及新的控制结构、高级和特定于域的数据类型等。

11.9 本章小结

本章介绍了字节码解释器的基本要素。知道如何实现字节码解释器，可以帮助我们生成灵活的代码，而不必担心硬件指令集、寄存器或寻址模式。

首先，指令集的定义包括操作码和处理这些指令中操作数的规则，我们还学习了如何实现通用栈机语义，以及与特定于域的语言特性相对应的字节码指令。然后我们学习了如何读取和执行字节码文件，包括在 Unicon 和 Java 中交替使用字节和字序列。

鉴于字节码解释器的存在，在第 12 章中，我们将讨论从中间代码生成字节码，以便我们可以运行使用编译器编译的程序！

11.10 思考题

1. 字节码解释器可以使用每条指令最多含三个地址（操作数）的指令集，例如三地址码。相反，Jzero 解释器对每条指令使用零个或一个操作数。在字节码解释器（如中间代码）中使用三地址码的优缺点是什么？

2. 在真实的 CPU 和许多基于 C 的字节码解释器中，字节码地址由文字机器地址表示。但是，本章显示的字节码解释器将字节码地址实现为所分配内存块中的位置或偏移量。与支持指针数据类型的语言相比，在实现字节码解释器时，没有指针数据类型的编程语言是否处于致命的劣势？
3. 如果代码在内存中表示为不可变的字符串值，那么这对字节码解释器的实现会施加什么约束？

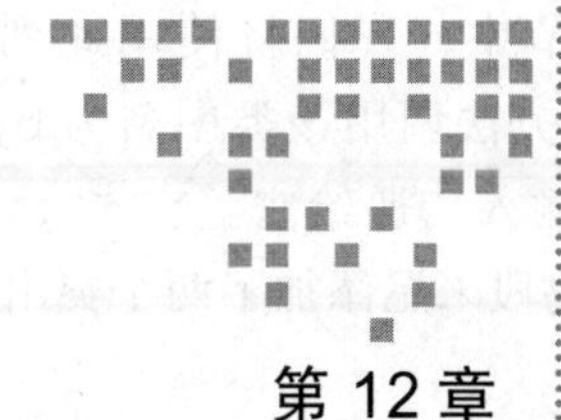

第 12 章 Chapter 12

生成字节码

在本章中，我们将继续学习代码生成，从第 9 章中提取中间代码，并从中生成字节码。当我们将中间代码转换为将运行的格式时，将生成**最终代码**。按照惯例，这会在编译时发生，但也能在稍后的链接时、加载时或运行时发生。我们将在编译时以常规的方式生成字节码。本章和第 13 章关于生成本机代码的内容为我们提供了两种形式的最终代码，我们可以在两者中进行选择。

从中间代码到字节码的转换是通过遍历中间指令列表，将每个中间代码指令翻译为一个或多个字节码指令来执行的。使用一个简单的循环对列表进行遍历，每个中间代码指令使用不同的代码块。尽管本章中使用的循环很简单，但生成最终代码仍然非常重要，为了使新的编程语言发挥作用，我们必须掌握终级基本技能。

利用在本章中构建的功能，我们将能够生成在第 11 章中介绍的字节码解释器上运行的代码。

12.1 技术需求

本章的代码在 GitHub 上可用，参见：`https://github.com/PacktPublishing/Build-Your-Own-Programming-Language/tree/master/ch12`。

12.2 转换中间代码为 Jzero 字节码

第 9 章中的 Jzero 中间代码生成器遍历了一棵树，并在每个树节点中创建了一个中间代码列表作为合成属性，名为 `icode`。整个程序的中间代码是语法树根节点中的 `icode`

属性。在本节中，我们将使用此列表生成输出字节码。为了生成字节码，j0 类中的 gencode() 方法调用该类中名为 bytecode() 的新方法，并将 root.icode 中的中间代码作为其输入传递给它。在 j0.icn 中调用此功能的 Unicon gencode() 方法如下所示。以下代码段末尾添加了两个突出显示的行用于字节码生成，并通过简单的文本输出进行验证：

```
method gencode(root)
   root.genfirst()
   root.genfollow()
   root.gentargets()
   root.gencode()
   bcode := bytecode(root.icode)
   every (! (\bcode)).print()
end
```

bytecode() 方法接收 icode 列表，其返回值是 byc 类对象列表。在本例中，生成的字节码以文本形式输出。在已完成的编译器中，默认情况下一般输出二进制格式，Jzero 编译器支持这两种格式。gencode() 方法对应的 Java 代码如以下代码段所示。在这种情况下，if 语句中执行的输出生成有点复杂：

```
public static void gencode(root) {
   root.genfirst();
   root.genfollow();
   root.gentargets();
   root.gencode();
   ArrayList<byc> bcode = bytecode(root.icode);
   if (bcode != null) {
     for (int i = 0; i < bcode.size(); i++)
       bcode.get(i).print();
     }
}
```

bcode 列表的每个元素都表示一个字节码指令，对其我们需要一个类。该类称为 byc，是字节码的缩写，现在，让我们检查该类的代码。

12.2.1 为字节码指令添加类

我们可以使用第 11 章中介绍的同样格式的 64 位字，从字面上表示字节码。将字节码指令表示为对象有助于以可读文本和二进制形式进行输出。对象表示的列表也更便于最终代码优化分析。

byc 类与 tac 类相似，但它不是**操作码**，也不是最多三个操作数的字段，而是表示操作码、操作数区域，以及操作数（如果存在的话），如第 11 章中所述。该类还包含一些方法，包括用于以文本和二进制形式输出的方法。print() 和 printb() 方法将在 12.3 节中介绍，下面是 byc.icn 中 byc Unicon 类的概要：

```
class byc(op, opreg, opnd)
   method print() … end
   method printb() … end
   method addr(a) … end
initially(o, a)
   op := o; addr(a)
end
```

byc.java 中对应的 Java 类如下所示：

```
public class byc {
   int op, opreg;
   long opnd;
   public byc(int o, address a) {
      op=o; addr(a);
   }
   public void print() { … }
   public void printb() { … }
   public void addr(address a) { … }
}
```

作为这个 byc 类的一部分，我们需要一个名为 addr() 的方法，它提供从三地址码地址到字节码地址的映射。我们接下来将对其加以检查。

12.2.2 将中间代码地址映射到字节码地址

尽管指令集各有不同，但中间代码和最终代码中地址表示的内容大致相同。由于我们同时设计了中间代码和字节码，因此可以将字节码中的地址定义为比第 13 章中从中间代码映射到本机代码时的情况更接近中间代码地址。无论如何，必须将第 9 章中 address 类的区域和偏移映射到 byc 类中的 opreg 和 opnd。这由 byc 类中的 addr() 方法处理，该方法将 address 类的一个实例作为参数，并设置 opreg 和 opnd。byc.icn 中的 Unicon 代码如下所示：

```
method addr(a)
   if /a then opreg := Op.R_NONE
   else case a.region of {
   "loc": { opreg := Op.R_STACK; opnd := a.offset }
   "glob": { opreg := Op.R_ABS; opnd := a.offset }
   "const": { opreg := Op.R_ABS; opnd := a.offset }
   "lab": { opreg := Op.R_ABS; opnd := a.offset }
   "obj": { opreg := Op.R_HEAP; opnd := a.offset }
   "imm": { opreg := Op.R_IMM; opnd := a.offset }
   }
end
```

byc.java 中对应的 Java 方法如下所示：

```
public void addr(address a) {
   if (a == null) opreg = Op.R_NONE;
   else switch (a.region) {
   case "loc": { opreg = Op.R_STACK; opnd = a.offset;
               break; }
   case "glob": { opreg = Op.R_ABS; opnd = a.offset;
               break; }
   case "const": { opreg = Op.R_ABS; opnd = a.offset;
               break; }
   case "lab": { opreg = Op.R_ABS; opnd = a.offset;
               break; }
   case "obj": { opreg = Op.R_HEAP; opnd = a.offset;
               break; }
   case "imm": { opreg = Op.R_IMM; opnd = a.offset;
               break; }
   }
}
```

给定 byc 类，需要另外一个辅助函数来构造 bytecode() 代码生成器方法。我们需要一种方便的工厂方法来生成字节码指令并将它们附加到 bcode 列表中，我们将调用此方法 bgen()。

j0 类中的方法 bgen() 类似于 tree 类中的 gen()，它生成一个包含 byc 实例的单元素列表。Unicon 代码如下所示：

```
method bgen(o, a)
   return [byc(o, a)]
end
```

对应的 Java 实现如下所示：

```
public ArrayList<byc> bgen(int o, address a) {
   ArrayList<byc> L = new ArrayList<byc>();
   byc b = new byc(o, a);
   L.add(b);
   return L;
}
```

现在，终于是时候介绍字节码生成器了。

12.2.3 实现字节码生成器方法

接下来我们将展示 j0 类中 bytecode() 方法的 Unicon 实现，该实现必须为第 9 章中给出的三地址指令集中的每个操作码填写一个 case 分支。这里有很多案例，我们将分别介绍每一个案例，从下面这一个开始：

```
method bytecode(icode)
    rv := []
    every i := 1 to *\icode do {
       instr := icode[i]
       case instr.op of {
          "ADD": { ... append translation of ADD to return
                  val }
          "SUB": { ... append translation of SUB to return
                  val }
          ...
         }
       }
   return rv
end
```

bytecode() 的 Java 实现如下所示：

```
public static ArrayList<byc> bytecode(
              ArrayList<tac> icode)
{
  ArrayList<byc> rv = new ArrayList<byc>();
  for(int i=0; i<icode.size(); i++) {
    tac instr = icode.get(i);
    switch(instr.op) {
    case "ADD": { ... append translation of ADD to rv }
    case "SUB": { ... append translation of SUB to rv }
      ...
      }
    }
  return rv;
 }
```

在这个 bytecode() 方法框架内，我们现在可以为每个三地址指令提供转换，从简单表达式开始。

12.2.4 为简单表达式生成字节码

每个三地址操作码的不同 case 分支有许多共同的元素，例如将值从内存压入求值栈。针对加法的 case 分支可能展示了最常见的转换模式。在 Unicon 中，加法的处理方式如下所示：

```
"ADD": {
   bcode |||:= j0.bgen(Op.PUSH, instr.op2) |||
     j0.bgen(Op.PUSH, instr.op3) ||| j0.bgen(Op.ADD) |||
     j0.bgen(Op.POP, instr.op1)
}
```

上述代码从内存中读取操作数 2 和操作数 3，并将它们压入栈中。实际的 ADD 指令完全在栈中执行，然后将结果从堆栈中弹出并放入操作数 3 中。在 Java 中，加法的实现包括以下代码：

```
case "ADD": {
   bcode.addAll(j0.bgen(Op.PUSH, instr.op2));
   bcode.addAll(j0.bgen(Op.PUSH, instr.op3));
   bcode.addAll(j0.bgen(Op.ADD, null));
   bcode.addAll(j0.bgen(Op.POP, instr.op1));
   break;
}
```

第 9 章中介绍的中间代码指令集定义了 19 条必须翻译为最终代码的三地址指令。前面 ADD 指令所表示的最终代码生成模式也用于其他算术指令。对于 NEG 这样的一元运算符，模式稍微简化了一些，我们可以在这里看到：

```
"NEG": {
   bcode |||:= j0.bgen(Op.PUSH, instr.op2) |||
     j0.bgen(Op.NEG) ||| j0.bgen(Op.POP, instr.op1)
}
```

在 Java 中，取反的实现由以下代码组成：

```
case "NEG": {
   bcode.addAll(j0.bgen(Op.PUSH, instr.op2));
   bcode.addAll(j0.bgen(Op.NEG, null));
   bcode.addAll(j0.bgen(Op.POP, instr.op1));
   break;
}
```

在设计字节码机器指令集时，一个更简单的指令（如 ASN）可能值得使用特殊的 case 形式，但对于栈机，我们可以使用相同的脚本并进一步简化前面的模式，如以下代码片段所示：

```
"ASN": {
   bcode |||:= j0.bgen(Op.PUSH, instr.op2) |||
     j0.bgen(Op.POP, instr.op1)
}
```

在 Java 中，赋值操作的实现可能如下所示：

```
case "ASN": {
   bcode.addAll(j0.bgen(Op.PUSH, instr.op2));
   bcode.addAll(j0.bgen(Op.POP, instr.op1));
   break;
}
```

由算术表达式和赋值表达式组成的代码是大多数编程语言的核心。现在，是时候研究一些其他中间代码指令的代码生成了，首先是用于指针操作的指令。

12.2.5　生成指针操作的代码

在第 9 章中定义的中间代码三地址指令中，有 3 条指令适用于 ADDR、LCON 和 SCON 指针的使用。ADDR 指令将内存中的地址转换为一段数据，可以对其进行操作，如指针运算。该操作压入其操作数，即其中一个内存区域中的地址引用，就像它是立即模式值一样，如以下代码片段所示：

```
"ADDR": {
   bcode |||:= j0.bgen(Op.ADDR, instr.op2)
   bcode |||:= j0.bgen(Op.POP, instr.op1)
}
```

在 Java 中，ADDR 指令的实现由以下代码组成：

```
case "ADDR": {
   bcode.addAll(j0.bgen(Op.ADDR, instr.op2));
   bcode.addAll(j0.bgen(Op.POP, instr.op1));
   break;
}
```

LCON 指令从其他内存指向的内存中读取，如下所示：

```
"LCON": {
   bcode |||:= j0.bgen(Op.LOAD, instr.op2)
   bcode |||:= j0.bgen(Op.POP, instr.op1)
}
```

在 Java 中，LCON 指令的实现由以下代码组成：

```
case "LCON": {
   bcode.addAll(j0.bgen(Op.LOAD, instr.op2));
   bcode.addAll(j0.bgen(Op.POP, instr.op1));
   break;
}
```

SCON 指令写入其他内存指向的内存，如下所示：

```
"SCON": {
   bcode |||:= j0.bgen(Op.PUSH, instr.op2) |||
               j0.bgen(Op.STORE, instr.op1)
}
```

在 Java 中，SCON 指令的实现包括以下代码：

```
case "SCON": {
   bcode.addAll(j0.bgen(Op.PUSH, instr.op2));
   bcode.addAll(j0.bgen(Op.STORE, instr.op1));
```

```
    break;
}
```

这些指令对于支持结构化数据类型（如数组）非常重要。现在，我们考虑控制流的字节码代码生成，从 GOTO 系列指令开始。

12.2.6 为分支和条件分支生成字节码

中间代码指令中有 7 条指令适用于条件和无条件分支指令，其中最简单的是无条件分支指令或 GOTO 指令。GOTO 指令为指令指针寄存器分配一个新值。GOTO 字节码是三地址 GOTO 指令的实现，这不足为奇。用于将 GOTO 中间代码转换为 GOTO 字节码的 Unicon 代码如下所示：

```
"GOTO": {
    bcode |||:= j0.bgen(Op.GOTO, instr.op1)
}
```

在 Java 中，GOTO 指令的实现由以下代码组成：

```
case "GOTO": {
    bcode.addAll(j0.bgen(Op.GOTO, instr.op1));
    break;
}
```

三地址码中的条件分支指令向下转换为更简单的最终代码指令。对于第 11 章中介绍的指令集字节码，这意味着在条件分支指令字节码之前将操作数压入栈，BLT 指令的 Unicon 实现如下所示：

```
"BLT": {
    bcode |||:= j0.bgen(Op.PUSH, instr.op2) |||
      j0.bgen(Op.PUSH, instr.op3) ||| j0.bgen(Op.LT) |||
      j0.bgen(Op.BIF, instr.op1)
}
```

在 Java 中，为 BLT 指令生成字节码的实现由以下代码组成：

```
case "BLT": {
    bcode.addAll(j0.bgen(Op.PUSH, instr.op2));
    bcode.addAll(j0.bgen(Op.PUSH, instr.op3));
    bcode.addAll(j0.bgen(Op.LT, null));
    bcode.addAll(j0.bgen(Op.BIF, instr.op1));
    break;
}
```

这种模式用于少数几个三地址指令，BIF 和 BNIF 使用的代码稍微简单一些。现在，让我们考虑与方法调用和返回相关的更具挑战性的控制流传输形式。

12.2.7　为方法调用和返回生成代码

三地址指令中，有 3 条指令专门用于处理函数和方法调用与返回这一重要问题：零个或多个 PARM 指令序列将值压入栈；CALL 指令执行方法调用；RET 指令从方法返回给调用方。但这种三地址代码调用约定必须映射到底层指令集上，在本章中，底层指令集是一个字节码栈机指令集，要求在压入其他参数之前（在找到返回值的栈槽中）压入要调用的过程的地址。我们可以回去修改我们的三地址代码，以更好地适应栈机，但这样它就不太适合 x86_64 本机代码。

除非是第一个参数并且需要过程地址，PARM 指令就是一个简单的压入指令，如以下代码片段所示：

```
"PARM": {
   if /methodAddrPushed then {
      every j := i+1 to *icode do
         if icode[j].op == "CALL" then {
            bcode |||:= j0.bgen(Op.PUSH, icode[j].op2)
            break
         }
      methodAddrPushed := 1
      }
   bcode |||:= j0.bgen(Op.PUSH, instr.op1)
}
```

在上述代码中，every 循环查找最近的 CALL 指令并压入其方法地址。在 Java 中，PARM 指令的实现类似，如下所示：

```
case "PARM": {
   if (methodAddrPushed == false) {
      for(int j = i+1; j<icode.length; j++) {
         tac callinstr = icode.get(j);
         if (callinstr.op.equals("CALL")) {
            bcode.addAll(j0.bgen(Op.PUSH, callinstr.op2));
            break;
         }
      }
   }
   bcode.addAll(j0.bgen(Op.PUSH, instr.op1));
   break;
}
```

提前压入方法地址后，CALL 指令就很简单了。在调用完成后，三地址代码中的 op1 目标将从栈中弹出，与其他表达式一样。op2 源字段是在第一条 PARM 指令之前使用的方法地址。op3 源字段给出了参数的数量，它作为 CALL: 字节码中的操作数使用，如以下代码片段所示：

```
"CALL": {
   bcode |||:= j0.bgen(Op.CALL, instr.op3)
   bcode |||:= j0.bgen(Op.POP, instr.op1)
   methodAddrPushed := &null
}
```

在 Java 中，CALL 指令的实现由以下代码组成：

```
case "CALL": {
   bcode.addAll(j0.bgen(Op.CALL, instr.op3));
   bcode.addAll(j0.bgen(Op.POP, instr.op1));
   methodAddrPushed = false;
   break;
}
```

RETURN 指令的 Unicon 实现如下所示：

```
"RETURN": {
   bcode |||:= j0.bgen(Op.RETURN, instr.op1)
}
```

在 Java 中，RETURN 指令的实现包括以下代码：

```
case "RETURN": {
   bcode.addAll(j0.bgen(Op.RETURN, instr.op1));
   break;
}
```

为方法调用和返回生成代码并不太困难。现在，我们考虑如何处理三地址代码中的伪指令。

12.2.8 处理中间代码中的标签和其他伪指令

伪指令不会转换成代码，但它们存在于三地址指令的链接列表中，需要在最终代码中加以考虑。最常见和最明显的伪指令是**标签**。如果最终代码是以可读的汇编程序格式生成的，则可以按原样生成标签。虽然 LAB 和 Op.LABEL 不是指令，但它们分别是中间代码和生成的字节码列表中的元素。在 Unicon 中，其表示方式如下：

```
"LAB": {
   bcode |||:= j0.bgen(Op.LABEL, instr.op1)
}
```

其在 Java 中对应的代码如下：

```
case "LAB": {
   bcode.addAll(j0.bgen(Op.LABEL, instr.op1));
   break;
}
```

对于以二进制格式生成的最终代码，需要对标签进行一些额外的处理，因为必须将它们以相应的字节偏移量或地址替换。

由于标签实际上是特定指令地址的名称或别名，因此在二进制字节码格式中，它通常由某种形式的字节偏移量代替。当生成最终代码时，将构建一个包含标签和偏移量之间映射的表。

在前面几节内容中，我们生成了一个包含字节码表示的数据结构，然后展示了如何转换各种三地址指令。现在，我们继续以文本和二进制格式生成代码。

12.3　比较字节码汇编程序与二进制格式

字节码机器倾向于使用比本机代码更简单的格式，本机代码通常使用二进制目标文件。一些字节码机器，如 Python，完全隐藏其字节码格式，或使其成为可选的。其他一些语言，如 Unicon，对编译的模块使用可读的类似汇编程序的文本格式。在 Java 中，它们似乎尽量避免提供汇编程序，从而使其他语言更难针对其虚拟机（Virtual Machine，VM）。

以 Jzero 及其字节码机器为例，我们有强烈的动机让事情尽可能简单。byc 类定义了两个输出方法：print() 用于文本格式；printb() 用于二进制格式。我们可以根据自己的喜好决定使用哪一种输出方法。

12.3.1　以汇编格式输出字节码

byc 类中的 print() 方法与 tac 类中使用的方法类似，对列表中的每个元素，都生成一行输出。这里展示了 byc 类中 print() 方法的 Unicon 实现。默认为标准输出的参数 f 用于指定名称：

```
method print(f:&output)
   if op === LABEL then write(f, addrof(), ":")
   else write(f, nameof(), " ", addrof())
end
```

下面代码展示了相应的 Java 实现，其中方法重载用于使参数可选：

```
public void print(PrintStream f) {
   if (op == LABEL) f.println(addrof() + ":");
   else f.println("\t" + nameof() + " " + addrof());
}
public void print() { print(System.out); }
```

基于文本的 print() 方法只是将大部分工作推给辅助方法，辅助方法生成操作码和操作数的可读表示。将操作码映射回字符串的 nameof() 方法的 Unicon 代码如以下示例所示：

```
method nameof()
   static opnames
   initial opnames := table(Op.HALT, "halt", Op.NOOP,
     "noop",
     Op.ADD, "add", Op.SUB, "sub", Op.MUL, "mul",
     Op.DIV, "div", Op.MOD, "mod", Op.NEG, "neg",
     Op.PUSH, "push", Op.POP, "pop", Op.CALL, "call",
     Op.RETURN, "return", Op.GOTO, "goto", Op.BIF, "bif",
     Op.LT, "lt", Op.LE, "le", Op.GT, "gt", Op.GE, "ge",
     Op.EQ, "eq", Op.NEQ, "neq", Op.LOCAL, "local",
     Op.LOAD, "load", Op.STORE, "store")
   return opnames[op]
end
```

如下所示的对应 Java 代码使用 HashMap：

```
static HashMap<Short,String> ops;
static { ops = new HashMap<>();
   ops.put(Op.HALT,"halt"); ops.put(Op.NOOP,"noop");
   ops.put(Op.ADD,"add"); ops.put(Op.SUB,"sub");
   ops.put(Op.MUL,"mul"); ops.put(Op.DIV, "div");
   ops.put(Op.MOD,"mod"); ops.put(Op.NEG, "neg");
   ops.put(Op.PUSH,"push"); ops.put(Op.POP, "pop");
   ops.put(Op.CALL, "call"); ops.put(Op.RETURN, "return");
   ops.put(Op.GOTO, "goto"); ops.put(Op.BIF, "bif");
   ops.put(Op.LT, "lt"); ops.put(Op.LE, "le");
   ops.put(Op.GT, "gt"); ops.put(Op.GE, "ge");
   ops.put(Op.EQ, "eq"); ops.put(Op.NEQ, "neq");
   ops.put(Op.LOCAL, "local"); ops.put(Op.LOAD, "load");
   ops.put(Op.STORE, "store");
}
public String nameof() {
   return opnames.get(op);
}
```

从 print() 方法调用的另一个辅助函数是 addrof() 方法，它根据操作数区域和操作数字段输出地址的可读表示。其 Unicon 实现如下所示：

```
method addrof()
   case opreg of {
      Op.R_NONE: return ""
      Op.R_ABS: return "@"+
            java.lang.Long.toHexString(opnd);
      Op.R_IMM: return string(opnd)
      Op.R_STACK: return "stack:" + String.valueof(opnd)
      Op.R_HEAP: return "heap:" + String.valueof(opnd)
      default: return string(opreg) ":" || opnd
```

```
    }
end
```

addrof() 对应的 Java 代码如下所示：

```
public String addrof() {
  switch (opreg) {
  case Op.R_NONE: return "";
  case Op.R_ABS: return "@"+
    java.lang.Long.toHexString(opnd);
  case Op.R_IMM: return String.valueOf(opnd);
  case Op.R_STACK: return "stack:" + String.valueOf(opnd);
  case Op.R_HEAP: return "heap:" + String.valueOf(opnd);
  }
  return String.valueOf(opreg)+":"+String.valueOf(opnd);
}
```

下面，让我们看看对应的二进制输出。

12.3.2 以二进制格式输出字节码

printb() 方法的组织方式类似，但 print() 需要获取事物的名称，而 printb() 需要将所有位放在一行并输出一个二进制字。其 Unicon 实现如下所示：

```
method printb(f:&output)
   writes(f, "\t", char(op), char(opregn))
   x := opnd
   every !6 do {
     writes(f, char(iand(x, 255)))
     x := ishift(x, -8)
     }
end
```

printb() 的对应的 Java 实现如下所示：

```
public void printb(PrintStream f) {
   long x = opnd;
   f.print((byte)op);
   f.print((byte)opreg);
   for(int i = 0; i < 6; i++) {
      f.print((byte)(x & 0xff));
      x = x>>8;
      }
}
public void printb() { printb(System.out); }
```

在本节中，我们考虑了如何将代码输出到外部存储。文本格式和二进制格式之间的对比非常鲜明，至少从人类视角来看，二进制格式的输出需要做更多工作。现在，让我们看看除了生成的代码之外，程序执行需要解决的其他问题，这包括将生成的代码与其他代码（尤其是运行时系统）链接。

12.4 链接、加载并包括运行时系统

在单独编译的本机代码语言中，从编译步骤输出的二进制格式是不可执行的。机器代码以目标文件的形式输出，该文件必须与其他模块链接在一起，并解析它们之间的地址，以形成可执行文件。此就需要包括运行时系统，它通过链接编译器附带的目标文件，而不仅仅是用户编写的其他模块。在过去，加载生成的可执行文件是一项微不足道的操作。但在现代系统中，由于共享对象库等，这一操作变得更为复杂。

字节码实现通常与刚刚描述的传统模型有实质性差异。Java 并不执行链接步骤，或者可以说它在加载时才链接代码。对 Java 运行时系统存在两种截然不同的观点，一种认为 Java 运行时系统是在 Java VM（JVM）解释器中内置的大量功能，另一种认为 Java 运行时系统是运行标准 Java 语言各个部分所必须加载的大量功能（字节码和本机代码）。从局外人的角度来看，Java 中令人惊讶的事情之一是开发人员必须将大量的 import 语句放在使用 Java 标准库中任何内容的每个文件的顶部。

对于 Jzero，严格的限制使这一切尽可能简单。没有单独的编译或链接。加载非常简单，这在第 11 章中已介绍。运行时系统内置在字节码解释器中，这是另一种避免语言链接的方法。现在，让我们看看 Unicon 中的字节码生成，这是另一个真实世界的字节码实现，它的工作方式与 Java 或 Jzero 都有很大不同。

12.5 Unicon 示例：icont 中的字节码生成

Unicon 的编译字节码输出格式是 ucode 文件中的人类可读文本。此类 ucode 文件是最初生成的，然后由 Unicon 翻译器调用的名为 icont 的 C 程序链接并转换为二进制 icode 格式。icont 程序扮演代码生成器、汇编程序和链接器的角色，以形成二进制格式的完整字节码程序，以下是一些细节。

icont 中的 C 程序函数 gencode() 读取 ucode 文本行，并按照此处所示的大纲将其转换为二进制格式。这个伪代码与字节码解释器中使用的获取–解码–执行循环之间有一个有趣的相似之处。这里，我们从输入中获取文本字节码，解码操作码，并根据字节码编写格式略有不同的二进制字节码：

```
void gencode() {
   while ((op = getopc(&name)) != EOF) {
     switch(op) {
     ...
```

```
        case Op_Plus:
           newline();
           lemit(op, name);
           break;
        ...
        }
     }
  }
```

lemit() 函数和大约 7 个带有 lemit*() 前缀的相关函数用于在二进制格式的连续字节数组中附加字节码。与指令相关的标签被转换为字节偏移量。对尚未遇到的标签的前向引用将放置在链接列表中，稍后在遇到目标标签时进行反向修补，lemitl() 的 C 代码发出带有标签的指令，如下所示：

```
static void lemitl(int op, int lab, char *name)
   {
   misalign();
   if (lab >= maxlabels)
      labels  = (word *) trealloc(labels, NULL, &maxlabels,
        sizeof(word), lab - maxlabels + 1, "labels");
   outop(op);
   if (labels[lab] <= 0) {        /* forward reference */
      outword(labels[lab]);
      labels[lab] = WordSize - pc;
      }
   else outword(labels[lab] - (pc + WordSize));
   }
```

正如可从其名称中猜到的，misalign() 函数不生成运算指令，以确保指令从字边界开始。如果需要，则第一个 if 语句将增加数组表。第二个 if 语句处理一个标签，该标签是对尚未存在的指令的前向引用，方法是将其插入一个链接的指令列表的前面，当所有指令都存在时，该指令列表必须进行回填。

二进制代码布局的核心由 outop() 和 outword() 完成，分别输出以整数和字长表示的操作码和操作数。这些宏在不同平台上的定义可能不同，但在大多数机器上，它们只调用名为 intout() 和 wordout() 的函数。注意，在下面的代码片段中，二进制代码采用机器本机格式，并且在不同字大小或字节顺序的**中央处理单元**（CPU）上也有差别，这以字节码可移植性为代价提供了良好的性能：

```
static void intout(int oint)
   {
   int i;
   union {
      int i;
      char c[IntBits/ByteBits];
```

```
    } u;
  CodeCheck(IntBits/ByteBits);
  u.i = oint;
  for (i = 0; i < IntBits/ByteBits; i++)
     codep[i] = u.c[i];
  codep += IntBits/ByteBits;
  pc += IntBits/ByteBits;
  }
```

在完成所有这些出色的 C 语言代码示例之后，你可能很高兴回到 Unicon 和 Java。但 C 语言确实使较低级别的二进制操作比 Unicon 或 Java 简单一些，正所谓：工欲善其事，必先利其器！

12.6 本章小结

本章介绍了如何为软件字节码解释器生成字节码。我们学习的内容包括如何遍历中间代码的链接列表，以及对于每个中间代码操作码和伪指令，如何将其翻译成为字节码指令集中的指令。三地址机器指令和字节码机器指令的语义存在很大差异。许多中间代码指令被翻译成三个甚至更多字节码机器指令。对 CALL 指令的处理有点复杂，但以底层机器所需的方式执行函数调用非常重要。除了学习所有这些知识，我们还学习了如何以文本和二进制格式编写字节码。

第 13 章将介绍一种对某些语言更具吸引力的替代方案：为主流 CPU 生成本机代码。

12.7 思考题

1. 试描述如何将多达三个地址的中间代码指令转换为最多包含一个地址的栈机指令序列。
2. 如果一个特定的指令（例如在字节偏移 120 处的指令 15）被 5 个不同的标签（例如 L2、L3、L5、L8 和 L13）作为目标，那么在生成二进制字节码时如何处理这些标签？
3. 在中间代码中，方法调用由 PARM 指令序列和 CALL 指令组成。在字节码中执行方法调用所描述的字节码是否与中间代码匹配良好？相似点是什么，不同点是什么？
4. **面向对象**语言（如 Jzero）中的 CALL 指令前面总是引用调用方法的对象（self 或 this），它们都是这样吗？试解释 CALL 方法指令可能没有对象引用的情况，以及本章中描述的代码生成器应该如何处理这种情况。
5. 我们在第一个 PARM 指令处用于压入方法地址的代码假设在周围的 PARM...CALL 序列中没有嵌套的 PARM...CALL 序列。我们能保证像 f(0，g(1)，2) 这样的例子也是这样的吗？

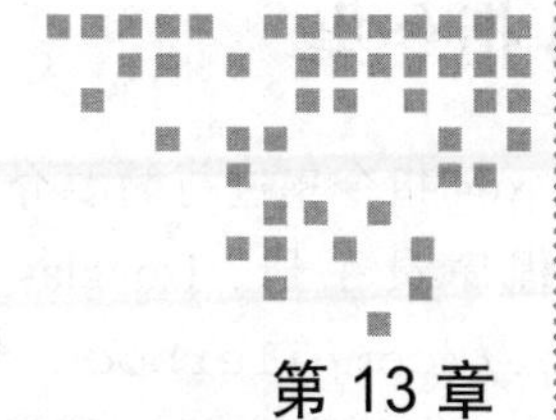

第 13 章 Chapter 13

生成本机代码

本章将介绍如何从第 9 章中获取中间代码并生成**本机代码**。术语本机表示指令集是专门为特定机器的硬件提供的。本章将介绍 x64 的简单本机代码生成器，x64 是笔记本电脑和台式机的主要架构。

本章学习的知识包括基本寄存器分配、指令选择、编写汇编程序文件，以及调用汇编程序和链接器以生成本机可执行文件。利用本章构建的这些功能，我们可以生成在特定计算机上运行的本机代码。

13.1 技术需求

本章的代码可以从 GitHub（`https://github.com/PacktPublishing/Build-Your-Own-Programming-Language/tree/master/ch13`）获取。

13.2 决定是否生成本机代码

生成本机代码比字节码更费事，但执行速度更快。本机代码使用的内存或电力也更少。最终用户在时间和金钱方面的节省是基于本机代码付出的代价，但是针对特定的**中央处理器**（CPU）会牺牲可移植性。我们希望首先实现字节码，并且只有当该语言变得足够流行时，才生成本机代码。然而，生成本机代码还有其他原因。我们可以使用为另一个编译器提供的工具来编写运行时系统。例如，我们的 Jzero x64 运行时系统是使用 GNU C 库构建的。现在，让我们看看 x64 架构的一些细节。

13.3 x64 指令集

本节将对 x64 指令集进行简要介绍，建议读者查阅 Advanced Micro Devices（AMD）或 Intel 架构程序员手册。Douglas Thain 的著作 *Introduction to Compilers and Language Design*（`http://compilerbook.org`）有助于你理解 x64 指令集。

x64 是一个复杂的指令集，具备许多向后兼容特性。本章介绍用于构建基本 Jzero 代码生成器的 x64 子集。我们使用**AT&T 汇编程序语法**，以便我们生成的输出可以由 GNU 汇编程序转换为二进制目标文件格式，这是基于考虑多平台可移植性。

x64 有数百条指令，如名为 `ADD` 的加法指令，或用于将值复制到新位置的 `MOV` 指令等。当某条指令有两个操作数时，最多只能有一个操作数是对主存储器的引用。x64 指令可以带一个后缀，以指示正在读取或写入的字节数，尽管指令中的**寄存器**名通常会使后缀冗余。Jzero 使用两个 x64 指令后缀：`B` 用于字符串上的单字节操作，`Q` 用于 64 位**四字**操作。从 20 世纪 70 年代后期的 Intel 16 位指令集来看，64 位字是一个**四元组**，本章使用如表 13.1 所示的说明。

表 13.1 本章示例中的指令

指令	说明
`addq`	将两个 64 位值相加
`call`	将返回地址存储到（%rsp），递减 %rsp，goto 函数
`cmpq`	比较两个值并设置条件代码位
`goto`	跳转到代码中的新位置
`jle`	小于或等于时跳转
`leaq`	计算地址
`movq`	将 64 位值从源地址移动到目标地址
`negq`	对 64 位值取反
`popq`	从（%rsp）获取值并递增 %rsp
`pushq`	存储值到（%rsp）并递减 %rsp
`ret`	从（%rsp）中获取值，递增 %rsp 并转到该地址
`.global`	该符号应在其他模块中可见
`.text`	在代码区域中放置要跟随的字节
`.type`	此符号为以下类型

现在，是时候定义一个类来表示内存中的这些指令了。

13.3.1 为 x64 指令添加类

`x64` 类表示 x64 中允许使用的**操作码**和操作数。操作数可以是寄存器或对内存中值的引用。你可以在以下代码段中看到该类的描述：

```
class x64(op, opnd1, opnd2)
   method print() ... end
initially(o, o1, o2)
   op := o; opnd1 := o1; opnd2 := o2
end
```

x64.Java 中对应的 Java 类如下所示：

```
public class x64 {
   String op;
   x64loc opnd1, opnd2;
   public x64(String o, Object src, Object dst) {
      op=o; opnd1 = loc(src); opnd2 = loc(dest); }
   public x64(String o, Object opnd) {
      op=o; opnd1 = loc(opnd); }
   public x64(String o) { op=o; }
   public void print() { ... }
}
```

作为这个 x64 类的一部分，我们从三地址代码地址映射到 x64 地址。

13.3.2　将内存区域映射到基于 x64 寄存器的地址模式

为了在 x64 上实现代码、全局 / 静态、栈和堆内存区域，我们需决定如何访问每个内存区域中的内存。x64 指令允许操作数为寄存器或内存地址，Jzero 向寄存器添加偏移量以计算地址，如表 13.2 所示。

表 13.2　本章中使用的内存访问模式

访问模式	说明
$k	立即模式，指令中给定的值
k(r)	间接模式，获取相对于寄存器 r 的内存 k 字节

在立即模式下，值位于指令中，在间接模式下，主存储器是相对于 x64 寄存器的。各个存储器区域作为相对于不同寄存器的偏移被访问。全局和静态内存是相对于指令指针进行访问的，本地内存是相对于基指针进行访问的，堆内存是相对于堆指针寄存器进行访问的，我们下面将更广泛地了解寄存器的使用方式。

13.4　使用寄存器

主存储器访问速度慢。如何使用寄存器将深刻影响性能。实现寄存器最优分配是个 NP

完全问题，非常难以做到。优化编译器在寄存器分配上花费了大量精力，这超出了本书的范围。

x64 有 16 个通用寄存器，如表 13.3 所示，但许多寄存器都具有特殊作用。算术运算在累加器寄存器 rax 上执行。寄存器有 8 位到 64 位版本。Jzero 只使用 64 位版本的寄存器，加上字符串所需的 8 位寄存器。在 AT&T 语法中，寄存器名称前面带有一个百分比符号，如 %rax：

表 13.3 x64 寄存器

寄存器	说明 / 作用
rip	指令指针
rax	累加器或者函数返回值
rbx	第二累加器
rbp	框架指针，局部变量与此指针相关
rsp	栈指针，rbp 和 rsp 之间的存储器为本地区域
rdi	目标索引，保存参数 #1
rsi	源索引，保存参数 #2
rdx	第二累加器，保存参数 #3
rcx	保存参数 #4
r8	保存参数 #5
r9	保存参数 #6
r10～r15	可用于任何用途的开放寄存器

许多寄存器被保存为 call 指令的一部分。使用寄存器越多，执行函数调用的速度就越慢。这些问题由编译器的**调用约定**决定。Jzero 仅在给定调用之前保存修改的寄存器，在讨论实际的代码生成器之前，我们进一步考虑一下本机代码如何使用寄存器。

13.4.1 从空策略开始

最小寄存器策略就是空策略，它将中间代码地址映射到 x64 地址。值被加载到 rax 累加器寄存器中，以对其执行操作，结果立即返回主存储器。

rbp 基指针和 rsp 栈指针管理激活记录，这些记录也称为帧。当前激活记录以 rbp 基指针寄存器中心。栈上的当前本地区域位于基指针和栈指针之间，图 13.1 展示了 x64 栈布局。

x64 略微调整了经典栈布局。通过 r9 的 6 个 rdi 寄存器用于传递前 6 个参数。空策略在函数调用开始时将参数存储到内存中。div 指令使用 rdx 寄存器，因此除了用于传递参数 #3 之外，div 指令还需要 rdx。空策略不受此设计缺陷的影响。

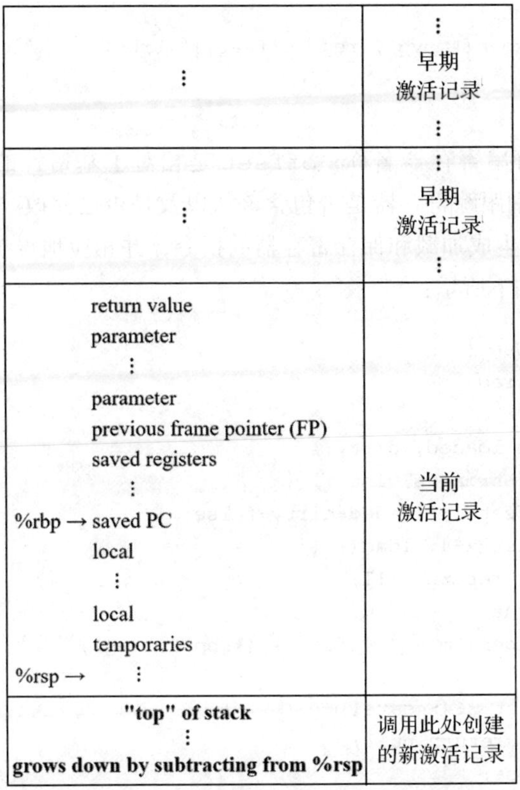

⋮	⋮ 早期 激活记录 ⋮
⋮	⋮ 早期 激活记录 ⋮
return value parameter ⋮ parameter previous frame pointer (FP) saved registers ⋮ %rbp → saved PC local ⋮ local temporaries %rsp → ⋮	当前 激活记录
"top" of stack ⋮ **grows down by subtracting from %rsp**	调用此处创建 的新激活记录

图 13.1　x64 栈布局，作为一系列激活记录进行管理，向下增长

13.4.2　分配寄存器以加速本地区域

Jzero 将寄存器 rdi-r14 映射到本地区域的前 88 个字节。当它遍历三地址指令时，代码生成器跟踪每个寄存器是否加载了值，以及是否从相应的主存储器位置对值进行了修改。代码生成器使用寄存器中的值，直到该寄存器用于其他用途。

这里有一个名为 RegUse 的类，它跟踪主存储器位置的对应寄存器（如果有的话），以及自上次加载到主存储器后，其值是否已被修改。RegUse.icn 中 RegUse 的 Unicon 实现如下所示：

```
class RegUse (reg, offset, loaded, dirty)
   method load()
      if \loaded then fail
      loaded := 1
      return j0.xgen("movq", offset||"(%rbp)", reg)
   end
   method save()
      if /dirty then fail
```

```
      dirty := &null
      return j0.xgen("movq", reg, offset||"(%rbp)")
   end
end
```

reg 字段表示字符串寄存器名称，offset 是相对于基指针的字节偏移量。loaded 和 dirty 布尔标志分别跟踪寄存器是否包含该值以及是否已修改。load() 和 save() 方法不加载和保存，它们生成加载和保存寄存器的指令，并相应地设置 loaded 和 dirty 标志。相应的 Java 代码如下所示：

```
public class RegUse {
   public String reg;
   int offset;
   public boolean loaded, dirty;
   public RegUse(String s, int i) {
     reg = s; offset=i; loaded=dirty=false; }
   public ArrayList<x64> load() {
      if (loaded) return null;
      loaded = true;
      return j0.xgen("movq", offset+"(%rbp)", reg);
   }
   public ArrayList<x64> save() {
      if (!dirty) return null;
      dirty = false;
      return j0.xgen("movq", reg, offset+"(%rbp)");
   }
}
```

RegUse 类的实例列表保存在 j0 类中名为 regs 的变量中，因此对于每个本地区域中的第一个字，都会适当地使用相应的寄存器。该列表在 Unicon 中构建，如下所示：

```
off := 0
regs := [: RegUse("%rdi"|"%rsi"|"%rdx"|"%rcx"|"%r8"|
      "%r9"|"%r10"|"%r11"|"%r12"|"%r13"|"%r14", off-:=8
```

这段 Unicon 代码只是在展示，其中“|”对 RegUse() 的单独调用生成所有寄存器名称，由 [: :] 列表理解运算符触发并捕获。x64 的一个棘手之处是，偏移量都是负整数，因为栈向下增长。在 Java 中，此初始化如下所示：

```
RegUse [] regs = new RegUse[]{ new RegUse("%rdi", -8),
   new RegUse("%rsi", -16), new RegUse("%rdx", -24),
   new RegUse("%rcx", -32), new RegUse("%r8", -40),
   new RegUse("%r9",-48), new RegUse("%r10", -56),
   new RegUse("%r11", -64), new RegUse("%r12", -72),
   new RegUse("%r13", -80), new RegUse("%r14", -88) };
```

数据结构在**基本块**边界上运行，在内存中存储修改后的寄存器，每当出现标签或分支指令时清除加载的标志。在被调用函数的顶部，参数的 loaded 标志和 dirty 标志设置为 true，指示必须保存到本地区域才能重用该寄存器的值。现在，是时候看看如何将每个中间代码元素转换为 x64 代码了。

13.5　将中间代码转换为 x64 代码

第 9 章中的中间代码生成器将整个程序的中间代码放置在语法树根的 icode 属性中。名为 isNative 的布尔值表示生成第 12 章所示的字节码，或者生成本机 x64 代码。为了生成 x64 代码，j0 类中的 gencode() 方法调用该类中名为 x64code() 的新方法，将 root.icode 中的中间代码作为输入传递给它。输出 x64 代码放在名为 xcode 的 j0 列表变量中。在 j0.icn 中调用此功能的 Unicon gencode() 方法如下所示：

```
method gencode(root)
   root.genfirst()
   root.genfollow()
   root.gentargets()
   root.gencode()
   xcode := []
   if \isNative then {
      x64code(root.icode)
      x64print()
      }
   else {
      bcode := bytecode(root.icode)
      every (! (\bcode)).print()
    }
end
```

上述代码中，新的突出显示的代码层是前面生成字节码的本地替代方案，它仍然可以从命令行选项获得。x64code() 方法接收 icode 列表，其返回值是 x64 类对象的列表。在本例中，生成的 x64 代码以文本形式输出，我们让汇编程序生成二进制格式。gencode() 方法对应的 Java 代码如下所示：

```
public static ArrayList<x64> xcode;
public static void gencode(root) {
   root.genfirst();
   root.genfollow();
   root.gentargets();
   root.gencode();
   xcode = new ArrayList<x64>();
   if (isNative && xcode != null) {
      x64code(root.icode);
```

```
      x64print();
   } else {
      ArrayList<byc> bcode = bytecode(root.icode);
      if (bcode != null)
        for (int i = 0; i < bcode.size(); i++)
          bcode.get(i).print();
   }
}
```

现在，我们来看看中间代码地址是如何变成 x64 内存引用的。

13.5.1 将中间代码地址映射到 x64 内存地址

中间代码中的地址是抽象（区域、偏移量）对，表示在第 9 章中的 address 类中。相应的 x64loc 类表示 x64 内存地址，其中包括寻址模式信息或要使用的寄存器。x64loc.icn 中的 Unicon 实现如下所示：

```
class x64loc(reg, offset, mode)
initially(x,y,z)
   if \z then { reg := x; offset := y; mode := z }
   else if \y then {
      if x === "imm" then { offset := y; mode := 5 }
      else if x === "lab" then { offset := y; mode := 6 }
      else {
         reg := x; offset := y
         if integer(y) then mode := 3 else mode := 4
         }
      }
   else {
      if integer(x) then { offset := x; mode := 2 }
      else if string(x) then { reg := x; mode := 1 }
      else stop("bad x64loc ", image(x))
   }
end
```

reg 字段为字符串寄存器名。offset 字段可以是整数偏移量，也可以是计算偏移量的字符串名称。对于寄存器，mode 为 1；对于绝对地址，mode 为 2；对于寄存器和整数偏移量，mode 为 3。对于寄存器和字符串偏移量名称，mode 为 4；对于立即值，mode 为 5；对于标签，mode 为 6。x64loc.java 中的 Java 实现如下所示：

```
public class x64loc {
  public String reg;  Object offset;
  public int mode;
  public x64loc(String r) { reg = r; mode = 1; }
  public x64loc(int i) { offset=(Object)Integer(i); mode=2; }
```

```
  public x64loc(String r, int off) {
    if (r.equals("imm")) {
      offset=(Object)Integer(off); mode = 5; }
    else if (r.equals("lab")) {
      offset=(Object)Integer(off); mode = 6; }
    else { reg = r; offset = (Object)Integer(off);
      mode = 3; }
  }
  public x64loc(String r, String s) {
    reg = r; offset = (Object)s; mode=4; }
}
```

Java 代码有用于不同内存类型的构造函数。address 类的区域和偏移量必须映射到 x64loc 类的实例上，该实例是 x64 类中的操作数。这通过 j0 类中的 loc() 方法完成，该方法将地址作为参数并返回一个 x64loc 实例。j0.icn 中 loc() 的 Unicon 代码如下所示：

```
method loc(a)
   if /a then return
   case a.region of {
   "loc": { if a.offset <= 88 then return loadreg(a)
            else return x64loc("rbp", -a.offset) }
   "glob": { return x64loc("rip", a.offset) }
   "const": { return x64loc("imm", a.offset) }
   "lab": { return x64loc("lab", a.offset) }
   "obj": { return x64loc("r15", a.offset) }
   "imm": { return x64loc("imm", a.offset) }
   }
end
```

当代码将地址转换为 x64loc 实例时，由于栈向下增长，本地区域偏移量将转换为负值。j0.Java 中的 Java 方法如下所示：

```
public static x64loc loc(String s) { return new x64loc(s);}
public static x64loc loc(Object o) {
   if (o instanceof String) return loc((String)o);
   if (o instanceof address) return loc((address)o);
   return null;
}
public static x64loc loc(address a) {
   switch (a.region) {
   case "loc": { if (a.offset <= 88) return loadreg(a);
                 else return x64loc("rbp", -a.offset); }
   case "glob": { return x64loc("rip", a.offset); }
   case "const": { return x64loc("imm", a.offset); }
   case "lab": { return x64loc("lab", a.offset); }
```

```
    case "obj": { return x64loc("r15", a.offset); }
    case "imm": { return x64loc("imm", a.offset); }
    default: { semErr("x64loc unknown region"); return null; }
    }
}
```

loadreg() 辅助方法用于前 88 个字节中的本地偏移量。如果该值尚未出现在其指定的寄存器中，则会发出 movq 指令将其放置在那里，如以下代码段所示：

```
method loadreg(a)
  r := a.offset/8 + 1
  if / (regs[r].loaded) then {
    every put(xcode,
              !xgen("movq",(-
                 a.offset)||"(%rbp)",regs[r].reg))
    regs[r].loaded := "true"
    }
  return x64loc(regs[a.offset/8+1].reg)
end
```

loadreg() 的 Java 实现如下所示：

```
public static x64loc loadreg(address a) {
  long r = a.offset/8;
  if (!regs[r].loaded) {
    xcode.addAll(xgen("movq",
            String.valueOf(-a.offset)+"(%rbp)", regs[r].reg));
    regs[r].loaded = true;
    }
    return x64loc(regs[a.offset/8+1].reg);
}
```

给定 x64 类，还需要一个辅助函数来构造 x64code() 代码生成器方法。我们需要一种方便的工厂方法来生成 x64 指令并将它们附加到 xcode 列表中。此 xgen() 方法将源操作数和目标操作数转换为 x64loc 实例，这会添加 movq 指令以将值加载到寄存器中。其 Unicon 代码如下所示：

```
method xgen(o, src, dst)
   return [x64(o, loc(src), loc(dst))]
end
```

这里展示的对应 Java 实现有许多版本，用于处理源或目标是地址或寄存器的字符串名称的情况：

```
public static ArrayList<x64> l64(x64 x) {
   return new ArrayList<x64>(Arrays.asList(x)); }
public static ArrayList<x64> xgen(String o){
    return l64(new x64(o)); }
```

```
public static ArrayList<x64> xgen(String o,
    address src, address dst) {
    return l64(new x64(o, loc(src), loc(dst))); }
public static ArrayList<x64> xgen(String o, address opnd) {
    return l64(new x64(o, loc(opnd))); }
public static ArrayList<x64> xgen(String o, address src,
                                  String dst) {
    return l64(new x64(o, loc(src), loc(dst))); }
public static ArrayList<x64> xgen(String o, String src,
                                  address dst) {
    return l64(new x64(o,loc(src),loc(dst))); }
public static ArrayList<x64> xgen(String o, String src,
                                  String dst) {
    return l64(new x64(o,loc(src),loc(dst))); }
public static ArrayList<x64> xgen(String o, String opnd) {
    return l64(new x64(o, loc(opnd))); }
```

在上述代码段中，l64()方法只创建单个包含x64对象的ArrayList元素。剩下的只是xgen()的许多实现，它们采用不同的参数类型。现在，终于是时候展示x64代码生成器方法了。

13.5.2 实现x64代码生成器方法

j0类中x64code()方法的Unicon实现如下所示。对三地址指令集中的每个操作码，其实现必须填写一个case分支。这里有很多case分支，我们分别介绍每一个分支，第一个case分支如下所示：

```
method x64code(icode)
    every i := 1 to *\icode do {
      instr := icode[i]
      case instr.op of {
        "ADD": { ... append translation of ADD to xcode }
        "SUB": { ... append translation of SUB to xcode }
        . . .
      }
    }
end
```

x64code()的Java实现如下所示：

```
public static void x64code(ArrayList<tac> icode) {
  int parmCount = -1;
  for(int i=0; i<icode.size(); i++) {
    tac instr = icode.get(i);
    switch(instr.op) {
    case "ADD": { ... append translation of ADD to xcode}
```

```
      case "SUB": { ... append translation of SUB to xcode}
        ...
        }
      }
    }
```

在这个 x64code() 方法的框架内，我们现在对每一条三地址指令加以解释。这里将从简单表达式开始。

13.5.3　生成简单表达式的 x64 代码

三地址操作码的情况有许多共同点。加法代码展示了许多常见元素。在 Unicon 中，用于加法的 x64 代码如下所示：

```
"ADD": { xcode |||:= xgen("movq", instr.op2, "%rax") |||
                     xgen("addq", instr.op3, "%rax") |||
                     xgen("movq", "%rax", instr.op1) }
```

在这段代码中，从内存中读取操作数 2 和操作数 3 并将其压入栈。实际的 ADD 指令完全在栈中工作，然后将结果从栈中弹出并放入操作数 3 中。在 Java 中，加法的实现包括以下代码：

```
case "ADD": { xcode.addAll(xgen("movq", instr.op2,
              "%rax"));
              xcode.addAll(xgen("addq", instr.op3,
                  "%rax"));
              xcode.addAll(xgen("movq", "%rax",
                 instr.op1));
              break; }
```

大约有 19 条三地址指令。前面 ADD 指令所示的最终代码生成模式也用于其他算术指令。对于 NEG 这样的一元运算符，模式稍微简化了一些，如下所示：

```
"NEG": {  xcode |||:= xgen("movq", instr.op2, "%rax") |||
              xgen("negq", "%rax") |||
              xgen("movq", "%rax", instr.op1) }
```

在 Java 中，NEG 操作的实现由以下代码组成：

```
case "NEG": { xcode.addAll(xgen("movq", instr.op2,
              "%rax"));
              xcode.addAll(xgen("negq", "%rax"));
              xcode.addAll(xgen("movq", "%rax",
                 instr.op1));
              break; }
```

像 ASN 这样更简单的指令值得专门关注，因为 x64 代码具有直接内存到内存移动指令的特性，但选项之一是使用相同的脚本并进一步对前面的模式做简化，如下所示：

```
"ASN": { xcode |||:= xgen("movq", instr.op2, "%rax") |||
                     xgen("movq", "%rax", instr.op1) }
```

在 Java 中，赋值操作的实现如下所示：

```
case "ASN": { xcode.addAll(xgen("movq", instr.op2,
    "%rax"));
            xcode.addAll(xgen("movq", "%rax",
                instr.op1));
            break; }
```

表达式是代码中最常见的元素，下一类元素是指针。

13.5.4　生成指针操作的代码

在三地址指令中，有三条指令与指针的使用有关：ADDR、LCON 和 SCON。ADDR 指令将内存中的地址转换为一段数据，可以对其进行操作，以执行如指针运算之类的操作。ADDR 指令压入其操作数，即其中一个内存区域中的地址引用，就好像它是立即模式值一样。其代码如下所示：

```
"ADDR": { xcode |||:= xgen("leaq", instr.op2, "%rax")
          xcode |||:= xgen("%rax", instr.op1) }
```

在 Java 中，ADDR 指令的实现代码如下所示：

```
case "ADDR": { xcode.addAll(xgen("leaq", instr.op2,
    "%rax"));
             xcode.addAll(xgen("%rax", instr.op1));
             break; }
```

LCON 指令用于从其他内存指向的内存中读取数据，如下所示：

```
"LCON": { xcode |||:= xgen("movq", instr.op2, "%rax") |||
                      xgen("movq", "(%rax)", "%rax") |||
                      xgen("movq", "%rax", instr.op1) }
```

在 Java 中，LCON 指令的实现如下所示：

```
case "LCON": { xcode.addAll(xgen("movq", instr.op2,
    "%rax"));
             xcode.addAll(xgen("movq", "(%rax)",
                 "%rax"));
             xcode.addAll(xgen("movq", "%rax",
                 instr.op1));
             break; }
```

SCON 指令写入其他内存指向的内存，如下所示：

```
"SCON": { xcode |||:= xgen("movq", instr.op2, "%rbx") |||
                      xgen("movq", instr.op1, "%rax")
                      xgen("movq", "%rbx", "(%rax)") }
```

在 Java 中，SCON 指令的实现由以下代码组成：

```
case "SCON": { xcode.addAll(xgen("movq", instr.op2,
    "%rbx"));
               xcode.addAll(xgen("movq", instr.op1,
    "%rax"));
               xcode.addAll(xgen("movq", "%rbx",
    "(%rax)"));
               break; }
```

这些指令对于支持结构化数据类型（如数组）非常重要。现在，我们考虑控制流的字节码生成，从 GOTO 指令开始。

13.5.5 为分支和条件分支生成本机代码

有 7 条中间代码指令与分支指令有关，其中最简单的是无条件分支或 GOTO 指令。GOTO 指令为指令指针寄存器分配一个新值。毫不奇怪，GOTO 字节码是三地址 GOTO 指令的实现，如以下代码片段所示：

```
"GOTO": {  xcode |||:= xgen("goto", instr.op1) }
```

在 Java 中，GOTO 指令的实现由以下代码组成：

```
case "GOTO": { xcode.addAll(xgen("goto", instr.op1));
               break; }
```

三地址码中的条件分支指令向下转换为更简单的最终代码指令。对于 x64 指令集，这意味着执行一条比较指令，该指令在一条 x64 条件分支指令之前设置条件代码。BLT 指令的 Unicon 实现如下所示：

```
"BLT": { xcode |||:= xgen("movq", instr.op2, "%rax") |||
                     xgen("cmpq", instr.op3, "%rax") |||
                     xgen("jle", instr.op1) }
```

在 Java 中，为 BLT 指令生成字节码的实现代码如下所示：

```
case "BLT": { xcode.addAll(xgen("movq", instr.op2,
    "%rax"));
              xcode.addAll(xgen("cmpq", instr.op3,
    "%rax"));
              xcode.addAll(xgen("jle", instr.op1));
              break; }
```

此模式用于几个三地址指令。现在，我们考虑与方法调用和返回相关的更具挑战性的控制流传输形式。

13.5.6 为方法调用和返回生成代码

有 3 条中间代码指令用于处理函数和方法调用以及返回这一重要主题。零个或多个 PARM 指令序列将值压入栈，之后由 CALL 指令执行方法调用。从被调用的方法内部，RET 指令从方法返回给调用方。

这个三地址代码调用约定必须向下映射到底层 x64 指令集，最好与该架构上的标准调用约定一起映射，这需要在特定寄存器中传递前 6 个参数。

要将参数传递到正确的寄存器中，PARM 指令必须跟踪其参数编号。PARM 指令的 Unicon 代码包括：

```
"PARM": { if /parmCount then {
             parmCount := 1
             every j := i+1 to *icode do
                if icode[j].op == "CALL" then break
                parmCount +:= 1
             }
          else parmCount -:= 1
          genParm(parmCount, instr.op1) }
```

在上述代码中，对于第一个参数，every 循环计算 CALL 指令之前的参数数量，使用当前参数编号和操作数调用 genParm() 方法。在 Java 中，PARM 指令的实现是类似的，我们可以在这里看到：

```
case "PARM": { if (parmCount == -1) {
                  for(int j = i+1; j<icode.size(); j++) {
                     tac callinstr = icode.get(j);
                     if (callinstr.op.equals("CALL"))
                      break;
                     parmCount++;
                     }
                  }
               else parmCount--;
               genParm(parmCount, instr.op1);
               break; }
```

上面的参数情况取决于 genParm() 方法，该方法根据参数编号生成代码。在为新函数调用加载寄存器之前，必须将已修改的寄存器值保存到其主存储器位置，如下所示：

```
method genParm(n, addr)
   every (!regs).save()
   if n > 6 then xcode |||:= xgen("pushq", addr)
   else xcode |||:= xgen("movq", addr, case n of {
      1: "%rdi"; 2: "%rsi"; 3: "%rdx";
      4: "%rcx"; 5: "%r8";   6: "%r9"
   })
end
```

genParm()的相应Java实现如下所示：

```
public static void genParm(int n, address addr) {
   for (RegUse x : regs) x.save();
   if (n > 6) xcode.addAll(xgen("pushq", addr));
   else {
      String s = "error:" + String.valueOf(n);
      switch (n) {
      case 1: s = "%rdi"; break; case 2: s = "%rsi"; break;
      case 3: s ="%rdx"; break; case 4: s = "%rcx"; break;
      case 5: s = "%r8"; break; case 6: s = "%r9"; break;
      }
      xcode.addAll(xgen("movq", addr, s));
   }
}
```

接下来是CALL指令。调用后，三地址码中的op1目的地将从rax寄存器保存。op2源字段是在第一条PARM指令之前使用的方法地址。op3源字段给出了x64上未使用的参数数量。代码段如下所示：

```
"CALL": { xcode |||:= xgen("call", instr.op3)
          xcode |||:= xgen("movq", "%rax", instr.op1)
          parmCount := -1 }
```

在Java中，CALL指令的实现如下所示：

```
case "CALL": { xcode.addAll(xgen("call", instr.op3));
               xcode.addAll(xgen("movq", "%rax",
                  instr.op1));
               parmCount = -1;
               break; }
```

RETURN指令的Unicon实现如下所示：

```
"RETURN": { xcode |||:= xgen("movq", instr.op1, "%rax") |||
            xgen("leave") ||| xgen("ret", instr.op1) }
```

在Java中，RETURN指令的实现类似如下代码：

```
case "RETURN":{ xcode.addAll(xgen("movq", instr.op1,
   "%rax"));
                xcode.addAll(xgen("leave"));
                xcode.addAll(xgen("ret", instr.op1));
break; }
```

为方法调用和返回生成代码并不太困难。现在，我们考虑如何处理三地址代码中的伪指令。

13.5.7　处理标签和伪指令

伪指令（如标签）不会转换为代码，但它们存在于三地址指令的链接列表中，需要在最终代码中加以考虑。最常见和最明显的伪指令是**标签**。如果最终代码是以人类可读的编译程序格式生成的，则可以按原样生成标签，对任何必要的格式差异进行模运算，使其在汇编程序文件中合法。如果我们以二进制格式生成最终代码，则此时标签需要精确计算，并且被生成的机器代码中的实际字节偏移量完全替换。代码如下所示：

```
"LAB": { every (!regs).save()
         xcode |||:= xgen("lab", instr.op1) }
```

在 Java 中，其等效实现如下所示：

```
case "LAB": { for (RegUse ru : regs) ru.save();
              xcode.addAll(xgen("lab", instr.op1)); break; }
```

作为其他类型伪指令的代表，要考虑为方法的开头和结尾输出哪些 x64 代码。在中间代码中方法的开头，你得到的只是 `proc x,n1,n2` 伪指令。此伪指令的 Unicon 代码如下所示：

```
"proc": {
   n := (instr.op1.offset + instr.op2.offset) * 8
   xcode |||:= xgen(".text") |||
               xgen(".globl", instr.op1) |||
               xgen(".type", instr.op1, "@function") |||
               xgen(instr.op1||":") |||
               xgen("pushq", "%rbp") |||
               xgen("movq", "%rsp", "%rbp") |||
               xgen("subq", "$"||n, "%rsp")
   every i := !(instr.op2.offset) do
      regs[i].loaded := regs[i].dirty := "true"
   every j := i+1 to 11 do
      regs[i].loaded := regs[i].dirty := "false"
}
```

在上述代码中，`.text` 指令一行一行地告诉汇编程序写入代码段，`.globl` 指令指出，方法名应该可以从其他模块链接。`.type` 指令指示符号是函数。`.type` 指令下面的指令将（损坏的）函数名声明为汇编程序标签，也就是说，该名称可以用作代码区域中此函数入口点的引用。`pushq` 指令将前一个基指针保存在栈上。`movq` 指令在当前栈顶部建立新函数的基指针。

对 `n` 的赋值计算本地区域字节总数，包括在寄存器中传递但在方法调用另一个方法时复制到栈内存中的参数的空间。`subq` 指令通过在栈中进一步向下移动栈指针来分配内存。这两个循环标记使用的参数，同时注意到其他寄存器是清空的。在 Java 中，方法头部分对应的代码如下所示：

```
case "proc": {
   xcode.addAll(xgen(".text"));
   xcode.addAll(xgen(".globl", instr.op1));
   xcode.addAll(xgen(".type", instr.op1, "@function"));
   xcode.addAll(xgen(instr.op1 + ":"));
   xcode.addAll(xgen("pushq", "%rbp"));
   xcode.addAll(xgen("movq", "%rsp", "%rbp"));
   int n = (instr.op1.offset + instr.op2.offset) * 8;
   xcode.addAll(xgen("subq", "$"+n, "%rsp"));
   int j;
   for (j = 0; j < instr.op2.offset; j++)
      regs[j].loaded = regs[j].dirty = true;
   for (; j < 11; j++)
      regs[j].loaded = regs[j].dirty = false;
   break;
}
```

正如我们在这里看到的，end 伪指令稍微简单一些。我们不想从方法的结尾处掉下来，所以我们发出指令来恢复旧的帧指针并返回，同时发出函数结束的汇编程序指令：

```
"end": {
   xcode |||:= xgen("leave") ||| xgen("ret")
}
```

end 伪指令的对应 Java 实现如下所示：

```
case "end": {
   xcode.addAll(xgen("leave"));
   xcode.addAll(xgen("ret"));
   break;
}
```

前面几节内容生成了一个包含字节码表示的数据结构，然后演示了如何对各种三地址指令加以解释。现在，我们继续从 x64 对象列表中生成输出本机 x64 代码。

13.6 生成 x64 输出

和许多传统编译器一样，Jzero 的本机代码将通过执行以下步骤生成。首先，我们将以扩展名为 .s 的人类可读汇编语言编写 x64 对象的链接列表。然后我们调用 GNU 汇编程序将其转换为扩展名为 .o 的二进制目标文件格式。通过调用链接器来构造可执行文件，链接器将用户指定的一组 .o 文件与一组包含运行时库代码和来自生成代码的数据引用的 .o 文件组合在一起。本节将对这些步骤进行介绍，先从生成汇编程序代码开始。

13.6.1　以汇编语言格式编写 x64 代码

本节简要介绍 GNU 汇编程序支持的 x64 汇编程序格式，该汇编程序使用 AT&T 语法。指令和伪指令单独出现在一行上，左侧缩进一个制表符（或 8 个空格）。标签是此规则的例外，因为它们不包含缩进的前导空格，并且由后跟冒号的标识符组成。伪指令以句点开头。在指令或伪指令的助记符之后，可以有一个制表符或空格，后跟 0、1 或 2 个逗号分隔的操作数，具体取决于指令的要求。

例如，下面是一个简单的 x64 汇编程序文件，其中包含一个不执行任何操作并返回值为 42 的函数。在汇编程序中，它可能是这样的：

```
        .text
        .globl  two
        .type   two, @function
two:
.LFB0:
        pushq   %rbp
        movq    %rsp, %rbp
        movl    $42, -4(%rbp)
        movl    -4(%rbp), %eax
        popq    %rbp
        ret
.LFE0:
        .size   two, .-two
```

其中 j0 类有一个名为 x64print() 的方法，该方法将 x64 对象列表以这种格式输出到文本文件中。正如我们在下面展示的代码中看到的，它对 xcode 列表中的每个 x64 对象调用 print() 方法：

```
method x64print()
   every (!xcode).print()
end
```

j0.Java 文件中 x64print() 的 Java 实现如下所示：

```
public static void x64print() {
   for(x64 x : xcode) x.print();
}
```

在介绍了如何编写汇编程序代码后，下面我们来研究如何调用 GNU 汇编程序来生成目标文件。

13.6.2　从本机汇编程序到目标文件

目标文件是包含实际机器代码的二进制文件，13.6.1 节中编写的汇编程序文件使用 as 命令进行汇编，如下所示：

```
as --gstabs+ -o two.o two.s
```

在此命令行中，建议使用 `--gstabs+` 选项，其中包含调试信息。`-o two.o` 是指定输出文件名的选项。

生成的 `two.o` 二进制文件不易理解，但可以使用各种工具查看。只是为了好玩，`two.o` 中前 102 个字节的 1 和 0 展示在图 13.2 中，每行显示 6 字节，右侧显示 ASCII 解释。图 13.2 展示了文本形式的 1 和 0，这要归功于一个名为 `xxd` 的工具，该工具可以将这些位以文本形式输出。当然，计算机通常一次处理 8～64 位，而无须首先将其翻译为文本形式。

```
01111111 01000101 01001100 01000110 00000010 00000001  .ELF..
00000001 00000000 00000000 00000000 00000000 00000000  ......
00000000 00000000 00000000 00000000 00000001 00000000  ......
00111110 00000000 00000001 00000000 00000000 00000000  >.....
00000000 00000000 00000000 00000000 00000000 00000000  ......
00000000 00000000 00000000 00000000 00000000 00000000  ......
00000000 00000000 00000000 00000000 00010000 00000010  ......
00000000 00000000 00000000 00000000 00000000 00000000  ......
00000000 00000000 00000000 00000000 01000000 00000000  ....@.
00000000 00000000 00000000 00000000 01000000 00000000  ....@.
00001011 00000000 00001010 00000000 01010101 01001000  ....UH
10001001 11100101 11000111 01000101 11111100 00000100  ...E..
00000000 00000000 00000000 10001011 01000101 11111100  ....E.
01011101 11000011 00000000 01000111 01000011 01000011  ]..GCC
00111010 00100000 00101000 01010101 01100010 01110101  : (Ubu
01101110 01110100 01110101 00100000 00110111 00101110  ntu 7.
00110101 00101110 00110000 00101101 00110011 01110101  5.0-3u
```

图 13.2 二进制表示法对人类不友好，但对计算机很合适

文件的第 2～4 字节表示 `ELF` 并非巧合。**可执行和可链接格式**（Executable and Linkable Format, ELF）是其中一种最流行的多平台目标文件格式，前 4 字节标识文件格式。可以说，这种二进制文件格式对机器很重要，但对人类来说难以理解。现在，我们考虑如何将目标文件组合成可执行程序。

13.6.3 链接、加载并包括运行时系统

对一组二进制文件加以组合，以生成可执行文件的任务称为**链接**。这是另一部分需要专门介绍的内容，需要一整本书来阐述。对 Jzero 来说，好的方面是，我们可以让 `ld` GNU 链接器程序完成这项工作。它使用 `-o` 文件选项指定其输出文件名，然后指定任意数量的 `.o` 目标文件。工作的可执行文件的目标文件包括一个启动文件，该文件将初始化并调用 `main()`，通常称为 `crt1.o`，后跟应用程序文件，再往后是零个或多个运行时库文件。如果我们构建一个名为 `libjzero.o` 的 Jzero 运行时库，`ld` 命令行可能如下所示：

```
ld -o hello /usr/lib64/crt1.o hello.o -ljzero
```

如果运行时库调用真正的 C 库中的函数，那么也必须包含它们。构建在 **GNU 编译器集合**（GNU Compiler Collection，GCC）`glibc` 之上的运行时系统的完整基于 `ld` 的链接如下所示：

```
ld -dynamic-linker /lib64/ld-linux-x86-64.so.2 \
   /usr/lib/x86_64-linux-gnu/crt1.o \
   /usr/lib/x86_64-linux-gnu/crti.o \
   /usr/lib/gcc/x86_64-linux-gnu/7/crtbegin.o \
   hello.o -ljzero \
   -lc /usr/lib/gcc/x86_64-linux-gnu/7/crtend.o \
   /usr/lib/x86_64-linux-gnu/crtn.o
```

用户通常不必自己键入此命令行，因为它会被编译为编译器的链接器调用代码。但它有一个致命的缺陷，即不可移植性和版本依赖。要在运行时系统中使用现有的 GCC C 库，我们可能希望让现有的 GCC 安装执行链接，如下所示：

```
gcc -o hello hello.o
```

链接器必须从几个二进制目标代码输入集成一个大的二进制代码。除了将目标文件中的所有指令汇集在一起，链接器的主要任务是确定可执行文件中所有函数和全局变量的地址。链接器还必须为每个目标文件提供一种机制，以从其他目标文件中查找函数和变量的地址。

对于未在用户代码中定义但作为语言运行时系统一部分的函数和变量，链接器必须具有搜索运行时系统的机制，并根据需要合并尽可能多的运行时系统。运行时系统包括启动代码，用于初始化运行时系统，并设置调用 `main()`。它可以包括一个或多个始终链接到该语言的任何可执行文件的目标文件。最重要的是，链接器提供了一种仅在运行时系统中从用户代码显式调用的部分中搜索和链接的方法。

在现代系统中，随着时间的推移，事情变得越来越复杂。标准做法是将链接和加载的各个方面推迟到运行时，特别是允许进程共享已加载供其他进程使用的库代码。

13.7 本章小结

本章对如何为 x64 处理器生成本机代码进行了介绍。在我们所学习的技能中，主要任务是遍历中间代码的链接列表，并将其转换为 x64 指令集中的指令。此外，我们还学习了用 GNU 汇编程序格式编写 x64 代码。最后，我们学习了如何调用汇编程序和链接器将本机代码转换为 ELF 对象和可执行文件格式。第 14 章将更详细地介绍在语言的运行时系统中实现新的高级运算符和内置函数的任务。

13.8 思考题

1. 与字节码相比，生成 x64 本机代码所需的主要新概念是什么？
2. 提供全局变量的地址作为相对于 `%rip` 指令指针寄存器的偏移量有哪些优点和缺点？
3. 影响现代计算机性能的一个大问题是执行函数调用和返回的速度。为什么函数调用速度很重要？ x64 架构在哪些情况下能够执行快速的函数调用和返回？ x64 架构的某些方面会减慢函数调用速度吗？

Chapter 14 第 14 章

运算符和内置函数的实现

我们发明新的编程语言，是因为偶尔需要新的思想和新的计算能力，以解决在新应用领域中出现的问题。函数库或类库是扩展主流编程语言额外计算能力的基本手段，但如果只需要添加库就够了，那么你就不需要构建自己的编程语言了，对吗？

本章和第 15 章讨论除库之外的语言扩展问题。本章将描述如何通过添加内置于语言中的运算符和函数来支持非常高级的和领域特定语言特性。第 15 章再讨论如何添加控制结构。

添加运算符和内置函数可能会缩短和减少程序员为了解决语言中某些问题，提高其性能或启用语言语义而必须编写的代码量。本章将阐述 Jzero 上下文中的思想，强调 `String` 和数组类型。作为比较，本章后面将描述如何在 Unicon 中实现运算符和函数。

在本章，我们将学习如何编写运行时系统中由于太复杂而无法成为指令集中的指令的部分，还将学习如何将领域特定功能添加到编程语言中。让我们从如何实现高级运算符开始！

14.1 实现运算符

运算符是用于计算值的表达式。前面的章节介绍了通过底层机器上的少数指令计算表达式结果的简单运算符。本节介绍如何实现需要经历多个步骤的运算符。这些运算符可以称为**复合运算符**。在这种情况下，底层生成的代码可以执行对底层机器中函数的调用。

从生成的代码调用的函数是用实现语言而不是源语言编写的。这些语言可能处于较低的级别，做源语言中不可能完成的任务。例如，实现语言中的参数传递规则可能与我们正在创建的编程语言中的参数传递规则不同。

如果你想知道何时应该将新的计算转换为运算符，那么可以参考第 2 章。我们不需要重复介绍该内容，只需注意：运算符通常只能对最多三个操作数进行操作，并且大多数运算符仅使用两个或一个操作数。

如果能利用有关算术的类比，在新的计算中重用相对熟悉的运算符，那就太好了。否则，我们不得不要求程序员学习和记忆新的模式，这需要他们付出很多。我们可以在编程语言中添加数百个运算符，但人脑不可能记住那么多。例如，如果试图引入比我们键盘按键更多的运算符，则编程语言可能会因为过度的识别负担而被人拒绝使用。现在，我们思考一下在语言中添加新的运算符会在多大程度上导致需要添加新的硬件功能。

14.1.1　运算符是否需要硬件支持

同样，我们可能会发现我们语言中的通用计算操作可能值得被设计为语言中的操作符，硬件设计者可能会意识到计算机应该支持具有本机指令的通用计算。当语言设计者意识到计算应该是其语言中的运算符时，这会使计算成为硬件实现的候选。类似地，当硬件设计者在其硬件中实现公共计算时，语言设计者应该思考该计算是否应该直接由运算符或其他语法支持。这里有一个例子。

在 1994 年的 80486 出现之前，大多数 PC 机都没有配置浮点硬件，在某些平台上，浮点协处理器是科学计算所需的附加部件，非常昂贵。在实现编译器时，我们在软件中将浮点数据类型实现为一组函数。这些运行时系统函数是从生成的代码中调用的，但对程序员来说是透明的。声明两个浮点变量 `f1` 和 `f2` 并执行 `f1+f2` 表达式的程序将计算浮点和，而不会注意到生成的代码包括可能比添加两个整数慢 10 倍甚至 100 倍的函数调用。

这里有另一个例子，可能是我们的痛点。在 20 世纪 90 年代，当一个名为 Doom 的程序创造了对 3D 图形的巨大需求之后，GPU 被开发出来。GPU 支持的计算远远超出了游戏和其他 3D 程序的原始范围。然而，大多数主流语言并不直接支持它们，GPU 的陡峭学习曲线和编程难度使其影响大大降低。综上所述，应该内置在编程语言中以简化编程的运算符和应该内置在硬件中的运算符之间存在着丰富而有趣的灰色区域。现在，我们学习如何向 Jzero 添加一个复合运算符：连接。

14.1.2　在中间代码生成中添加字符串连接

对于 Jzero，字符串类型是必不可少的，但在前面的代码生成或字节码解释章节中并没有实现，这些章节侧重于整数计算。`String` 类需要一个我们必须实现的连接运算符。有些计算机允许在硬件中对某些字符串表示进行连接。对 Jzero 来说，`String` 是一个类，连接与方法类似——要么是工厂方法，要么是构造函数，因为它返回一个新字符串，而不是修改其参数。

不管怎样，都应该实现 `s1+s2`，其中 `s1` 和 `s2` 是字符串。对于中间代码，我们可以添加一条名为 SADD 的新指令。如果不想这样做，可以生成调用字符串连接方法的代码，但我们将在这里使用中间代码指令运行。加号运算符的代码生成规则将根据类型生成不同的代码。在实现之前，我们必须修改树类中的 check_types() 方法，使 s1 字符串加上 s2 字符串合法，并计算字符串。在 Unicon 实现中，更改 tree.icn 中的行，其中加法是类型检查的，以允许使用 String 类型，如下所示：

```
if op1.str() === op2.str() === ("int"|"double"|"String")
  then return op1
```

在 Java 实现中，在 tree.Java 中添加以下 OR 操作：

```
if (op1.str().equals(op2.str()) &&
    (op1.str().equals("int") ||
     op1.str().equals("double") ||
     op1.str().equals("String")))
  return op1;
```

在修改了类型检查器以允许字符串连接之后，中间代码生成方法 genAddExpr() 也进行了类似的扩展。对 Unicon 版本 tree.icn 的修改在方法体中突出显示如下：

```
method genAddExpr()
  addr := genlocal()
  icode := kids[1].icode ||| kids[2].icode
  if typ.str() == "String" then {
    if rule ~= 1320 then
      j0.semErr("subtraction on strings is not defined")
    icode |||:= gen("SADD", addr,
        kids[1].addr, kids[2].addr)
    }
  else icode |||:= gen(if rule=1320 then "ADD" else "SUB",
     addr, kids[1].addr, kids[2].addr)
end
```

对产生式规则 1320 加以检查是因为 String 类型不支持减法，tree.java 中相应的 Java 修改如下：

```
void genAddExpr() {
  addr = genlocal();
  icode = new ArrayList<tac>();
  icode.addAll(kids[0].icode); icode.addAll(kids[1].icode);
  if (typ.str().equals("String")) {
    if (rule != 1320)
      j0.semErr("subtraction on strings is not defined");
    icode.addAll(gen("SADD", addr,
                      kids[0].addr,kids[1].addr);
    }
  else icode.addAll(gen(((rule==1320)?"ADD":"SUB"),
```

```
                addr, kids[0].addr, kids[1].addr));
end
```

到此为止，我们添加了一个用于字符串连接的中间代码指令。现在，是在运行时系统中实现它的时候了，我们首先介绍字节码解释器。

14.1.3 为字节码解释器添加字符串连接

因为字节码解释器是软件，我们可以简单地为字符串连接添加另一个字节码指令，就像我们对中间代码所做的那样。SADD 指令的操作码 #22 必须添加到 Op.icn 和 Op.java 中。我们必须修改字节码生成器，以便为中间代码 SADD 指令生成字节码 SADD 指令。在 j0.icn 中的 bytecode() 方法中，Unicon 实现如下所示：

```
"SADD": {
  bcode |||:= j0.bgen(Op.PUSH, instr.op2) |||
             j0.bgen(Op.PUSH, instr.op3) |||
             j0.bgen(Op.SADD) |||
             j0.bgen(Op.POP, instr.op1)
  }
```

如果这看起来像 ADD 指令的代码，那就说到点子上去了。与 ADD 指令一样，最终代码主要包括将一个三地址指令转换为一个一地址指令序列。j0.java 中的 Java 实现如下所示：

```
case "SADD": {
  rv.addAll(j0.bgen(Op.PUSH, instr.op2));
  rv.addAll(j0.bgen(Op.PUSH, instr.op3));
  rv.addAll(j0.bgen(Op.SADD, null));
  rv.addAll(j0.bgen(Op.POP, instr.op1));
  break;
  }
```

我们还必须实现该字节码指令，这意味着我们必须将其添加到字节码解释器中。由于 Unicon 和 Java 实现语言都有高级字符串类型，具有类似 Jzero 等语言的语义，因此我们希望实现变得简单。如果 j0x 字节码解释器中 String 的 Jzero 表示是底层实现语言字符串，那么 SADD 指令的实现将只执行字符串连接。然而，在大多数语言中，源语言语义与实现语言不同，因此通常需要实现源语言类型的表示，该表示在底层实现语言中对源语言语义进行建模。

发出警告后，我们看看是否可以将 Jzero 字符串实现为纯 Unicon 和 Java 字符串。在这种情况下，j0machine.icn 中 inter() 方法的 SADD 指令与 ADD 整数几乎相同：

```
Op.SADD: {
   val1 := pop(stack); val2 := pop(stack)
   push(stack, val1 || val2)
}
```

这个 Unicon 实现依赖于这样一个事实，即 Unicon 值栈不关心你是否有时压入整数还是字符串。Unicon 有一个底层字符串区域，其中存储了字符串底层内容，字节码解释器隐式使用该区域。

j0machine.java 中相应的 Java 实现更复杂。我们实现的 stackbuf 变量是 ByteBuffer，其大小可以容纳大量 64 位整数值，但现在，我们必须决定如何使用它来容纳字符串。如果我们将实际的字符串内容存储在 stackbuf 中，我们就不再实现栈了——我们正在实现一个堆，这会变得非常棘手。相反，我们将在 stackbuf 中存储一些整数代码，我们可以通过在**字符串池**中查找它来获得字符串：

```
case Op.SADD: {
   String val1 = stringpool.get(stackbuf.getLong(sp--));
   String val1 = stringpool.get(stackbuf.getLong(sp--));
   long val3 = stringpool.put(val1 + val2);
   stackbuf.putLong(sp++, val3);
}
```

这段代码依赖于 stringpool 类，它使用唯一的整数来存储和检索字符串。这些唯一的整数是对可以方便地存储在 stackbuf 上的字符串数据的引用，但是现在，Java 实现需要 stringpool 类，所以在 stringpool.java 文件中就是这样。对任何字符串，检索其唯一整数的方法是在池中查找它。一旦像这样发布后，可以使用一个唯一的整数稍后按需检索字符串：

```
public class stringpool {
   static HashMap<String,Long> si;
   static HashMap<Long,String> is;
   static long serial;
   static { si = new HashMap<>(); is = new HashMap<>(); }
   public static long put(String s) { … }
   public static String get(long L) { … }
}
```

此类需要以下一对方法。put() 方法将字符串插入池中。如果字符串已经在池中，则返回其现有的整数键。如果字符串尚未在池中，则序列号将递增，并且该编号与字符串关联：

```
public static long put(String s) {
   if (si.containsKey(s)) return si.get(s);
   serial++;
   si.put(s, serial);
   is.put(serial, s);
   return serial;
}
```

get() 方法从 stringpool 中检索 String：

```
public static String get(long L) {
   return is.get(L);
}
```

现在，是时候看看如何为本机代码实现该运算符了。

14.1.4　将字符串连接添加到本机运行时系统

Jzero 本机代码比字节码解释器低级得多。在 C 中从头开始实现 Jzero String 类语义是一项艰巨的工作。Jzero 使用了 Java String 类的一个极其简化的子集，对此我们仅能对其重点部分进行介绍。下面是 Jzero 中使用的 String 类的底层 C 表示：

```
struct String {
   struct Class *cls;
   long len;
   char *buf;
};
```

在这个结构中，cls 是指向尚未定义的类信息结构的指针，len 是字符串的长度，buf 是指向数据的指针。Jzero 字符串连接可以定义如下：

```
struct String *j0concat(struct String *s1,
                        struct String *s2){
   struct string *s3 = alloc(sizeof struct String);
   s3->buf = allocstring(s1->len + s2->len);
   strncpy(s3->buf, s1->buf, s1->len);
   strncpy(s3->buf + s1->len, s2->buf, s2->len);
   return s3;
}
```

这段代码提出的问题与回答的问题一样多，如 alloc() 和 allocstring() 之间的区别。我们很快就会看到这点。但它是一个函数，我们可以通过 j0.icn 中的添加从生成的本机代码调用：

```
"SADD": {
  bcode |||:= xgen("movq", instr.op2, "%rdi") |||
              xgen("movq", instr.op3, "%rsi") |||
              xgen("call", "j0concat") |||
              xgen("movq", "%rax", instr.op1)
  }
```

j0.java 中相应的 Java 实现如下所示：

```
case "SADD": {
  rv.addAll(xgen("movq", instr.op2, "%rdi"));
  rv.addAll(xgen("movq", instr.op3, "%rsi"));
  rv.addAll(xgen("call", "j0concat"));
```

```
rv.addAll(xgen("movq", "%rax", instr.op1));
break;
}
```

在这里，我们可以看到用函数调用来实现立即代码指令是很简单的。让我们将其与为内置函数生成的代码进行比较，我们将在接下来的内容中介绍这些代码。

14.2 编写内置函数

C 语言等低级语言没有内置函数。它们有标准库，其中包含所有程序可用的函数。将函数链接到程序并对其进行调用在概念上是相同的操作，无论该函数是库函数还是用户定义函数。语言级别越高，用较低级别的实现语言为其运行时系统编写的内容与最终用户用语言本身编写的内容之间的差异就越明显。本节交替使用术语函数和方法。我们先考虑如何在字节码解释器中实现内置程序。

14.2.1 向字节码解释器添加内置函数

让我们在字节码解释器中实现 `System.out.println()`。我们的设计选项之一是为每个内置函数实现一个新的字节码机器指令，包括 `println()`。这并不能很好地扩展到数千个内置函数。我们可以实现一个 `callnative` 指令，为我们提供一种方法来识别我们要调用的内置函数。一些语言实现了一个用于调用本机代码函数的复杂接口，并实现 `println()`（或一些较低级别的构建块函数），作为用 Jzero 编写的使用本机调用接口的包装函数。

对于 Jzero，正如 11.7 节所述，我们选择使用现有的 `call` 指令，并使用特殊的函数值来表示内置函数。我们选择的特殊值是小的负整数，函数入口点地址通常会用到这些值。因此，必须构建函数调用机制来查找小的负整数，以区分方法类型，并为用户定义和内置方法执行正确的操作。

我们看看 `do_println()` 方法，这是我们在第 11 章中提出的。对于 Jzero，这个运行时系统方法被硬连线以写到标准输出，很像 C 中的 `puts()` 函数。要写入的字符串在栈上，它不再位于顶部，因为 `call` 指令压入了函数返回地址。在 Unicon 中，`do_println()` 可以如下实现：

```
method do_println()
   write(stack[2])
end
```

在 Java 中，`do_println()` 方法看起来如下所示：

```
public static do_println() {
   String s = stringpool.get(…);
```

```
    System.out.println(s);
}
```

字节码中的内置函数很简单。现在，我们来看看如何为本机代码编写内置函数。

14.2.2 编写用于本机代码实现的内置函数

现在，是时候实现 `System.out.println()` 用于本机代码 Jzero 实现了。在 Java 编译器中，它将是 `System.out` 对象的一个方法。但对于 Jzero，我们可以做任何有利的事情。我们可以在汇编程序中编写一个名为 `System_out_println()` 的本机函数，或者如果我们生成的本机代码严格遵守同一平台上 C 编译器的调用约定，也可以用 C 编写，将其放在 Jzero 运行时库中，并将它链接到生成的汇编程序模块以形成我们的可执行文件。该函数接收一个字符串参数 `struct  String  *`，如 14.2.1 节所示。下面是其实现，可以将其放在 `System_out_println.c` 文件中：

```
#include <stdio.h>
void System_out_println(struct String *s) {
   for(int i = 0; i < s->len; i++) putchar(s->buf[i]);
   putchar('\n');
}
```

这一切中更有趣的部分是，生成的代码如何访问这个和其他内置的本机函数？我们可以通过以下 `gcc` 命令行对其进行编译：

```
gcc -c System_out_println.c
```

可以添加 `System_out_println.o` 输出文件到名为 `libjzero.a` 的档案库，利用以下命令行：

```
ar cr libjzero.a System_out_println.o
```

在每次编译或者链接时，前两个命令行并不会在编译器中执行，相反，它们是在 Jzero 编译器本身构建时运行的，可能还有许多其他运算符或内置函数库代码。它们创建了一个名为 `libjzero.a` 的库档案文件。该存档文件可以使用 `ld` 或 `gcc` 命令链接到 Jzero 生成的代码，如 13.6.3 节所述。

`-lsomefile` 命令行选项展开以匹配 `libsomefile.a`，以便运行时被调用为 `-ljzero`。现在，Jzero 编译器（可能安装在任何地方）如何找到运行时库（可能安装在任何地方）？答案因操作系统而异，其中一些方便的选项需要管理权限。如果可以复制 `libjzero.a` 到链接器用于其他系统库（如 Windows 上的 `C:\Mingw\lib` 或 Linux 上的 `/usr/lib64`）的同一目录中，那么我们可能会发现一切都很好。如果这不是一个选项，那么我们可以使用环境变量或命令行选项，或者通知链接器库在哪里，或者通知 Jzero 编译器自身在 Jzero 上可以在其中找到运行时库的命令行。像这样添加内置函数很重要，因为并非所有语言添加都可以以运算符的形式进行。同样，并不是每一个语言添加都最好作为函数来表述。有时，当这些运算符和内置函数是支持某些新问题域的新控制结构的一部分时，它们会更有效。让我们考虑这些运算符和函数如何从以控制结构的形式与语法添加集成中获益。

14.3 集成内置组件与控制结构

控制结构，例如循环结构，通常比表达式更重要。它们通常与新颖的编程语言语义或可以进行专门计算的新范围相关联。控制结构提供了一个上下文，在该上下文中执行语句（通常，这是一个由一整段代码组成的复合语句）。可以是它是否被执行（或执行了多少次），代码要应用于哪些关联数据，甚至应该用什么语义来解释运算符。有时，这些控制结构明确只用于新的运算符或内置函数，但通常情况下，交互是语言所支持的解决问题的隐式副产品。

无论是否执行给定的代码块，选择要执行的代码块或重复执行代码是最传统的控制结构，例如 `if` 语句和循环。运算符或函数与这些结构交互的最可能的机会包括**特殊的迭代器语法**，以使用域值控制循环，以及**特殊的开关语法**，以选择要执行的代码块。

Pascal 的 `WITH` 语句是一个很好的例子，该语句将某些数据与使用该数据的代码块关联。语法为 `WITH r DO statement`。`WITH` 语句将某个记录 `r` 附加到一个语句（通常这是一个复合语句），在该语句中，记录的字段在作用域中，名为 `x` 的字段不需要以存取器表达式（例如 `r.x`）作为前缀。这是面向对象（以及关联 `self` 或 `this` 引用）所基于的低级构建块，但 Pascal 允许为单个语句添加这样的对象附件，这比方法调用更精细，Pascal 允许多个对象与同一代码块关联。

我们可以通过分析在字符串上迭代的 `for` 循环的实现来说明与控制结构交互的一些注意事项。因为 Java 不是完美的，所以不能编写语法（即 `for(char c:s) statement`）来为 `s` 的每个元素执行一次 `statement`，但可以编写 `for(char c:\s.toCharArray())statement`。

所以，Java 数组与 `for` 控制结构可以很好地交互，但 Java `String` 类并不是很好。有一个 `Iterable` 接口，但字符串不跳过额外的循环就无法使用它。设计编程语言时，应尽量让常见的任务变得简单明了。类似的注释也适用于访问 `String` 元素。当人们想写 `s[i]` 时，就没有人想写 `s.charAt(i)` 这样复杂的东西，这是运算符支持的一个很好的论据。14.4 节将介绍通过提供参数默认值将内置函数与控制结构集成的示例。现在，让我们看看如何为 Unicon 实现运算符和内置函数。

14.4 为 Unicon 开发运算符和函数

Unicon 是一种具有许多内置功能的高级语言。对于这样的语言，做一些工程工作来简化其运行时系统的创建是有意义的。本节的目的是进行比较，并分析 Unicon 如何做到这一点。Unicon 的运算符和内置函数是使用运行时语言（Run Time Language，RTL）实现的。RTL 是 Ken Walker 开发的 C 语言的超集，用于促进运行时系统中的垃圾收集和类型推断。RTL 可以编写 C 代码，因此它几乎是一种非常专门的 C 预处理器，它维护一个支持类型推理的数据库。

RTL 中的运算符和函数看起来像 C 代码，具有许多特殊语法。根据操作数的数据类型，有语法支持关联不同的 C 代码片段。为了允许类型推断，C 代码的每个块生成的 Unicon 结果类型被声明。RTL 语言还具有语法支持，可以方便地指定何时需要进行操作数类型转换。此外，每个 C 代码块都用语法标记，以指定是在生成的代码中内联它，还是通过 C 函数调用执行指定的代码。首先，我们将描述如何在 RTL 中编写运算符，以及它们的特殊注意事项。之后，我们将学习如何在 RTL 中编写 Unicon 函数，这些函数与运算符类似，但本质上更为通用。

14.4.1 在 Unicon 中编写运算符

在各种巧妙的宏扩展并省略 #ifdefs 之后，Unicon 中的加法运算符如下所示。以下代码显示了 C（长）整数、任意精度整数和浮点的三种不同形式的加法。在实际实现中，有第四种形式的阵列时间数据并行加法：

```
   operator{1} + add(x, y)
      declare { C_integer irslt; }
      arith_case (x, y) of {
         C_integer: { abstract { return integer }
            inline { … }
            }
         integer: { abstract { return integer }
            inline { … }
            }
         C_double: { abstract { return real }
            inline { … }
            }
         }
end
```

在前面的代码中，用于算术运算符的特殊 RTL case 语句（称为 arith_case）由 Unicon 优化编译器在编译时执行，而在字节码解释器中，它是在运行时执行的实际 switch 语句。该语句隐藏在 arith_case 中，应用了一组泛语言标准自动类型转换规则。例如，如果可能的话，字符串被转换成其对应的数字。

常规 C 整数加法的情况检查其结果的有效性，并根据整数溢出的中间情况触发任意精度加法。这种情况主体的轮廓如下所示。为了可读性，省略了一些 #ifdefs。总之，尽管

RTL 语法内联了此代码，但整数类型上单个加号运算符的内联代码涉及一个（可能两个）函数调用：

```
irslt = add(x,y, &over_flow);
if (over_flow) {
   MakeInt(x,&lx);
   MakeInt(y,&ly);
   if (bigadd(&lx, &ly, &result) == RunError)
      runerr(0);
   return result;
   }
else return C_integer irslt;
```

调用 add() 函数执行常规整数加法。如果没有溢出，则 add() 返回的整数结果有效并且返回。默认情况下，RTL 使用可以保存任何 Unicon 类型的通用 Unicon 值从 Unicon 运算符函数返回。如果返回 C 基本类型，则必须指定它。在前面的代码中，结尾处的 return 在 RTL 中进行了注释，以指示返回的是 C 整数。

如果对 add() 的调用溢出，则调用 bigadd() 函数以执行任意精度加法。下面是 Unicon 中对 add() 函数的运行时实现，该函数执行整数加法并检查溢出情况。这里没有更多的 RTL 扩展语法，只有对 2^63-1 和 -2^63 值的宏的引用。在写这段代码时要相当小心：

```
word add(word a, word b, int *over_flowp)
{
   if ((a ^ b) >= 0 &&
       (a >= 0 ? b > MaxLong - a : b < MinLong - a)) {
      *over_flowp = 1;
      return 0;
      }
   else {
     *over_flowp = 0;
     return a + b;
     }
}
```

这是非常简单的 C 语言代码，除了（a^b）异或运算，这是一种询问值是正还是负的方法。除了计算和之外，此函数还向第三个参数中给定的地址写入一个布尔值，以报告是否发生了整数溢出。

因为不必检查溢出，所以 arith_case 的浮点实数加法分支（在 RTL 中用 C_double 表示）要简单得多。实数不是调用辅助函数，而是使用常规 C++ 运算符内联完成：

```
return C_double (x + y);
```

我们省略了在这个运算符中调用的任意精度加法函数 bigadd() 的相应实现，它有很多页长。如果你想在你的语言中添加任意精度算法，你应该阅读 GNU 多重精度（GMP）库，它位于 https://gmplib.org/。现在，让我们考虑一下为 Unicon 编写内置函数时出现的一些问题。

我们省略了在这个运算符中调用的任意精度加法函数 bigadd ( ) 的相应实现，它有很多页长。如果想在编程语言中添加任意精度算法，可以参阅 GNU 多精度（Multiple Precision，简称 GMP）库，位于 https://gmplib.org/。现在，让我们分析为 Unicon 编写内置函数时出现的一些问题。

14.4.2　开发 Unicon 的内置函数

Unicon 的内置函数也是用 RTL（和 C 语言）编写的，与运算符一样，每个函数的代码都可以指定为内联或作为函数调用。平均起来，内置函数比运算符长，但在大多数情况下，RTL 函数语法可能以一种高级包装形式存在，它允许从 Unicon 调用 C 函数，并根据需要在 Unicon 值和 C 值的类型表示之间进行转换。与运算符不同，许多函数具有多个参数，可以通过特殊语法为其指定默认值。例如，这里是 Unicon 的字符串分析函数 any() 的代码，如果字符串中当前位置的字符是其第一个参数中指定的一组字符的成员，则该函数就会成功。RTL 保留字 function 声明 Unicon 内置函数，而不是常规 C 函数。{0,1} 语法指示此函数可以产生多少结果。它可能产生少至零个的结果（失败）或多至一个结果，它不是生成器。if-then 语句指定第一个参数必须能够转换为字符集（如果不能，则会发生运行时错误），而 body 保留字指定生成的代码应该在此处调用函数，而不是内联代码：

```
function{0,1} any(c,s,i,j)
   str_anal( s, i, j )
   if !cnv:tmp_cset(c) then
      runerr(104,c)
   body {
      if (cnv_i == cnv_j)
         fail;
      if (!Testb(StrLoc(s)[cnv_i-1], c))
         fail;
      return C_integer cnv_i+1;
      }
end
```

除了 RTL 语法之外，宏也发挥了巨大的作用。str_anal 是一个宏，它设置用于分析的字符串，将参数 2-4 默认为当前字符串扫描环境。str_anal 还确保 s 是字符串，i 和 j 是整数，必要时将它们转换为这些类型，如果传入不兼容类型的值，则会发出运行时错误。字符串扫描环境由字符串扫描控制结构创建，可以通过其他字符串扫描功能来移动字符串中正在研究的位置。第 15 章将介绍添加特定于域的控制结构，如字符串扫描，这个例子有助于加深理解。使用新的控制结构的原因之一是使运算符和内置函数更加强大和简洁。

在本节，我们介绍了几个亮点，显示 Unicon 的运算符和内置函数是如何实现的。在非常高级的语言的运行时系统中，我们发现许多问题都围绕着源语言（Unicon）和实现语言（对 Unicon 情形，是指 C 语言）之间的巨大语义差异展开。根据创建的语言级别以及编写其实现所用的语言，我们可能会发现使用类似的技术很有用。

14.5 本章小结

本章介绍了如何为编程语言的运行时系统编写高级运算符和内置函数。我们要注意的一个要点是，运算符和函数的实现可以完全不同，也可以几乎完全相同，这取决于我们所发明的语言。

本章中的示例教我们如何在运行时系统中编写从生成的代码调用的代码。我们还学习了如何决定何时将某个对象创建为运行时函数，而不仅仅是使用指令为其生成代码。

第 15 章将继续讨论通过探索域控制结构实现内置功能的内容。

14.6 思考题

1. 在数学上我们可以证明，可以作为运算符或内置函数实现的每一种计算都可以作为库方法实现，那么为什么还要实现高级运算符和内置函数呢？
2. 是创建新运算符还是创建新的内置函数，你在做决定时必须考虑哪些因素？
3. 尽管字符串在 Icon 和 Unicon（以及受 Icon 影响的 Python）等语言中很重要，而且得到更好支持，但 Java 决定只提供字符串部分运算符和控制结构支持，可能有一些很好的原因。你能说出一些原因吗？

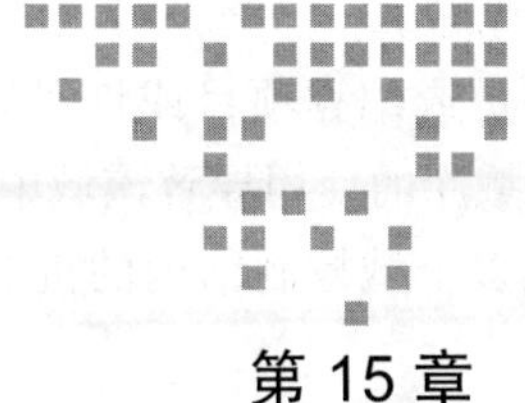

第 15 章 Chapter 15

域控制结构

前几章中介绍的代码生成涵盖了基本的条件和循环控制结构，但具体领域的语言通常具有独特或定制的语义，值得引入新的控制结构。添加新的控制结构通常比添加新的功能或运算符更困难。然而，当它们有效时，添加域控制结构主要是使特定于域的语言值得开发而不仅仅是编写类库。

15.1 节将介绍如何确定何时需要域控制结构，15.2 节和 15.3 节将介绍两个域控制结构的例子。

在学习完本章知识后，我们可以更好地了解何时以及如何在语言设计中根据需要实现新的控制结构。更重要的是，我们将学会平衡两方面的需求：①坚持为熟悉的结构生成熟悉的代码；②通过引入新的语义，以减少程序员在新的应用程序领域中的工作量。

Java 及其 Jzero 子集没有可比的域控制结构，因此本章中的示例来自 Unicon 及其前辈 Icon。虽然本章概述了它们的实现，有时使用代码示例，但我们学习本章是为了了解这些想法，而不是键入代码并查看其运行。首先，让我们重新审视新的控制结构何时是合理的。

15.1 了解何时需要新的控制结构

为了解决一个或多个主要编程**痛点**，我们需要开发一个新的控制结构。通常，当人们开始编写软件以支持某类新的计算机硬件或某个新的应用领域时，就会出现一些痛点。在编程语言设计时，可能存在，也可能不存在对某应用程序领域的痛点的意识或知识，但在更多情况下，对痛点的认识是从尝试为该领域编写软件的早期实际经验中产生的。

痛点通常是由于复杂性、频繁且有害的错误、代码重复或其他一些著名的“坏味道”或**反模式**引起的。Martin Fowler 的 *Refactoring: Improving the Design of Existing Code* 中介绍了一些代码问题。

个别程序员或编程项目或许可以通过执行代码**重构**来减少代码味道，或避免反模式，但当应用程序域库的使用导致该域中的大多数（甚至所有）应用程序都面临此类问题时，就会出现一个或多个域控制结构的机会。现在，我们来定义什么是控制结构，以便理解我们要讨论的内容。

15.1.1 定义控制结构

如果在谷歌上搜索**控制结构**的定义，搜索引擎会回复："控制结构决定一个或多个代码块的执行顺序。"这种定义对传统主流语言来说很合适。它专注于控制流，并解决了两种控制结构：判断哪些代码块要执行的选择结构和在某些条件下可以重复的循环结构。我们在本书前面为 Jzero 实现的 `if` 语句和 `while` 循环就是很好的例子。

高级语言对控制结构的定义往往更加细致。例如，在内置**回溯**的语言中，代码块的执行顺序变得更加复杂。本书将解释 Ralph Griswold 在 Icon 编程语言中对控制结构的定义：控制结构是包含两个或多个子表达式的表达式，其中一个子表达式用于控制另一个子表达式的执行。这一定义比上一段中提供的传统主流定义更为通用和有力。

在 Griswold 的定义中，短语"控制执行"可以根据我们的需要进行广泛而宽松的解释。控制结构可以决定代码的执行方式，而不仅仅是一块代码是否执行，或者是哪块代码执行，或者执行多少次。这可能意味着引入新的作用域，其中名称的解释不同，或者添加新的运算符。我们将在本章后面看到影响代码执行方式的控制结构的有趣示例，这里让我们从一个简单的示例开始。

15.1.2 减少过多的冗余参数

许多通用库都有一个 API，在数十个甚至数百个相关函数中重复使用相同的参数。使用这些 API 的应用程序可能具有许多调用，其中反复向库提供相同的参数序列。经典的微软 Windows 图形 API 就是一个很好的例子。诸如窗口、设备上下文、颜色、线条样式和画笔模式等内容被重复提供给许多绘图调用。你可以编写任何代码，但当你调用 `GetDC()` 获取设备上下文时，最好只对 `ReleaseDC()` 进行一次相应的调用。这两点之间的许多代码将反复将设备上下文作为参数传递。

为了减少所涉及的网络流量，Win32 的开源对应程序 Xlib（用于在 X Window 系统下编写应用程序的 C 库）将几个常见的图形绘制元素放置到**图形上下文**对象中，以减少参数的冗余。尽管如此，Xlib API 仍然很复杂，并且包含大量参数冗余。

库的设计者在某些情况下简直是天才，但 API 可能对普通开发人员相对不利，因为它学习曲线陡峭，并存在许多错误。在为我们生成此代码的图形用户接口构建器出现之前，创建图形用户接口极大地减缓了开发速度，增加了许多应用程序的开发成本，并迫使许多代码编写者采用一些糟糕的做法，如块复制和修改大量用户接口代码等。

对于一种无法选择新控制结构的语言，冗余参数问题可能是不可避免的。如果我们要设计一种语言，那么控制结构对解决这个问题是正确的选择。

当可以在我们支持的领域内解决时，痛点成为设计新控制结构的目标，也是传统语言和缺乏该领域支持的副产品。如果应用程序域中有用主流语言编写的现有库和应用程序，那么你可以研究该代码以查找其痛点，并在编程语言中创建并改进它们的控制结构。如果的应用程序领域非常新，没有主流语言 API 和应用程序库可用，那么我们可能会使用新语言猜测或编写示例程序来寻找痛点。下面我们来看一个新的控制结构，其中成功地应用了这些原则：Icon 和 Unicon 语言中的字符串扫描。

15.2　Icon 和 Unicon 中的字符串扫描

Unicon 从其直接前身 Icon 继承了此域控制结构。字符串扫描由 s ? expr 语法调用。在 expr 中，s 是扫描对象，并由名为 &subject 的全局关键字引用。在对象字符串中，存储在 &pos 关键字中的当前分析位置表示正在检查的主题字符串中的索引位置。位置从字符串的开始处开始，可以前后移动，通常朝着字符串的末端移动。例如，在以下程序中，s 包含 "For example, suppose string s contains"：

```
procedure main()
   s := "For example, suppose string s contains"
   s ? {
      tab(find("suppose"))
      write("after tab()")
   }
end
```

现在，假设我们要添加一个扫描控制结构：

```
s ? { … }
```

这里，&subject 和 &pos 关键字将处于如图 15.1 所示状态。

在向前扫描逗号和逗号后的空格后，字符串的扫描位置将设置为 14，随后的分析将从单词 suppose 开始，如图 15.2 所示。

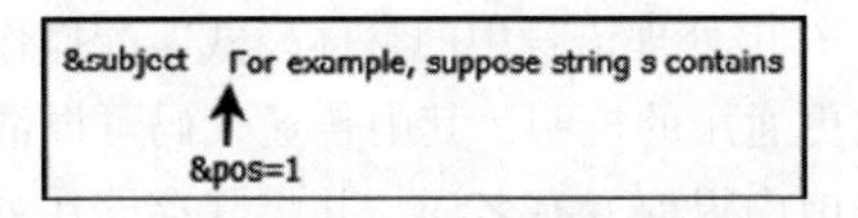

图 15.1　扫描开始时的对象和位置

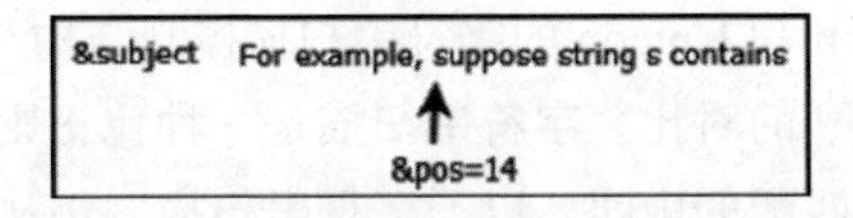

图 15.2　经过逗号和逗号后空格的对象和位置

该机制非常通用，允许多种模式匹配算法。现在，是时候深入了解该控制结构在其操作中如何使用的细节了。

15.2.1 扫描环境及其基本操作

一对（**对象**、**位置**）被称为**扫描环境**。在字符串扫描控制结构中，有 1 个运算符、2 个内置位置 – 移动函数和 6 个内置字符串分析函数，分析函数执行分析对象字符串的计算。图 15.3 总结了 6 个内置字符串分析函数，更详细的介绍参见附录。

函数	用途
any(C)	是字符集成员所在位置的字符
many(C)	是字符集的位置成员处的 1+ 个字符
match(s)	使位置处的字符与搜索字符串匹配
find(s)	生成字符与搜索字符串匹配的位置
upto(C)	生成字符是字符集成员的位置
bal()	生成字符相对于分隔符平衡的代码位置

图 15.3 字符串扫描控制结构的内置字符串分析函数

两个位置移动内置函数是 move() 和 tab()。move(n) 函数将位置索引相对于当前位置滑动 n 个字母。tab(n) 函数是绝对位移，将位置设置为对象内的索引 n。位置移动内置函数通常与字符串分析函数结合使用。例如，由于 find("suppose") 返回可以找到 "suppose" 字符串的索引，因此 tab(find("suppose")) 将位置设置为该位置。在图 15.1 所示的示例中，执行 tab(find("suppose")) 是将扫描环境设置为图 15.2 所示状态的多种方式之一。另一种实现方式是执行以下代码：

```
tab(upto(',')) & move(1) & tab(match(" "))
```

我们通常以这种方式组合字符串分析原语以形成更大、更复杂的模式。该语言内置的回溯过程，称为**目标导向的评估**，意味着如果连接的后一部分失败，早期的部分匹配将自行撤销。

tab(match) 组合被认为非常有用，因此为其定义了一元前缀运算符“=”。这不能与二进制“=”运算符混淆，后者执行数值比较。不管怎样，=s 表达式都等效于 tab(match(s))。这组原语是为 Icon 发明的，并保存在 Unicon 中。Unicon 在这里添加了补充机制（SNOBOL 样式的模式类型，以正则表达式为文字）。你可能想知道，字符串分析和位置移动函数的其他常见组合的附加运算符是否会增加字符串扫描的表达能力。

Icon 和 Unicon 的字符串扫描控制结构与其他字符串处理语言中的整体模式匹配操作形成了强烈的对比。**字符串扫描**是一种比正则表达式更通用的机制，其中普通代码可以混合到模式匹配的中间。以下字符串扫描示例从 s 字符串中提取专有名词，并将其存储在列表 L 中：

```
S ? { L := []
   while tab(upto(&ucase)) do
      put(L, tab(many(&letters)))
}
```

前面的 while 循环丢弃字符，直到找到大写字母。它将每一个这样的大写字母视为专有名称的开头，并将名称放在列表中。这并不像我们想象的那样简洁，但它非常通用和灵活。让我们看看这个控制结构如何减少字符串分析函数的冗余参数。

15.2.2　通过控制结构消除过多参数

字符串扫描为语言中内置的字符串分析函数提供了一组标准的默认参数值。这些函数都以三个参数结尾：对象字符串、开始位置和结束位置。这些参数默认为当前扫描环境，其中包括对象字符串、&subject、当前位置、&pos，以及对象字符串的结尾。控制结构的参数默认值缩短了代码，并提高了可读性，这解决了 15.2.1 节中描述的一个痛点。然而，参数简化并不是字符串扫描的全部影响和目的。

当前字符串扫描环境在调用的函数中可见，并且具有动态作用域。编写辅助函数以执行部分字符串分析任务，而不必将扫描环境作为参数传递，这是常见且简单的。

扫描环境也是可以嵌套的。作为扫描表达式或辅助函数的一部分，当子字符串需要进一步分析时，可以通过引入另一个字符串扫描表达式来执行此操作。当输入新的扫描环境时，必须保存封闭的扫描环境，并在退出嵌套的子环境时进行恢复。这种嵌套行为保留在 Icon 和 Unicon 新的目标导向表达式语义中，在该语义中，表达式可以被挂起，稍后可以隐式恢复。扫描环境保存并恢复在栈上。这些操作是细粒度的，但也取决于栈上的过程活动，例如过程调用、挂起、恢复、返回和失败。

对那些想了解更多细节的人来说，字符串扫描已经在其他场合得到了广泛的介绍，例如 Ralph Griswold 和 Madge Griswold 的 *The Icon Programming Language, 3rd edition*。该实现在该书中 9.6 节进行了介绍。总之，除了保存和恢复栈上的扫描环境之外，还使用两个字节码机器指令来简化此控制结构的代码生成。现在，让我们看看另一个域控制结构，我们将在 Unicon 中将它作为 3D 图形设施：**渲染区域**的一部分加以介绍。

15.3　Unicon 中的渲染区域

本节将介绍一种名为渲染区域的控制结构，在编写本书时，它被添加到 Unicon 中。因为此功能是新的，所以我们将详细介绍它。渲染区域控制结构已经在 Unicon 的待办事项列表中出现了很长时间，但添加控制结构可能有点困难，尤其是在语义不重要的情况下，所以需要编写本章来解决这个问题。不过，首先，我们需要设置场景。

15.3.1 从显示列表渲染 3D 图形

Unicon 的 3D 图形设施通过一系列对内置函数的调用来指定要绘制的内容，而底层运行时系统则渲染用 C 和 OpenGL 编写的代码，以尽可能每秒多次绘制场景。Unicon 函数和 C 渲染代码使用显示列表进行通信。主要是，Unicon 函数将图元放置在显示列表的末尾，渲染代码遍历显示列表并尽快绘制这些图元。

在 OpenGL 的 C API 中，有一个类似的声音显示列表机制，它通过预先将图元集放置在 GPU 上来预打包和加速图元集，从而减少 CPU-GPU 瓶颈。然而，Unicon 是一种动态语言，其灵活性优先于性能。要在 Unicon 应用程序代码级别操作显示列表，Unicon 显示列表是常规 Unicon 列表，而不是 C OpenGL 显示列表。

首次创建 Unicon 的 3D 设施时，显示列表中的每个图元都会在每一帧中进行渲染，这在小场景中效果很好。对于具有许多图元的场景，在每帧上从头开始重建显示列表显得不切实际。我们需要新的功能使应用程序能够快速更改，并能够选择显示列表上的图元。这些能力的最终形式并不明显。现在，我们看看渲染区域是如何作为函数 API 开始的。

15.3.2 使用内置函数指定渲染区域

Unicon 最初使用名为 `WSection()` 的函数引入了**选择性渲染**。此函数中的 `W` 字符代表窗口，是 Unicon 关于图形和窗口系统的内置函数的常用前缀，因此这是（窗口）分段函数。对 `WSection()` 的两次连续调用定义了节的开始和结束，通常称为渲染区域。渲染区域可以轻松地在每个帧之间打开和关闭显示列表上的 3D 图元集合，而无须重建显示列表或插入，或删除元素。

对 `WSection()` 的第一次成对调用引入了一个显示列表记录，该记录带有一个可以打开和关闭的 `skip` 字段；对 `WSection()` 的第二次调用是一个结束标记，它有助于确定要跳过多少显示列表图元。以下示例将字符头部上方的黄色光标（描绘可用任务）绘制为圆环：

```
questR := WSection("Joe's halo")
    Fg("diffuse translucent yellow")
    PushMatrix()
    npchaloT := Translate(0, h.headx+h.headr*3, 0)
    ROThalo := Rotate(0.0, 0, 1.0, 0)
    DrawTorus(0, 0, 0, 0.1, h.headr*0.3)
    PopMatrix()
WSection()
```

我们不能单独运行此示例，因为它是从忙于渲染 3D 场景的 3D 应用程序的中间获取的。缺少的上下文包括一个打开的 3D 窗口，这些功能都在该窗口上运行，其中 `h` 类变量表示字符头部的当前对象。但希望这个示例说明了 `WSection()` 调用是如何成对使用的，它们定义了一组 3D 操作的开始和结束。

大多数 Unicon 3D 函数都返回它们添加的显示列表条目作为返回值。WSection() 的返回值是显示列表上的记录，它会影响显示列表的行为，无论该部分包含多少图元。

在前面的代码示例中，一旦绘制，光标将保留在显示列表上，但可以通过取消设置或设置 skip 标志使其可见或不可见，设置 questR.skip:=1 会导致光标消失。实际上，渲染区域向显示列表数据结构引入了一个条件分支。

渲染区域还支持三维对象选择。启动 WSection() 的参数指定一个字符串值，当用户触摸或用鼠标单击该部分的一个 3D 图元时，将返回该字符串值。

15.3.3　使用嵌套渲染区域更改图形细节层次

渲染区域支持嵌套。在 3D 场景中，可以通过遍历，该层次数据结构层次数据结构来渲染复杂对象最大或最重要的图形元素位于根。嵌套渲染区域支持细节层次，其中可以在子区域中渲染第二级和第三级图形细节，并根据对象距离摄像机的远近来开启和禁用。细节层次对于性能非常重要，允许细节与观察者和被观察对象之间的近似距离成比例。有一些异常复杂的数据结构可以用来实现这一细节层次，但渲染区域很适合它。

例如，用于渲染椅子的代码可以使用三个嵌套部分组织为三个细节层次。Chair 类的 lod1、lod2 和 lod3 变量将与代码中的三个嵌套部分相关联，以完全渲染这把椅子：

```
method full_render()
   lod1 := WSection()
      ... render the big chair primitives
      lod2 := WSection()
         ... render smaller chair primitives
         lod3 := WSection()
            ... render tiny details in the chair
         WSection()
      WSection()
   WSection()
end
```

在初始 full_render() 函数将图元输入显示列表后，每次对椅子渲染级别进行更改时，椅子类中的 render() 方法都会通过设置 skip 标志来更新应该渲染多少以及应该跳过多少。以下代码可以按如下方式读取并执行：如果椅子尚未渲染，则执行 full_render()；如果已渲染，则设置一些 skip 标志，以指明根据 render_level 参数应该渲染多少细节层次，范围从 0（不可见）到 3（完整细节）：

```
method render(render_level)
   if /rendered then return full_render()
   case render_level of {
      0: lod1.skip := 1
      1: { lod1.skip := 0; lod2.skip := 1 }
      2: { lod1.skip := lod2.skip := 0; lod3.skip := 1 }
```

```
      3: { lod1.skip := lod2.skip := lod3.skip := 0 }
      }
end
```

这一机制工作得很好，但一些痛苦的bug搜索发现了一个问题。按照设想，分段机制是脆弱的，容易出错，当WSection()意外放置在错误的位置或嵌套错误时，程序就会出现错误行为或视觉异常。引入控制结构简化了渲染区域的使用，并减少了与显示列表中的截面边界标记相关的错误频率。

15.3.4 创建渲染区域控制结构

本节将讨论Unicon中渲染区域的实现，以让你了解引入新的控制结构以支持应用程序域所涉及的一些工作。本书没有介绍Unicon实现的细节，相反，在保持可读性的同时，本书仅提供了所涉及的最少内容。有关Unicon实现的详细信息，可以参阅*The Implementation of Icon and Unicon*。此处修改的要实现的源文件位于Unicon语言发行版的uni/unicon子目录中。

要添加控制结构，必须定义其要求、语法和语义。然后，必须向词法分析器、文法、树和符号表添加新元素，可能需要编译时语义检查。然后，实现控制结构的主要工作将继续进行，包括向代码生成器添加规则，以处理语法树中出现的控制结构的新形状。

添加操作应尽可能简单。渲染区域调用一个控制结构，该结构将强制执行对WSection()调用的匹配对属性。

1. 为渲染区域添加保留字

对于新的控制结构，我们将一个新的保留字wsection添加到Unicon的词法分析器中。你在第3章中学习了如何将保留字添加到Jzero，在Unicon中添加保留字操作与之类似，因为词法分析器和解析器都必须为新的保留字（由解析器定义）协商一个新的整数代码。

Unicon是在uflex工具创建之前开发的，这在第3章中有过介绍。Unicon未来可能会被修改为使用uflex，但本节将介绍如何将保留字添加到Unicon当前的手写词法分析器（在Unicon源代码中名为unilex.icn）中。保留字存储在一个表中，每个保留字包含两个整数。一个整数包含一对用于分号插入规则的布尔标志，说明保留字在表达式的开头（Beginner）或结尾（Ender）是否合法。另一个整数包含整数终结符类别。新的保留字wsection将是表达式的Beginner，因此可以在紧接在它前面的新行上插入分号，unilex.icn中wsection的表条目如下所示：

```
t["wsection"] := [Beginner, WSECTION]
```

这个词法分析器添加量如此之小的原因是，识别wsection所需的模式和代码与其他保留字和标识符相同。要使这个词法分析器代码正常工作，必须在文法中声明WSECTION，

并且必须使用 -iyacc 的 -d 选项重新生成包含终结符的 #define 规则的 ytab_h.icn 文件。

现在，是时候在文法规则中使用这个新保留字了。

2. 添加文法规则

wsection 保留字的添加启用了此处显示的语法：

```
wsection expr1 do expr2
```

这是为了与 Icon 和 Unicon 语法的其余部分保持一致。听起来 do 保留字几乎太像一个循环；一个先例是 Pascal 语言的 with 语句，它使用 do 但不构成循环。在 unigram.y 中添加此文法规则由两位组成。在终结符声明中，添加了以下内容：

```
%token  WSECTION    /* wsection  */
```

在主体文法部分，将此控制结构添加到 unigram.y 的文法规则如下：

```
expr11 : wsection ;
wsection : WSECTION expr DO expr {
         $$ := node("wsection", $2, $4)
     };
```

许多或大多数控制结构都有语义要求，例如，前面规则中的第一个表达式（节标识符）必须是字符串。由于 Unicon 是一种动态类型语言，因此我们在编译时强制执行这种规则的唯一方法是将节标识符限制为字符串文本。我们选择不这样做，而是对生成的代码中的第一个表达式强制执行字符串要求，但是如果语言要求在编译时键入，那么可以将该检查添加到树遍历中执行其他类型检查的适当位置。现在，我们考虑需要的其他语义检查。

3. 检查 wsection 的语义错误

wsection 控制结构的目的是使渲染区域不易出错。除了 wsection 构造（这使得不可能省略对 wsection() 的封闭调用或意外写入两个重叠的渲染区域）之外，在其他什么情况下渲染区域可能会变得混乱？以非结构化方式将控制流传输到渲染区域之外的语句是有问题的。在 Unicon 中，这些语句包括 return、fail、suspend、break 和 next。但是，如果渲染区域内有循环，则在这样的循环内使用 break 或 next 表达式是完全合理的。

因此，Unicon 编译器的任务是决定在渲染区域内出现异常控制流时要做什么。对于字符串扫描控制结构，正确的做法是在栈上实现保存和恢复扫描环境，但渲染区域是不同的。

在显示列表构建时使用**渲染区域**，以确保显示列表条目格式良好。随后，每当要重新绘制屏幕时，在运行时系统中重复使用显示列表。构建显示列表时使用的原始控制流与此无关。因此，在 wsection 中，尝试在未到达渲染区域末端的情况下过早退出会导致错误。如果程序员希望以非结构化的方式对渲染区域进行编码，他们可以成对地显式调用 WSection()，这将带来风险。

当在语法树中遇到 wsection 时，强制执行这些语义规则需要在（子）树遍历中存在

一些逻辑。Unicon 转换中的树遍历看起来与 Jzero 中的有点不同，但总体而言，它们类似于 Jzero 的 Unicon 实现。引入此检查的最佳位置是 j0 类的 semantic() 方法，就在 root.check_types() 方法调用之后，该方法调用执行类型检查。semantic() 方法末尾的新检查如下所示：

```
root.check_wsections();
```

以下 check_wsections() 方法已添加到 Unicon 的 tree.icn 中：

```
method check_wsections()
    if label == "wsection" then check_wsection()
    else every n := !children do
            n.check_wsections()
end
```

调用 helper 方法以检查每个 wsection 构造是否调用了 check_wsection()。这是一种子树遍历，用于查找可能异常退出 wsection 的树节点，如果代码尝试执行此操作，则会报告语义错误。不过，可以在运行时才生成执行这些检查的代码，实施惰性检查。check_wsection() 方法采用一个可选参数，该参数跟踪 wsection 构造中包含的嵌套循环，以便允许 wsection 中嵌套的任何 break 或 next 表达式，只要它们不脱离 wsection：

```
method check_wsection(loops:0)
    case label of {
      "return"| "Suspend0"| "Suspend1":
         yyerror(label || " inside wsection")
      "While0"|"While1"|"until"|"until1"|
      "every"|"every1"|"repeat":
         loops +:= 1
      "Next"|"Break":
         if loops = 0 then
            yyerror(label || " inside wsection")
         else loops -:= 1
      "wsection": loops := 0
      }
    every n := !children do {
      if type(n) == "treenode" then
         n.check_wsection(loops)

      else if type(n) == "token" then {
         if n.tok = FAIL then
            yyerror("fail inside wsection")
      }
    }
end
```

前面的代码执行语义检查，以便 wsection 控制结构可以强制执行其要求，即每个打开的 WSection(id) 都有一个关闭的 WSection()。现在，让我们来看看如何为 wsection 生成代码。

4. 为 wsection 控制结构生成代码

wsection 控制结构的代码生成可以使用对 WSection() 函数的等效调用来建模。以下示例使用 wsection 生成与前面显示的光标示例匹配的代码。不同之处在于，使用此控制结构，不能忘记关闭的 WSection()，也不能意外地尝试重复它们，依此类推：

```
questR := wsection select_id do {
   Fg("diffuse translucent yellow")
   PushMatrix()
   npchaloT := Translate(0, h.headx+h.headr*3, 0)
   ROThalo := Rotate(0.0, 0, 1.0, 0)
   DrawTorus(0, 0, 0, 0.1, h.headr*0.3)
   PopMatrix()
}
```

为了理解 wsection 的代码生成，我们需要 wsection 语法的语义规则来解决一般情况下的问题。图 15.4 展示了这样的语义规则。代码不是中间代码生成指令，而是表示为源到源的转换。wsection 控制结构是用一些半花哨的 Icon 代码实现的，该代码执行一对匹配的 WSection() 调用，将 WSection() 的公开调用的结果作为整个表达式的结果。因此，如果需要，可以通过周围的表达式将显示列表记录分配给变量。

<table>
<tr><th>生成式</th><th>语义规则</th></tr>
<tr><td>wsection : WSECTION $expr_1$ DO $expr_2$</td><td>wsection.code = "1(WSection(" || $expr_1$ || "),{" || $expr_2$|| ";WSection();1})"</td></tr>
</table>

图 15.4　用于生成 wsection 控制结构代码的语义规则

这里对前面语义规则中的 Icon 代码进行一些解释。{expr2; WSection(); 1} 表达式执行 expr2，然后关闭 WSection() 函数。第二个分号后面的“1”字符用于确保整个表达式成功，正如周围表达式所计算的那样。周围的表达式是 1(WSection(...), {...})，它首先计算打开的 WSection(...) 部分，然后执行函数体，但生成打开的 WSection() 部分的返回值作为整个表达式的结果。

要实现图 15.4 中展示的语义规则并实现代码的实际输出，必须修改 Unicon 代码的 yyprint() 生成器过程。yyprint(n) 为语法树节点 n.yyprint() 生成代码，作为字符串输出到名为 yyout 的文件。它有很多不同的代码分支——几乎每种树节点都有一个分支——这些分支根据需要调用许多辅助函数。对于 wsection，yyprint() 函数应该使用以下代码，这些代码可以添加到 treenode 的 case 子句中：

```
else if node.label == "wsection" then {
   writes(yyout, "1(WSection(")
```

```
    yyprint(node.children[1])
    writes(yyout,"),{")
    yyprint(node.children[2])
    write(yyout, ";WSection();1})")
    fail
  }
```

通过巧妙的安排，域控制结构被简单地写成一些底层函数调用，这一做法之所以有效，是因为主 Unicon 编译器是一个半转译器，它写出了一个看起来几乎像源代码的中间形式。具体来说，Unicon 的中间形式几乎就是 Icon 源代码。如果底层表示是另一种非常高级的语言（如 Icon 或 Python），那么许多语言都可以很快被发明出来。

Unicon 语言的所有这些扩展可能让我们很兴奋，并尝试添加域控制结构。希望当我们开始总结时，你已经知道如何做了。

15.4 本章小结

本章讨论了域控制结构的主要内容。在支持程序员解决新应用程序域问题的能力方面，域控制结构远远超出了库，甚至超出内置函数和运算符。大多数时候，域控制结构简化了代码，并减少了程序员应用通用主流语言特性开发代码时普遍出现的编程错误。

第 16 章将介绍垃圾收集这一具有挑战性的话题。垃圾收集是一种主要的语言特性，常用于将低级系统编程语言从高级应用程序语言和领域特定语言中区分出来。

15.5 思考题

试回答以下问题，以测试你对本章的学习程度：

1. 控制结构只是 `if` 语句和循环罢了，有什么大不了的？
2. 所有应用程序领域特定的控制结构都允许你为一些标准库函数提供一些默认值，为什么要使用它们？
3. 哪些附加的原语或语义会使字符串扫描控制结构对应用程序域程序员更有用？
4. 用 `wsection` 控制结构生成代码（包括围绕其代码体的 `PushMatrix()` 和 `PopMatrix()`）是个好主意吗？这将使示例变得更简短和更高级。

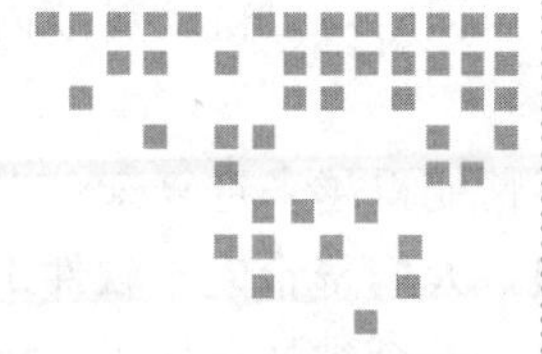

第 16 章 Chapter 16

垃圾收集

内存管理是现代编程最重要的内容之一，几乎所有发明的语言都应该通过**垃圾收集**提供自动内存管理。本章将介绍几种方法，我们可以使用这些方法在编程语言中实现垃圾收集。第一种方法称为**引用计数**，它易于实现，并具有在执行时释放内存的优点，但该方法存在一个致命的缺陷。第二种方法称为标记清理收集，它是一种更鲁棒的机制，实现起来更具挑战性，它的缺点是无论垃圾收集过程需要多长时间，执行都会周期性地暂停。这是许多可能的内存管理方法中的其中两种。实现一个既没有致命缺陷，也不需定期暂停以收集空闲内存的垃圾收集器，可能会产生其他相关成本。

本章的目的是向读者解释为什么垃圾收集很重要，并展示如何做到这一点。我们将学习的技能包括：使对象跟踪有多少引用指向它们；识别指向程序中实时数据的所有指针，并包括位于其他对象内的指针；释放内存并使其可重用。我们先来讨论一下为什么无论多麻烦都要做这些工作。

16.1 认识垃圾收集的重要性

最初程序很小，内存的**静态分配**是在设计程序时决定的。代码没有多复杂，程序员可以将他们在整个程序中使用的所有内存作为一组全局变量进行布局。生活真美好！

然后，**摩尔定律**发生了，计算机变得更大了。客户开始要求程序能处理任意规模的数据，而不只是接受静态分配内存中的固有上限。程序员因此发明了**结构化编程**，并使用函数调用来组织较大的程序，其中大部分内存分配都在**栈**上进行。

栈提供了一种**动态内存分配**形式。栈很有用，利用栈在调用函数时可以分配一大块内存，并在函数返回时可以自动释放内存。本地内存对象的生存期与它所在的函数调用的生存期严格相关。

但最终事情变得越来越复杂，人们注意到软件的进步跟不上硬件的进步。我们遇到了一场**软件危机**，人们寄希望于**软件工程**能够尝试解决这场危机。由于偶尔会出现错误，栈上释放的内存指针会被挂在那里，但这种情况很少见，通常只是菜鸟程序员的表现。生活仍然相对美好。然后，摩尔定律又产生了更多问题。

现在，即使是在我们的手表上运行的程序也大到不可思议，而且我们在运行时有一个软件环境，一个程序可能有数十亿个对象。客户希望我们能够创建他们想要的任意数量的对象，并且希望这些对象能够在需要的时间内生存。分配内存的重要形式是动态内存，它是从称为**堆**的内存区域分配的。堆区域的正确使用是编程语言设计和实现的首要问题。

在软件工程文献中，长期以来常见的说法是，50%～75%（或更多）的软件开发时间用于调试。这意味着要花费大量的时间和金钱。根据我几十年来帮助初学者程序员的个人经验，在程序员管理自己内存的语言中，75% 或更多的调试时间都花在内存管理错误上。

对于初学者和非专业程序员来说尤其如此，但初学者和专业程序员都会遇到这种情况。C 和 C++，我离不开你们！现在，假装我们担心的不仅仅是内存管理会占用多少时间或金钱。随着程序规模和复杂性增加，开发人员手动正确管理软件项目内存的可能性降低，导致项目在开发过程中彻底失败或在部署后严重失败的可能性更高。

你会问：将出现什么样的内存管理错误？这主要包括：没有分配足够的内存；试图使用超出可分配的足够数量的内存；忘记分配内存；不理解何时需要分配内存；忘记释放内存，以便可以重用；释放解除分配的内存；在内存被释放或重新调整用途后，试图将其用于给定目的。这些只是几个例子。

如果程序大小适中，但所涉及的计算机非常昂贵时，那么通过尽可能多地将程序员的时间投入到手动内存管理中来最大限度地提高效率是有意义的。但是，随着程序越来越长，以及计算机越来越廉价，配置的内存容量也越来越大，手动管理内存的实用性就降低了。自动内存管理是不可避免的，而在栈上进行这一切在很久以前就已经过时了，因为结构化编程已经被**面向对象的**范式所取代。

现在，我们有一个世界，在这个世界中（对于许多程序来说）大多数有趣的内存都是从堆中分配的，其中对象在显式释放之前的生存时间是任意的，或者未使用的内存被自动回收。这就是垃圾收集器至关重要的原因，这值得语言实现者关注。

尽管如此，实现垃圾收集可能比较困难，要使其有良好表现更困难。如果你感到不知所措，则可以把这件事推迟到编程语言的成功需要它时再做。多年来，许多著名的语言实现（如 Sun 的 Java）都摆脱了垃圾收集器的缺失或不足。但是，如果你认真对待你的语言，那么你最终都会想要一个垃圾收集器。让我们从最简单的方法开始，即引用计数。

16.2　对象的引用计数

在**引用计数**中，每个对象都对引用它的指针数进行计数。当第一次分配对象并向周围的表达式提供对该对象的引用时，该数字以 1 开头。当值存储在变量中时，包括当引用作为参数传递或存储在数据结构中时，引用计数将递增。当通过指定一个变量在其他地方引用，或者当引用不再存在时（例如当局部变量因函数返回而不再存在时），引用被覆盖，引用计数就会递减。如果引用计数达到 0，则该对象的内存为垃圾，因为没有任何对象指向它。它可以重用于其他用途。这似乎很合理，接下来让我们看看在这本书的示例语言 Jzero 中添加引用计数需要什么。

16.2.1　将引用计数添加到 Jzero

Jzero 从堆中分配两种可以作为垃圾收集的东西：字符串和数组。对于这样的堆分配内存实体，Jzero 的内存表示在开头的字中包含对象的大小。在引用计数下，开头的第二个字可以保存指向该对象的引用数。字符串的内存表示如图 16.1 所示。

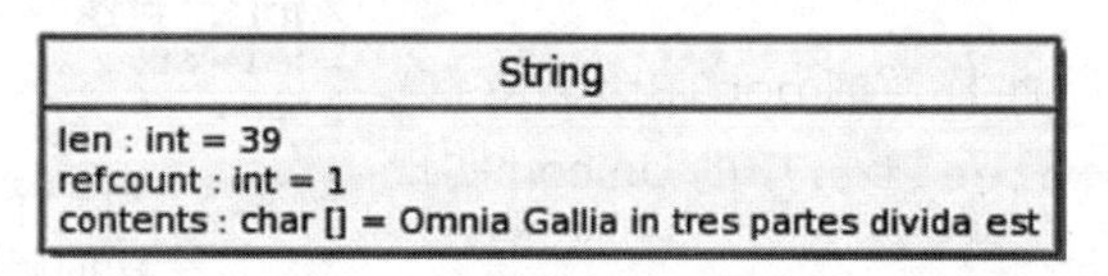

图 16.1　字符串的内存表示

在给出的示例中，如果 `len` 和 `refcount` 各为 8 字节，并且有 39 字节的字符串数据，则 `refcount` 在 55 字节（可能四舍五入到 56 字节）的总数上增加了 8 字节，因此 `refcount` 的增加仅为 14% 的开销。但是，如果平均字符串长度为 3 字节，并且需要管理数十亿个小字符串，那么添加引用计数会带来很大的开销，这可能会限制语言在大数据上的扩展性。考虑到这种表示，当首先创建对象时，引用计数就开始发挥作用，所以下面我们看看生成的代码涉及堆分配的示例操作。

16.2.2　生成堆分配代码

当创建一个对象（如 `String`）时，必须为其分配内存。在某些语言中，可以在静态内存、栈或堆中分配对象。然而，在 Java（和 Jzero）中，所有对象都是从堆中分配内存的。对于字符串，这可能令人费解，因为 Java 源代码可以包含字符串常量，这些常量通常在编译时解析为静态分配的地址，但堆对象总是在运行时分配的。假设代码如下：

```
String s = "hello";
```

一方面，`hello` 字符串的内存内容可以在静态内存区域中分配。另一方面，我们分配给 `String s` 的 Jzero `String` 对象应该是从堆中分配的类实例，它包含长度和引用计数以及对字符数据的引用。这种情况下生成的代码可能类似于以下内容：

```
String s = new String("hello");
```

如果这段代码执行了10亿次，我们并不想给这个String分配10亿个实例，则只需要分配一个。在Java中，运行时系统为字符串常量使用字符串池，因此只需要分配一个实例。Jzero没有实现Java String或Stringpool类，但我们将在Jzero String类中放置一个名为pool()的静态方法，该方法返回对String的引用，如果实例不在字符串池中，则分配该实例。给定此方法，生成的代码可能更像以下内容：

```
String s = String.pool("hello");
```

因为String对象是不可变的，所以能够避免分配冗余字符串对象。有许多方法可以生成此代码。一个简单的选项是树遍历，用调用pool()方法的子树替换字符串文本叶节点。具体来说，只需查找STRINGLIT节点，并用图16.2所示的构造节点集替换它们。

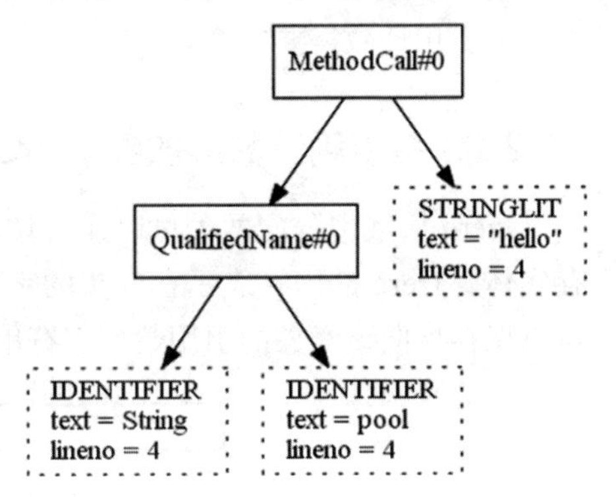

图16.2 用STRINGLIT叶子替换对池方法的调用

遍历语法树并执行此替换的poolStrings()方法的代码如下所示。tree.icn中的Unicon实现如下所示：

```
method poolStrings()
   every i := 1 to *\kids do
      if type(\(\kids[i])) == "tree__state" then {
         if kids[i].nkids>0 then kids[i].poolStrings()
         else kids[i] := kids[i].internalize()
      }
end
```

该方法遍历树，调用international()方法替换所有叶子，tree.java中pool-String()的Java实现如下所示：

```
public void poolStrings() {
   if (kids != null)
   for (int i = 0; i < kids.length; i++)
      if ((kids[i] != null) && kids[i] instanceof "tree") {
         if (kids[i].nkids>0) kids[i].poolStrings();
         else kids[i] = kids[i].internalize();
      }
}
```

此遍历中名为internalize()的树方法构造并返回调用String.pool()方法的子树（如果在STRINGLIT上调用），否则，它只返回节点。在Unicon中，代码如下所示：

```
method internalize()
  if not (sym === "STRINGLIT") return self
  t4 := tree("token",parser.IDENTIFIER,
    token(parser.IDENTIFIER,"pool", tok.lineno, tok.colno))
  t3 := tree("token",parser.IDENTIFIER,
    token(parser.IDENTIFIER,"String", tok.lineno,
        tok.colno))
  t2 := j0.node("QualifiedName", 1040, t3, t4)
  t1 := j0.node("MethodCall",1290,t2,self)
  return t1
end
```

Java 中相应的代码如下所示：

```
public tree internalize() {
  if (!sym.equals("STRINGLIT")) return this;
  t4 = tree("token",parser.IDENTIFIER,
    token(parser.IDENTIFIER,"pool", tok.lineno,
        tok.colno));
  t3 = tree("token",parser.IDENTIFIER,
    token(parser.IDENTIFIER,"String", tok.lineno,
        tok.colno));
  t2 = j0.node("QualifiedName", 1040, t3, t4);
  t1 = j0.node("MethodCall",1290,t2,this);
  return t1;
}
```

编译器中的代码依赖于实现 `String.pool()` 方法的运行时系统函数，使用哈希表以避免重复。现在，让我们看看赋值运算符所需的代码生成更改。

16.2.3　为赋值运算符修改生成的代码

引用计数取决于修改赋值行为，以使对象能够跟踪指向它们的引用。在 Jzero 的中间代码中，有一条名为 ASN 的指令执行了这样的赋值。我们针对 `x = y` 赋值的新引用计数语义可能包括以下内容：

- 如果旧目标（x）指向对象，则递减其计数器。如果计数器为零，则释放旧对象。
- 执行赋值，变量 x 现在指向某个新的目标。
- 如果新目标（x）指向对象，则递增其计数器。

这是一个有趣的问题，是应该通过为赋值生成许多三地址指令来实现这一操作序列，还是应该修改 ASN 指令的语义，以在执行 ASN 指令时自动执行带项目符号的项目。部分答案可能取决于在涉及对象时为 ASN 添加新操作码的感觉，也许可以使用 OASN 进行对象分配。

16.2.4　引用计数的缺点和局限性

引用计数有几个缺点和一个致命缺陷。一个缺点是赋值运算符在减少赋值前保持的对象计数和增加被赋值对象的计数时速度较慢。这是一个严重的缺点，因为赋值是一种非常频繁的操作。另一个缺点是对象变得更大，无法保存引用计数，这是不幸的，尤其是对于大量其他小对象而言，需要额外的计数器是很大的开销。

如果对象引用链可能有循环，则会出现一个致命的缺陷。这在数据结构中是非常常见的做法。在循环的情况下，彼此指向的对象永远不会达到引用计数值 0，即使它们无法从程序的其他部分访问。图 16.3 展示了一个循环链接列表变成垃圾后的情况。没有外部指针可以到达此结构，但根据引用计数，这些对象使用的内存是不可回收的。

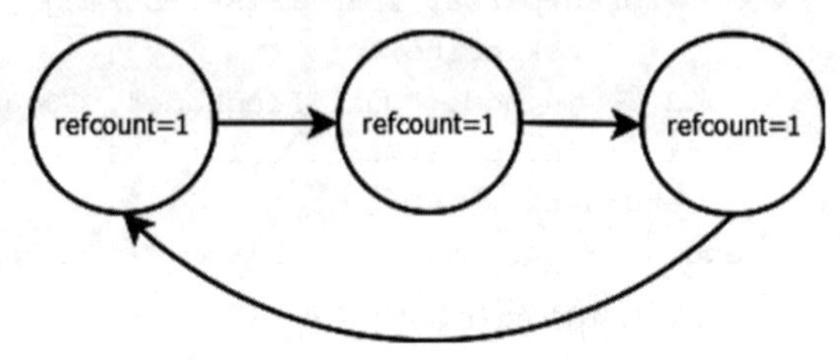

图 16.3 无法在引用计数下收集循环链接列表

尽管存在这些缺陷，引用计数还是相对简单和容易的，而且它工作得很好，显然这是 Python 第一个版本的唯一垃圾收集方法。除了继续使用引用计数之外，Python 最终实现了一个真正的垃圾收集器，尽管一旦实现了真正的垃圾回收器，引用计数就不必要了，而且浪费时间和空间。不管怎样，由于其致命的缺陷，大多数通用语言都会发现引用计数是不够的，因此我们来看一个更鲁棒的垃圾收集器示例，即 Unicon 编程语言使用的实际使用的标记清理垃圾收集器。

16.3 标记实时数据并清理剩余数据

本节将概述 Unicon 垃圾收集器，它是一种标记清理样式的垃圾收集器，是为 Icon 语言开发并扩展的。它与 Icon 和 Unicon 运行时系统的其他部分一样，是用 C 的一种扩展语言编写的。由于 Unicon 从 Icon 继承了这个垃圾收集器，所以我们在这里看到的大部分内容都是由于该语言。这个垃圾收集器的其他方面内容在 *The Implementation of Icon and Unicon: a Compendium* 一书中有详细描述。

在除了引用计数之外的几乎所有垃圾收集器中，方法是找到程序中所有变量都可以访问的所有活动指针，堆中的其他一切数据都是垃圾。在标记清理收集器中，当发现实时数据时，会对其进行标记，然后将所有实时数据移动到堆的顶部，在底部留下一个又大又漂亮的新的可用内存池。Unicon 运行时系统中的 C 函数 `collect()` 的形式大致如下：

```
int collect(int region) {
   grow_C_stack_if_needed();
   markprogram();
   markthreads();
   reclaim();
}
```

有趣的是，对堆的垃圾收集行为源于要确保我们有足够的 C 栈区域内存来执行此任务。Unicon 有两个栈，VM 解释器栈和 VM 的 C 实现使用的栈。对增长 C 栈的必要性的发现很不容易，原因是垃圾收集算法是递归的，尤其是遍历实时数据并标记其指向的所有内容的操作。在一些C编译器和操作系统上，C栈可能会根据需要自动增长，但在其他系统上，其大小可以显式设置。垃圾收集器代码通过使用名为 setrlimit() 的操作系统函数来实现。用于扩展C栈的代码如下所示：

```
void grow_C_stack_if_needed() {
  struct rlimit rl;
  getrlimit(RLIMIT_STACK , &rl);
  if (rl.rlim_cur < curblock->size) {
    rl.rlim_cur = curblock->size;
    if (setrlimit(RLIMIT_STACK , &rl) == -1) {
      if (setrlimit_count != 0) {
        fprintf(stderr,"iconx setrlimit(%lu) failed
            %d\n", (unsigned long)(rl.rlim_cur),errno);
        fflush(stderr);
        setrlimit_count--;
        }
      }
    }
}
```

上述代码用于检查C栈有多大，如果当前块区域更大，则要求按比例增加C栈。这对于大多数程序来说是过度的，但大致符合最坏情况的要求。幸运的是，内存很便宜。

Unicon 垃圾收集器的基本前提是频繁操作必须快速，即使这是以不频繁操作为代价的。在我面前，著名的计算机科学家 Ralph Griswold 反复观察到，大多数程序从不执行垃圾收集，它们在执行垃圾收集前已经运行完程序。从某种角度来看，这是正确的。这在各种应用程序域（如文本处理实用程序）中是正确的，而在其他应用程序域中（如服务器和其他长时间运行的应用程序）是不正确的。

根据快速频繁操作理论，赋值操作极其频繁且快速，因此，引用计数是一个非常糟糕的主意。类似地，内存分配也非常频繁，必须尽可能快。垃圾收集并不频繁，其成本与所涉及的工作成比例是可以的。

为了更有趣，Icon 和 Unicon 是特殊的字符串和文本处理语言，字符串数据类型在实现中完全是特殊的。字符串类型的最佳效率可能会使一些重字符串的程序在这种语言中表现得特别好，而其他程序则不然。

16.3.1 组织堆内存区域

对于字符串这一重要特殊情况，Unicon 有两种堆。称为**块区域**的通用堆允许分配字符串以外的数据类型。一个称为**字符串区域**的单独堆用于维护字符串数据。

块对垃圾收集是自描述的，块区域的布局是块的序列。每个块以标识其类型的标题字开头。许多块类型具有固定大小，对大小不同的块，块类型在标题字后面有一个大小

(size)字段。图 16.4 展示了块区域。左侧的矩形是管理块区域的结构体(struct)区域(如右侧的矩形所示)。正在管理的块区域的大小可能有很多兆字节,包含数千或数百万个块。

块区域内的分配非常快。要为类实例或其他结构(如列表或表)分配大小为 n 的块,只需验证 n 是否小于名为 free 和 end 的指针之间的剩余可用空间。在这种情况下,新块位于 free 指针处,并且通过向 free 指针添加 n 来更新区域以加以说明。

与块区域不同,字符串区域属于原始的非结构化字符串数据。字符串区域的组织如图 16.4 所示,除了实际的字符串数据没有标题、大小或其他结构——它仅是原始文本。由于不像其他组织那样将字符串分配为块,因此对字符串的一些常见操作(如切片)不是操作。类似地,与字对齐的块区域不同,当分配许多小字符串时,字符串区域可以字节对齐,不会浪费空间。此外,字符串区域中的数据从不包含对其他活动内存的任何引用,因此将字符串从块区域中分离出来会减少必须在其中找到引用的内存总量。

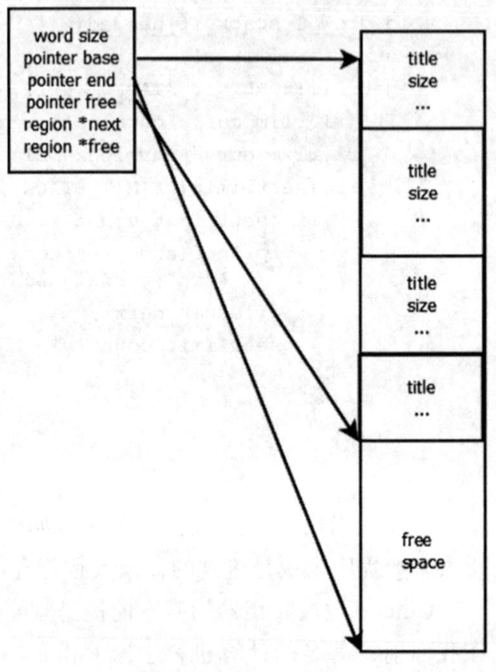

图 16.4 块区域

任何时候,都存在一个当前块区域和一个当前字符串区域,可以从中分配内存。每个程序和每个线程都有其当前块和字符串区域,这些区域是为该程序或线程分配的所有堆区域的双向链接列表中的活动区域。

当区域已满且要求更多内存时,将触发当前堆的垃圾收集。链接列表上较旧的区域是永久区域,仅当当前区域上的垃圾收集无法为请求释放足够的内存时才会收集。当列表上没有区域可以满足要求时,必须分配新的区域。当垃圾收集无法释放足够的空间来满足内存需求时,将创建一个相同类型的新当前区域并将其添加到链接列表中,新区域通常是前一个区域的两倍大。

16.3.2 遍历基本变量以标记实时数据

在垃圾收集的第一次传递中标记了实时数据。必须找到程序中指向堆内存的所有指针。这从变量**基本集**开始,由全局和静态内存组成,并包括栈上必须遍历的所有局部变量,所有这些全局和局部变量指向的堆对象都被标记。

在 Unicon 的运行时系统中标记实时数据的任务在下面的代码示例中进行了大概介绍。基础集的前两个元素由基于每个程序和每个线程分配的变量组成。在 Icon 中,它们最初是全局变量，但随着虚拟机的进化，全局变量变成了结构体字段，查找这些类别中的所有基本变量变成了一系列数据结构遍历，以找到所有这些基本变量：

```
static void markprogram(struct progstate *pstate) {
   struct descrip *dp;
   PostDescrip(pstate->K_main);
   PostDescrip(pstate->parentdesc);
   PostDescrip(pstate->eventmask);
   PostDescrip(pstate->valuemask);
   PostDescrip(pstate->eventcode);
   PostDescrip(pstate->eventval);
   PostDescrip(pstate->eventsource);
   PostDescrip(pstate->AmperPick);
   PostDescrip(pstate->LastEventWin);/* last Event() win */
   PostDescrip(pstate->Kywd_xwin[XKey_Window]);/*&window*/
   postqual(&(pstate->Kywd_prog));
   for (dp = pstate->Globals; dp < pstate->Eglobals; dp++)
      if (Qual(*dp)) postqual(dp);
      else if (Pointer(*dp)) markblock(dp);
   for (dp = pstate->Statics; dp < pstate->Estatics; dp++)
      if (Qual(*dp)) postqual(dp);
      else if (Pointer(*dp)) markblock(dp);
   }
```

标记程序中所有全局变量的任务很简单：

```
static void markthreads() {
   struct threadstate *t;
   markthread(&roottstate);
   for (t = roottstate.next; t != NULL; t = t->next)
      if (t->c && (IS_TS_THREAD(t->c->status))) {
          markthread(t);
      }
}
```

每个线程都通过调用 markthread() 进行标记，如下所示。线程状态的某些部分包含已知不包含对堆变量的引用的内容，但必须标记可能包含堆指针的字段：

```
static void markthread(struct threadstate *tcp) {
   PostDescrip(tcp->Value_tmp);
   PostDescrip(tcp->Kywd_pos);
   PostDescrip(tcp->ksub);
   PostDescrip(tcp->Kywd_ran);
   PostDescrip(tcp->K_current);
   PostDescrip(tcp->K_errortext);
   PostDescrip(tcp->K_errorvalue);
   PostDescrip(tcp->T_errorvalue);
```

```
    PostDescrip(tcp->Eret_tmp);
}
```

字符串和对象实际标记过程不一样。由于 Unicon 变量可以保存任何类型的值，因此使用名为 PostDescrip() 的宏来判断值是字符串还是其他类型的指针，或者两者都不是。对字符串的引用称为限定符，并使用名为 postqual() 的函数对其进行标记。其他类型的指针使用 markblock() 函数来标记：

```
#define PostDescrip(d) \
   if (Qual(d)) postqual(&(d)); \
   else if (Pointer(d)) markblock(&(d));
```

为了解释这个宏，我们需要的不仅仅是 postqual() 和 markblock() 这两个辅助函数，还需要知道 Qual() 和 Pointer() 测试宏在做什么。简短的回答是，它们执行按位 AND 操作以检查 Unicon 值的描述符字中单个位的值。如果描述符字的最顶层（符号）位 F_Nqual 为 0，则该值为字符串，但如果该位为 1，则它不是字符串，其他标志位可用于检查其他属性，其中 F_Ptr 指针标志将指示值字包含指针，可能是指向堆中值的指针：

```
#define Qual(d) (!((d).dword & F_Nqual))
#define Pointer(d) ((d).dword & F_Ptr)
```

这些测试很快，但在垃圾收集期间会执行多次。如果我们找到了一种比 PostDescrip() 宏中显示的更快的方法来识别活动字符串和块的潜在标记值，那么这可能会显著影响垃圾收集性能。

标记块区域

对于块，标记用指向对象的返回变量的指针覆盖对象的一部分。如果有多个变量指向对象，则会在找到这些活动引用时构建一个链接列表。此链接列表是必需的，以便在移动对象时，所有这些指针都可以更新为指向新位置。markblock() 函数包含 200 多行代码，在以下代码示例中以摘要形式显示：

```
void markblock(dptr dp) {
   dptr dp;
   char *block, *endblock;
   word type;
   union block **ptr, **lastptr;
   block = (char *)BlkLoc(*dp);
   if (InRange(blkbase, block, blkfree)) {
      type = BlkType(block);
      if ((uword)type<=MaxType)endblock=
            block+BlkSize(block);
      BlkLoc(*dp) = (union block *)type;
      BlkType(block) = (uword)&BlkLoc(*dp);
      if ((uword)type <= MaxType) {
```

```
            ...traverse any pointers in the block
        }
      else ... handle other types of blocks that will not move
    }
```

遍历块中的指针取决于块在语言中的组织方式。块中的指针始终是连续数组。垃圾收集器中名为 firstp 的全局表显示可以找到每种类型的块的嵌套指针的字节偏移量。第二个名为 firstd 的全局表显示每个块类型的描述符（嵌套值，可以是任何值，而不仅仅是块指针）的字节偏移量。这都通过以下代码遍历：

```
      ptr = (union block **)(block + fdesc);
      numptr = ptrno[type],
      if (numptr > 0) lastptr = ptr + numptr;
      else
         lastptr = (union block **)endblock;
      for (; ptr < lastptr; ptr++)
         if (*ptr != NULL)
            markptr(ptr);
      }
   if ((fdesc = firstd[type]) > 0)
      for (dp1 = (dptr)(block + fdesc);
           (char *)dp1 < endblock; dp1++) {
         if (Qual(*dp1)) postqual(dp1);
         else if (Pointer(*dp1)) markblock(dp1);
         }
```

通过遍历 ptr 变量并对每个指针调用 markptr() 来访问嵌套的块指针。markptr() 类似于 markblock()，但可以访问除块之外的其他类型的指针。通过遍历 dp1 变量并对字符串调用 postqual()，对块调用 markblock()，可以对嵌套描述符进行访问。

对于字符串，quallist 的数组名称由指向当前字符串区域的所有活动字符串指针（包括其长度）构成，名为 postqual() 的函数向 quallist 数组添加一个字符串：

```
   void postqual(dptr dp) {
      if (InRange(strbase, StrLoc(*dp), strfree)) {
         if (qualfree >= equallist) {
            newqual = (char *)realloc((char *)quallist,
                  (msize)(2 * qualsize));
            if (newqual) {
               quallist = (dptr *)newqual;
               qualfree = (dptr *)(newqual + qualsize);
               qualsize *= 2;
               equallist = (dptr *)(newqual + qualsize);
               }
            else {
               qualfail = 1;
```

```
                return;
                }
            }
        *qualfree++ = dp;
    }
}
```

前面的大部分代码都包括在需要时对数组大小进行扩展。在每次需要额外空间时，数组大小都会加倍。

此外，如果对象包含任何其他指针，则必须访问它们，并且必须标记和遍历它们所指向的对象，递归地跟随所有指向可以到达的对象的指针。

16.3.3 回收实时内存并将其放入连续内存块

在执行垃圾收集的第二个过程中，将从上到下遍历堆，并将所有活动数据移动到顶部。以下代码展示了总的整理策略。注意，并发线程会使垃圾收集变得复杂——我们在这里不详细考虑并发：

```
static void reclaim()
   {
   cofree();
   if (!qualfail)
      scollect((word)0);
   adjust(blkbase,blkbase);
   compact(blkbase);
   }
```

回收内存包括释放未引用的静态内存，该内存由在 cofree() 函数中成为垃圾的共表达式组成，然后在 scollect() 中上移所有活动字符串数据，然后通过调用 adjust() 和 compact() 来上移块数据。

cofree() 函数遍历每个共表达式块。这些块无法在块区域中分配，因为它们包含无法移动的变量。这包括以下代码：

```
void cofree() {
   register struct b_coexpr **ep, *xep;
   register struct astkblk *abp, *xabp;
   ep = &stklist;
   while (*ep != NULL) {
      if ((BlkType(*ep) == T_Coexpr)) {
         xep = *ep;
         *ep = (*ep)->nextstk;
         for (abp = xep->es_actstk; abp; ) {
            xabp = abp;
            abp = abp->astk_nxt;
```

```
            if ( xabp->nactivators == 0 )
               free((pointer)xabp);
            }
         free((pointer)xep);
         }
      else {
         BlkType(*ep) = T_Coexpr;
         ep = &(*ep)->nextstk;
         }
      }
   }
```

前面的代码遍历共表达式块的链接列表，当代码访问其标题仍然为 T_Coexpr 的共表达式块时，这表明该块未标记为活动状态。在这种情况下，使用标准的 free() 库函数释放共表达式及其关联的记账内存块。

scollect() 函数使用字符串区域中所有活动指针的列表收集字符串区域，它使用标准的 qsort() 库函数对 quallist 数组进行排序，然后遍历列表并将活动字符串数据复制到区域的顶部，在确定字符串的新位置时将指针更新到字符串区域。注意指向重叠字符串的指针，以便它们保持连续：

```
static void scollect(word extra) {
   char *source, *dest, *cend;
   register dptr *qptr;
   if (qualfree <= quallist) { strfree = strbase; return; }
   qsort((char *)quallist,
      (int)(DiffPtrs((char *)qualfree,(char *)quallist)) /
         sizeof(dptr *), sizeof(dptr),
            (QSortFncCast)qlcmp);
   dest = strbase;
   source = cend = StrLoc(**quallist);
   for (qptr = quallist; qptr < qualfree; qptr++) {
      if (StrLoc(**qptr) > cend) {
         while (source < cend) *dest++ = *source++;
         source = cend = StrLoc(**qptr);
         }
      if ((StrLoc(**qptr) + StrLen(**qptr)) > cend)
         cend = StrLoc(**qptr) + StrLen(**qptr);
      StrLoc(**qptr) = StrLoc(**qptr) +
                        DiffPtrs(dest,source)+(uword)extra;
      }
   while (source < cend) *dest++ = *source++;
   strfree = dest;
   }
```

adjust() 函数是收集块区域的第一部分，它对块区域进行遍历，将指针移入块区域，直到块将指向的位置。在标记期间，构建了指向每个块的所有指针的链接列表，这用于更新指向块的新位置的所有指针。adjust()的源代码如下所示：

```
void adjust(char *source, char *dest) {
   register union block **nxtptr, **tptr;
   while (source < blkfree) {
     if ((uword)(nxtptr = (union block **)BlkType(source))>
         MaxType) {
         while ((uword)nxtptr > MaxType) {
            tptr = nxtptr;
            nxtptr = (union block **) *nxtptr;
            *tptr = (union block *)dest;
            }
         BlkType(source) = (uword)nxtptr | F_Mark;
         dest += BlkSize(source);
         }
      source += BlkSize(source);
      }
   }
```

compact()函数是收集块区域的最后一步，如以下代码块所示。它包括将内存块本身移动到新位置，当块移动到其新位置时，活动块的标题字将被清除：

```
void compact(char *source) {
   register char *dest;
   register word size;
   dest = source;
   while (source < blkfree) {
      size = BlkSize(source);
      if (BlkType(source) & F_Mark) {
         BlkType(source) &= ~F_Mark;
         if (source != dest)
            mvc((uword)size,source,dest);
         dest += size;
         }
      source += size;
      }
   blkfree = dest;
   }
```

我们从本节中应该能够得出结论：标记和清理垃圾收集器是一项非常简单且相对低级的任务。如果你需要鼓励，那么可以这样想：我们在构建垃圾收集器时所做的工作是为了一个好的事业，这将节省使用该语言的程序员的无数精力，他们将为此感谢我们！在此之前，许多语言发明家已经成功地实现了垃圾收集，你也可以做到。

16.4　本章小结

本章介绍了许多有关垃圾收集的内容。我们理解了垃圾是什么，它是如何产生的，以及两种截然不同的垃圾收集处理方式。有种简单的方法叫做引用计数，该方法被一些早期的 Lisp 系统和 Python 的早期版本所普及。在引用计数中，分配的对象本身对其集合负责。这通常是有效的。

更困难的垃圾收集形式包括查找程序中的所有活动数据，并通常要将其移动，以避免内存碎片。查找活动数据通常是递归的，需要遍历栈来查找参数和局部变量中的引用，并且通常是一项繁重且低级的任务。这一总体思想的许多变体已经被实现。一些垃圾收集器利用的一个主要观察结果是，大多数分配的对象仅在短时间内使用，之后几乎立即变成垃圾。

我们使用的任何方法都可以帮助程序员避免管理自己的内存，这是非常值得赞赏的。

在第 17 章，我们将以一些对我们所学的有关思考来结束这本书。

16.5　思考题

1. 假设在标记活动数据时，特定的 Unicon 值（例如空值）特别常见。在什么情况下，我们可以修改 `PostDescrip()` 宏以检查该值，以查看 `Qual()` 和 `Pointer()` 宏中的测试是否可以被避免？
2. 为每个类的类型创建一个单独的堆区域有哪些优点和缺点？
3. Unicon 的标记清理收集器的 `reclaim()` 操作将所有活动的非垃圾内存移动到区域的顶部，修改此收集器以使实时数据不移动是否有益？

Chapter 17

第 17 章 结语

在学习了这么多关于构建编程语言的知识之后，我们可能需要反思我们所学的内容，并思考可能需要更深入研究的领域。本章将对本书中的主要主题进行回顾，并提供一些启示。

17.1 反思从编写这本书中学到的东西

我们从编写这本书中学到了一些有用的东西。除此之外，我们得出结论：Java 目前非常适合编写编译器。当然，Andrew Appel 在 1997 年出版了 *Modern Compiler Implementation in Java*，还有其他用 Java 编写编译器的书籍。这些书籍很好，但如果这意味着放弃 lex 和 YACC，那么许多编译器编写者都不会考虑使用 Java。为 Java 使用标准的 lex/YACC 工具链使其与为其他语言创建的编译器代码库相比更具互操作性。

我想对 BYACC/J 的维护者 Tomas Hurka 表示感谢，感谢他接受并改进了我的 `static import` 补丁，使 BYACC/J 能够更好地使用 JFlex 和类似的工具（包括我的 Merr 工具，如第 4 章所述），这些工具在单独的文件中生成 `yylex()` 或 `yyerror()`。在单独的文件中支持 `yylex()` 和 `yyerror()` 可以避免愚蠢的解决方法，例如，在解析器类中编写存根 `yylex()` 方法，该方法会返回并调用在另一个文件中生成的 `yylex()`。此外，在 Java 首次发布后，对其进行了一些小的改进，例如，能够在 `switch` 中使用 `String` 值，这对编译器编写者的便利性产生了影响。在这一点上，与 C 相比，Java 的便利性和优点几乎超过了它的缺点，虽然其缺点很多。我们不要假装 Java 死板的包、类目录和文件结构，以及缺少 `#include` 或 `#ifdef` 机制是没有代价的。

我写这本书并不是为了判断 Java 是否适合编译器，而是为了让 Unicon 更适合编译器。

本书的一个小奇迹是找到了一种方法，为Unicon和Java使用相同的词法和语法规范。我最终感到很高兴的是能够以传统的C语言编写编译器的方式使用这两种语言。在进行了大量的lex/YACC规范共享之后，与Java相比，Unicon并没有提供我预期的更多优势。Unicon跳过了许多Java的痛点，在一定程度上更加简洁，并且更容易使用异质结构类型。最终，这两种语言都非常适合编写Jzero编译器，我将让你来判断哪种代码更具可读性，更易维护。现在，看看我们可能会从这里走向何方。

17.2 决定何去何从

你可能想在某个领域学习更高级的知识，包括编程语言设计、字节码实现、代码优化、监视和调试程序执行、IDE等编程环境以及GUI构建器等。在本节中，我们将更详细地探讨其中的一些可能性，这仅是我的一些个人想法。

17.2.1 学习编程语言设计

与本节提到的大多数其他技术主题相比，识别编程语言方面的优秀作品可能更加困难。Harold Abelson和Gerald Sussman曾写过一本书，书名为*Structure and Interpretation of Computer Programs*[㊀]，人们普遍认为该书是非常有用的，虽然它并不是一本编程语言设计书，但它的见解深入了这一主题。

随便浏览一下，你可能都会找到许多通用编程语言书籍。Rafael Finkel的*Advanced Programming Language Design*就是其中之一，该书涵盖了一系列高级主题。对于其他资源，由实际语言发明者撰写的语言设计书籍和论文可能比第三方撰写的书籍更真实、更有用。

作为语言设计的杰出人物之一，Niklaus Wirth写了许多有影响力的书，包括*Algorithms and Data Structures*，以及*Project Oberon*，为语言设计和实现提供了很多宝贵的见解。作为包括Pascal和Modula-2在内的几种成功语言的设计者，Niklaus Wirth拥有极大的权威，特别是在呼吁保护程序员免受自身伤害的语言设计的简洁性方面，他是一个巨人，我们最好站在他的肩膀上。

Prolog编程语言已经有很丰富的文献，这些文献说明了该语言和逻辑编程所解决的许多设计和实现问题。Prolog很重要，因为它具有广泛的隐式回溯特性。关于Prolog的重要图书之一是Leon Sterling和Ehud Shapiro的*The Art of Prolog*。另一个重要贡献是函数的**Byrd箱式模型**，在该模型中，与其将函数的公共接口理解为调用后返回，不如将函数视为具有调用、产生结果并被反复恢复，直到最终失效。

㊀ 本书已由机械工业出版社翻译出版，书名为《计算机程序的构造和解释》（书号为978-7-111-63054-8）。——编辑注

下一个值得关注的伟大编程语言家族是SmallTalk。SmallTalk并没有发明面向对象的范式，但它对其进行了净化和普及。Dan Ingalls在*Byte*杂志上发表了一篇题为"Design Principles Behind Smalltalk"的文章，总结了SmallTalk的一些设计原则。在考虑面向对象语言时，考虑诸如C++之类的半面向对象语言也是明智的，Bjarne Stroustrup的*Design and Evolution of C++*一书值得一读。

Python和Ruby等高级语言的流行率急剧上升是近几十年来编程语言最重要的发展之一。令人沮丧的是，在编程语言设计文献中，许多非常流行的语言总体上表现得很差。TCL的发明者John Ousterhout就与高级语言设计相关的主题撰写了两篇重要文章。尽管带有作者的偏见，但"Scripting: Higher-Level Programming for the 21st Century"是一篇不错的论文。Ousterhout还受邀做了一次重要演讲，其演讲题目很幽默地写成"Why Threads Are a Bad Idea"，主张在大多数并行工作负载中，优先使用事件驱动编程和同步协程，而不是线程。

Icon和Unicon语言是两个文档记录更为详细的高级语言示例。Griswold在其*History of the Icon Programming Language*一书中描述了Icon语言的设计。在了解了一些进一步研究语言设计的好参考资源之后，我们看一下研究编程语言实现方面的参考资源。

17.2.2 学习如何实现解释器和字节码机器

高级编程语言实现应包括实现具有新颖语义的高级编程语言所有类型的解释器和运行时系统。第一种非常高级的语言是Lisp，其发明者John McCarthy发明了一种可以在计算机上执行的数学符号，是第一批交互式解释器之一，也可以说是第一个即时编译器。其他Lisp实现者也写过有名的书，特别值得一提的是John Allen的*Anatomy of Lisp*。

如果忽略了Pascal字节码机器，那么对字节码机器的任何描述都将是不足的。许多关于Pascal实现的开创性著作都收录在David Barron编著的*PASCAL: The Language and Its Implementation*中。普及字节码机器的UCSD Pascal系统基于苏黎世联邦理工学院Urs Ammann的工作，这在Barron的书中得到了很好的体现。关于Pascal的另一项重要工作是Steven Pemberton和Martin Daniels的*Pascal Implementation: Compiler and Interpreter*，这是一个公开可用的资源。

在Adele Goldberg及其合作者撰写的一系列书籍中，SmallTalk是一种非常先进的语言，比任何其他语言都要好，书籍包括*SmallTalk-80: The Language and its Implementation*。

在逻辑编程领域，**沃伦抽象机**（Warren Abstract Machine，WAM）是推理Prolog底层语义以及如何实现Prolog的主要方法之一，这在*An Abstract PROLOG Instruction Set*一书中有介绍。

Unicon的实现在*The implementation of Icon and Unicon:a Compendium*一书中进行了描述。该书结合并更新了之前关于Icon语言实现的几部著作，以及添加到Unicon的各种子系统的实现描述。

17.2.3 获取代码优化方面的专业知识

代码优化通常是高级研究生水平编译器教材的主题。经典的 *Compilers: Principles, Techniques, and Tools*[㊀] 包含关于各种优化的大量文档。Cooper 和 Torczon 的 *Engineering a Compiler* 是一种较新的处理方法。

高级语言的代码优化通常需要更新颖的技术。各种关于优化高级语言编译器的工作似乎在暗示一些未知的规律，即人们需要 20 年才能找出如何有效地执行此类语言。诸如 *T: a Dialect of Lisp* 和 *The Design and Implementation of the SELF Compiler* 这类书给了我这方面的启示，它们都是在 Lisp 和 SmallTalk 语言问世 20 年后才推出的。当然，需要多长时间取决于语言的大小和复杂性。我对此是有偏见的，但我最喜欢的这类语言作品之一是“The implementation of an optimizing compiler for Icon”，这篇论文包含在 Icon 和 Unicon 实现概要中。它在 Icon 发明十几年后才问世，因此可能会更多地介绍优化方面的内容。

17.2.4 监视和调试程序执行

有很多关于调试最终用户代码的书籍，但很少有关于如何编写程序监视器和调试器的书。部分原因是实现技术是底层的，且高度依赖于平台，因此很多关于调试器实现的文章可能只适用于一个特定的操作系统，并且无法保证 5 年内一直适用。

从大局来看，我们可能需要考虑如何设计调试器，以及它应该为最终用户提供什么样的接口。除了模仿主流调试器的接口之外，还应该考虑基于查询的调试概念，如 Raimondas Lencevicius 的 *Advanced Debugging Methods* 中所述。你还应该考虑相对调试和增量调试的概念，这些概念在 David Abramson 等人和 Andreas Zeller 的著作中得到了普及。

如果你想了解有关调试器实现的更多信息，则可能需要了解可执行文件的格式，尤其是它们的调试符号信息。微软 Windows 可移植可执行文件格式记录在微软网站上。

最突出的对应 UNIX 格式之一是**可执行链接格式**（Executable Linking Format，ELF），它以名为**“使用任意记录格式调试”**（Debugging With Arbitrary Record Format，DWARF）的格式存储调试信息。

GNU 调试器（也称为 GDB）非常突出，它有一本 *GDB Internals* 手册，并且 GDB 经常被用作开发研究调试功能的基础。`https://aarzilli.github.io/debugger-bibliography/` 列出了一些其他调试器实现资源，主要面向 Go 语言。

有关经典程序执行监控文献的实质性讨论，可以参考 *Monitoring Program Execution: A Survey* 或 *Program Monitoring and Visualization* 中的相关章节。

㊀ 本书已由机械工业出版社翻译出版，书名为《编译原理（原书第 2 版）》（书号为 978-7-111-25121-7）。——编辑注

17.2.5 设计和实现 IDE 和 GUI 构建器

编程语言成功的一个主要因素是其编程环境支持编写和调试代码的程度，本书仅简要介绍了这些主题，你可能希望进一步了解 IDE 及其用户接口构建器是如何实现的。

如果你打算从头开始构建一个文本编辑器，可以先自学如何编写文本编辑器，然后添加其他特性。在这种情况下，你可能希望查阅 Craig Finseth 的 *The Craft of Text Editing*。这本书是由一位在学士学位论文中研究 Emacs 文本编辑器如何实现的人撰写的。还有一章名为 GNU Emacs Internals，是 GNU Emacs 手册的附录。

好消息是，几乎没有人必须要编写集成开发环境的文本编辑器部分了。每个主要的图形计算平台都有一个用户接口库，其中包括一个文本编辑器作为其小部件之一。你可以使用图形接口构建器工具组装集成开发环境的接口。不幸的是，图形用户接口库通常是不可移植的，而且寿命很短，这意味着花在这些库上的编程工作几乎注定会在十年或二十年内被丢弃。编写在所有平台上运行并在互联网时代永远存在的代码需要付出非凡的努力。

因此，我们应重点关注多平台可移植图形用户接口库，以及如何使用它们编写集成开发环境和用户接口构建器工具。Java 是移植性最好的语言之一，即使有一些错误的开始，但一些最好的、最多平台可移植的用户接口库仍然可能是 Java 库。

17.3 延伸阅读的参考资料

以下是我们在 17.2 节中讨论的作品的详细参考书目，在每小节中，作品按作者姓氏的字母顺序列出。

1. 学习编程语言设计

在编程语言设计领域，以下书目值得关注：

- Harold Abelson and Gerald Sussman, *Structure and Interpretation of Computer Programs*, Second edition, MIT Press, 1996.
- Rafael Finkel, *Advanced Programming Language Design*, Pearson 1995.
- Ralph Griswold, *History of the Icon Programming Language*, Proceedings of HOPL-II, ACM SIGPLAN Notices 28:3 March 1993, pages 53-68.
- Daniel H.H. Ingalls, *Design Principles Behind Smalltalk*, Byte Magazine August 1981, pages 286-298.
- John Ousterhout, *Scripting: Higher-Level Programming for the 21st Century*, IEEE Computer 31:3, March 1998, pages 23-30.
- John Ousterhout, *Why Threads Are a Bad Idea (for most purposes)*, Invited talk, USENIX Technical Conference, September 1995 (available at `https://web.stanford.edu/~ouster/cgi-bin/papers/threads.pdf`).

❑ Leon Sterling and Ehud Shapiro, The *Art of Prolog*, MIT Press, 1986.

❑ Bjarne Stroustrup, *The Design and Evolution of C++*, Addison-Wesley, 1994.

❑ Niklaus Wirth, *Algorithms and Data Structures*, Prentice Hall 1985.

❑ Niklaus Wirth, *Project Oberon*: *The Design of an Operating System and Compiler*, Addison Wesley/ACM Press 1992.

以上只是大量编程语言设计作品中的一小部分，肯定有很多遗漏。现在，我们看看关于实现的类似参考书目列表。

2. 学习如何实现解释器和字节码机器

在解释器和字节码机器实现领域，以下书目值得关注：

❑ John Allen, *Anatomy of Lisp*, McGraw Hill, 1978.

❑ Urs Ammann, *On Code Generation in a PASCAL Compiler*, Software Practice and Experience 7(3), 1977, pages 391-423.

❑ David W. Barron, ed., *PASCAL-The Language and Its Implementation*, John Wiley, 1981.

❑ Adele Goldberg, David Robson, *SmallTalk-80*: *The Language and its Implementation*, Addison-Wesley, 1983.

❑ Clinton Jeffery and Don Ward, eds., *The Implementation of Icon and Unicon: a Compendium*, Unicon Project, 2020 (available at `http://unicon.org/book/ib.pdf`).

❑ A. B. Vijay Kumar, *Supercharge Your Applications with GraalVM*, Packt, 2021.

❑ Steven Pemberton and Martin Daniels, *Pascal Implementation*: *The P4 Compiler and Interpreter*, Ellis Horwood, 1982 (available at `https://homepages.cwi.nl/~steven/pascal/`).

❑ David Warren, *An Abstract PROLOG Instruction Set*, Technical Note 309, SRI International, 1983 (available at `http://www.ai.sri.com/pubs/files/641.pdf`).

现在，我们看看本机代码和代码优化方面的参考书目列表。

3. 获取本机代码与代码优化方面的专业知识

关于本机代码和代码优化，以下书目值得关注：

❑ Al Aho, Monica Lam, Ravi Sethi, and Jeffrey Ullman, *Compilers: Principles Techniques and Tools*, Second edition, Addison Wesley, 2006.

❑ Craig Chambers, *The Design and Implementation of the SELF Compiler, an Optimizing Compiler for Object-Oriented Programming Languages*, Stanford dissertation, 1992.

❑ Keith Cooper and Linda Torczon, *Engineering a Compiler*, Second edition, Morgan

Kaufmann, 2011.

- Chris Lattner and Vikram Adve, LLVM: A Compilation Framework for Lifelong Program Analysis & Transformation, in *Proceedings of the 2004 International Symposium on Code Generation and Optimization (CGO'04)*, Palo Alto, California, March 2004. Available at `https://llvm.org/pubs/2004-01-30-CGO-LLVM.html`.
- Jonathan Rees and Norman Adams, *T: a dialect of Lisp*, Proceedings of the 1982 ACM symposium on LISP and functional programming, pages 114-122.
- Kenneth Walker, *The implementation of an optimizing compiler for Icon*, Arizona dissertation, 1991.

在代码优化之后，你可能需要进一步了解程序执行监视和调试这一高度专业化的领域。

4. 监视和调试程序执行

在监控和调试方面，以下书目值得关注：

- David Abramson, Ian Foster, John Michalakes, and Roc Sosic, *Relative Debugging: A new methodology for debugging scientific applications*, Communications of the ACM 39(11), November 1996, pages 69-77.
- DWARF Debugging Information Format Committee, *DWARF Debugging Information Format Version 5* (`http://www.dwarfstd.org`), 2017.
- John Gilmore and Stan Shebs, *GDB Internals*, Cygnus Solutions, 1999. The most recent copy is in wiki format and available at `https://sourceware.org/gdb/wiki/Internals`.
- Clinton Jeffery, *Program Monitoring and Visualization*, Springer, 1999.
- Raimondas Lencevicius, *Advanced Debugging Methods*, Kluwer Academic Publishers, Boston/Dordrecht/London, 2000.
- Microsoft, PE Format, available at `https://docs.microsoft.com/en-us/windows/win32/debug/pe-format`.
- Bernd Plattner and J. Nievergelt, *Monitoring Program Execution: A Survey. IEEE Computer*, Vol. 14. November 1981, pages 76-93.
- Andreas Zeller, *Why Programs Fail: A Guide to Systematic Debugging*, Second edition, Morgan Kaufmann, 2009.

除了监视和调试之外，为你的编程语言使用集成编程工具也是很有用的。

5. 设计和实现 IDE 和 GUI 构建器

在开发环境和用户接口构建器领域，以下书目值得关注：

- Craig Finseth, *The Craft of Text Editing: Emacs for the Modern World. Springer*, 1990.

- Bill Lewis, Dan LaLiberte, Richard Stallman, the GNU Manual Group, et al., GNU Emacs Internals, *Appendix E within the GNU Emacs Lisp Reference Manual*, GNU Project, 1990–2021, pages 1208-1250.

老实说，我希望在 IDE 和 GUI 构建器领域有更多的好书可以推荐，如果你了解这方面的优秀作品，请把你的建议发给我。

17.4　本章小结

本书展示了关于构建编程语言的一些知识。我们通过介绍名为 Jzero 的“玩具”语言的实现来展示如何构建编程语言。然而，Jzero 并不是我们感兴趣的，我们感兴趣的是其实现中使用的工具和技术。我们甚至实现了两次！

如果你以前认为编程语言的设计和实现是一个值得享受的游泳池，那么现在的新结论可能是：它更像一个海洋！这样的话，在本书中你可以使用的工具（包括与 Unicon 或 Java 一起使用的 Flex 和 yacc 版本）都像是一艘豪华邮轮，能够让你在海洋上航行到任何想去的地方。

据说第一个高级语言编译器的构建用了 18 年的时间。也许现在构建编译器就是历时几个月的任务，尽管它仍然是一个开放式的任务，我们可以花尽可能多的时间来改进想要编写的编译器或解释器。

编译器的圣杯长期以来一直是代码生成问题的高级声明性规范，以匹配词法和语法规则的声明性规范。尽管许多人认真做了很多工作，但这一希望的突破却一直发展受阻，取而代之的是几根拐杖。字节码机器的概念是用可移植的系统语言（如 C）实现的，一旦将 C 编译器移植到这些处理器上，就可以使许多语言移植到大量处理器上……由于 .NET CLR、JVM 和 GraalVM Java 字节码机器等技术的出现，这已经成为主流的一部分。类似地，以源代码的形式将代码生成为另一种高级语言（如 C）的转译器也变得很普遍。

编程语言发明者可获得的第三种增强可移植性的形式是 LLVM 等中级目标指令格式的激增。所有这些广泛使用的使编程语言可移植的方法都避开了为全新 CPU 生成代码的常见问题。也许增强可移植性的第四种形式来自这样一个事实，即此时很少有新的 CPU 指令集生成，因为该行业在可用于优化代码生成器的少量硬件指令集上进行了大量投资。

感谢你阅读本书！尽管此书有很多缺点，但我希望你能够享受它，并且发现它对你很有用。我期待看到你在未来发明了某种新的编程语言！

第四部分 Part 4

附　　录

本部分将提供一些帮助读者理解正文内容的辅助材料，包括以下章节：

- 附录 A　Unicon 基础
- 附录 B　部分章节要点

Appendix A

附录 A Unicon 基础

本附录对 Unicon 语言进行了详细介绍，以帮助你理解本书中的 Unicon 代码示例。本附录面向有经验的程序员，所以并没有介绍基本的编程概念，而主要介绍 Unicon，同时关注其与主流语言相比有趣或不寻常的特性。

如果你熟悉 Java，那么本书中的大部分 Unicon 代码都可以通过查看相应的 Java 代码来理解。对于看不明白的地方，你可以查找对应的 Java 代码，通过比较来获取对内容的解释。本附录不是完整的 Unicon 语言参考，如果你需要，则可以参阅 *Programming with Unicon* 一书的附录 A 部分，该附录以独立公共域形式从 *Unicon Technical Report #8* 中可获得，它们都托管在 `unicon.org` 上。

语法速记

本附录中的符号使用方括号 [] 表示可选特性，星号 * 表示可以出现零次或多次的特性。当方括号或星号突出显示时，这意味着它们出现在 Unicon 代码中，而不是作为可选或重复的特性。

首先，我们详细讨论如何运行 Unicon 程序。

A.1 运行 Unicon

Unicon 被调用以从命令行或 IDE 中编译和运行，Unicon 源文件以 `.icn` 扩展名结尾，而 Unicon 目标文件以 `.u` 扩展名结尾，以下是 Unicon 转换器的一些示例调用：

- `unicon mainname [ filename(s) ]`

编译并链接mainname.icn和其他文件名，以在Windows上形成名为mainname.exe的可执行文件，或者在大多数其他平台上仅为mainname。

- unicon -o exename [filename(s)]

编译并链接名为exename的可执行文件，或在Windows上编译并链接exename.exe。

- unicon -c filename(s)

将.icn文件编译为.u文件，但不链接它们。

- unicon -u filename(s)

警告未声明的变量。

- unicon -version

输出Unicon版本。

- unicon -features

输出此Unicon构建的特性。

- unicon foo -x

一步编译并运行foo.icn。

有关如何在Windows上运行Unicon的详细说明，请访问http://unicon.org/utr/utr7.html。命令行选项的完整列表请参阅http://unicon.org/utr/utr11.html。

如果你不喜欢从命令行工作，则可以尝试使用名为ui的Unicon IDE。ui程序具有从图形接口内部编译和执行程序的选项，图A.1展示了一个示例。

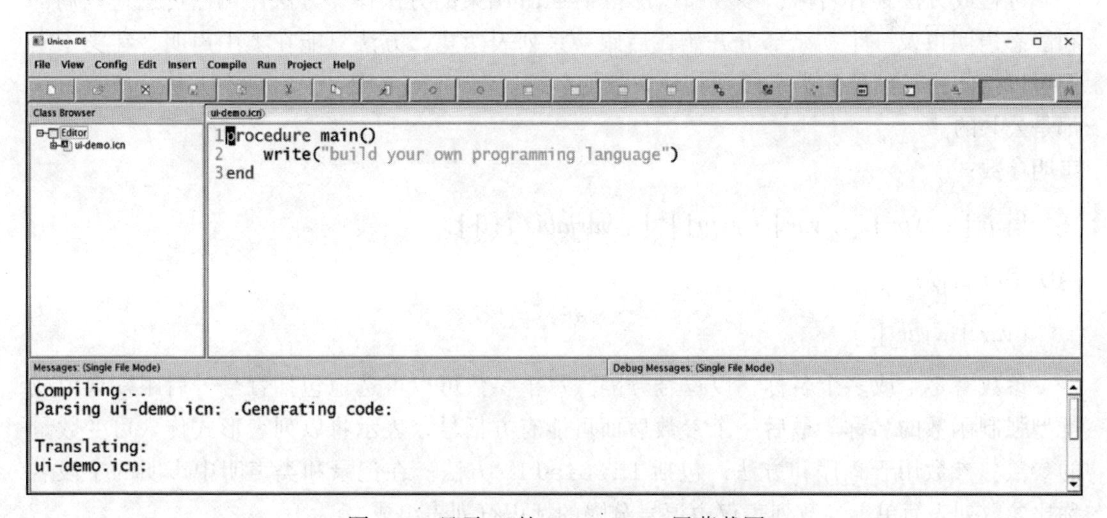

图A.1　显示ui的Unicon IDE屏幕截图

Unicon的创建者使用许多不同的编程环境，Unicon IDE更像是一个技术演示，而不是一个生产工具，但你可能发现它很有用，即使只是对其受欢迎的帮助菜单。它用大约

10 000 行 Unicon 编写，不包括 GUI 类库。现在，我们考虑 Unicon 中允许的声明类型及其支持的数据类型。

A.2 使用 Unicon 的声明和数据类型

不能在没有声明的情况下编写 Unicon 程序。声明是将在某个作用域和生命周期内可见的名称与能够保存值的代码块或内存相关联的行为。接下来，我们学习如何声明不同的程序组件。

A.2.1 声明不同类型的程序组件

Unicon 程序由一个或多个以 `main()` 开头的过程组成。程序结构通常还包括类。Unicon 将用户定义的过程与内置于语言中的函数区分开来。以下模式展示了 Unicon 过程和方法中代码体的主要声明的语法结构。

声明过程：

procedure *X* (*params*) [*locals*]* [*initial*] [*exprs*]* **end**

声明方法：

method *X* (*params*) [*locals*]* [*initial*] [*exprs*]* **end**

过程或方法具有名称、参数和以保留字 `end` 结束的方法体。方法体可以可选地以局部和静态声明以及一个初始部分开始，后跟一系列表达式。方法只能在类中声明，在类中它们可以访问一组额外的类字段和其他方法的名称。在 Unicon 中，没有静态方法，所有方法都是公共的。

声明参数：

[*var* [**:** *expr*] [**,** *var* [**:** *expr*]]* [**,** *variable* **[]**]]

声明字段名称：

[*var* [**,** *var*]*]

参数有零个或多个名称，以逗号分隔。每个参数可以可选地包括冒号，后跟默认值或类型强制函数的名称。最后一个参数后面可能有方括号，表示将以列表形式传入可变数量的参数。参数用于程序和方法，包括 `initially` 方法。在记录和类声明中声明的字段名称比参数列表简单，参数列表仅由逗号分隔的标识符列表组成。

声明全局变量：

global *variable* [**,** *variable*]*

声明局部变量：

local *variable* [**:=** *expr*] [**,** *variable* [**:=** *expr*]]*

声明静态变量：

static *variable* [**:=** *expr*] [**,** *variable* [**:=** *expr*]]*

变量可以用逗号分隔的名称列表引入，类型可以是三者之一：**全局**、**本地**或**静态**。可以对局部变量赋值，以对变量做初始化。全局变量在整个程序执行过程中都有效。局部变量只在单个过程或方法调用期间有效。静态变量在整个程序执行过程中都存在，每个静态变量的副本由对该过程或方法的所有调用共享。

声明记录类型：

record *R* **(** *fields* **)**

声明类：

class *C* [**:** *super*]* **(** *fields* **)** [*methods*]* [*initially*] **end**

记录或类由名称声明，后跟逗号分隔的字段名列表，并用括号括起来。记录或类名声明了一个全局变量，该变量包含一个创建实例的构造函数。类也可以有一个以冒号分隔的超类名称列表。类声明包含零个或多个方法和可选的 `initially` 部分，后跟一个保留字 `end`。

声明初始方法：

initially [**(** *params* **)**] [*locals*]* [*initial*] [*exprs*]*

`initially` 方法部分是一种特殊的可选初始化方法，由类构造函数自动调用。如果存在初始部分，则它必须在所有其他方法之后，紧接着在类结束之前。它前面没有保留字 `method`，其参数列表是可选的。

引用库模块：

link *module* [**,** *module*]*

Unicon 程序可以在命令行中包含多个文件，但文件使用的模块也可以在源代码中声明。模块可以是字符串常量文件名，也可以是用作文件名的标识符。

使用包：

import *package* [**,** *package*]*

Unicon 的全局命名空间可能由多个命名的包组成，可以通过提供包名称来导入。现在让我们看看 Unicon 的数据类型。

A.2.2　使用原子数据类型

Unicon 具有丰富的数据类型集。原子类型是不可变的，而结构类型是可变的。它们直接在源代码中显示为文本常量值，或者由运算符或函数计算并引入程序。

1. 数字

整数是有符号的任意精度整数。整数是最常见的类型，工作方式也很明显。基数 2~36 有许多文字格式，后跟一组后缀如 K 和 M，表示将数字乘以千或百万。例如，整数 4G 表示整数值 40 亿。Unicon 中的整数大多只是在我们不太注意的情况下工作。Unicon 提供了所有常用的算术运算符，以及一个方便的求幂运算符 x^y。有趣的一元运算符 ?n 用于产生一个介于 1 和 n 之间的随机数，一元运算符 !n 表示表示生成从 1 到 n 的整数。

实数数据类型表示数字的浮点近似值。实数常量必须包含小数、指数或两者都有。想想实数值过去给程序员带来了多大的麻烦，以及它们现在是如何被视为理所当然的：实数值的大小与 64 位整数相当，尽管二进制格式不同。我们偶尔面临的挑战之一是如何在整数和实数之间来回转换。转换会根据需要自动执行，但如果我们重复且不必要地执行转换，则会花费时间。

2. 文本

Unicon 有多种内置类型用于处理文本，包括字符串、**字符集**和一种从 SNOBOL4 借用的惊人模式类型。本书使用字符串和字符集类型，但使用 Flex 和 yacc 而不使用模式，因为它们更易于移植。出于这个原因，我们将不介绍模式类型或其基于正则表达式的文本格式。

字符串是由零个或多个字符组成的有序序列。字符串文本由双引号括起来，可以包含转义字符。表 A.1 展示了这些转义字符。

表 A.1 字符串和字符集转义字符

代码	字符	代码	字符	代码	字符	代码	字符
\b	回退	\d	删除	\e	ESC	\f	换页
\l	换行符	\n	换行符	\r	回车	\t	制表键
\v	垂直制表键	\'	引用	\"	双引号	\\	反斜线
\ooo	八进制	\xhh	十六进制	\^x	Ctrl+X		

字符集是零个或多个非重复字符的无序集合。字符集文本由单引号包围，并可能包含转义字符。Unicon 为预定义的字符集提供了许多字符集关键字常量，这些字符集在其他语言中可以作为宏或测试函数找到。事实证明，在执行文本处理时，为字符设置完整的数据类型非常有用。字符集类型支持常用的集合运算符，例如 c1++c2，它计算 union，或者 c1--c2 用于 c1 中而不是 c2 中的字符。现在，我们继续看看 Unicon 的结构类型。

A.2.3 使用结构类型组织多个值

结构类型是由多个值组成的值。结构类型是可变的，这意味着可以修改或替换值。它们通常在运行时创建，分配内存并根据其组件值进行初始化。许多结构类型都是允许插入或删除值的容器。首先要考虑的结构类型是类，它引入了用户定义的结构类型。

1. 类

如果你的数据不是数字，也不是文本，那么你可能希望在 Unicon 中为它编写一个类。每个 Unicon 类都是一种新的数据类型。类数据类型用于从应用程序域构造对象，对象通常用于包含由复杂行为控制的多条信息的事物。

Unicon 以一种有趣的方式定义了多个继承语义，称为**基于闭包的继承**，它允许在继承图中循环。事实上，Unicon 类都是公共和虚拟的，这使事情变得更简单，并专注于表达能力，而不是保护程序员免受其害。现在，让我们看看 Unicon 的其他结构类型，它们通常用于提供不同类的类型之间的关联。第一个要考虑的内置结构类型是列表类型。

2. 列表

我在列表前介绍了类，只是为了逗你一下。**列表**是迄今为止最常见的结构类型。本书只介绍了列表的一小部分功能。Unicon 列表是链接列表和数组之间的交叉，可以增长和收缩，可以用作栈、队列或双队列。列表类型无形地支持整数数组和实数数组的不同表示，以与 C 兼容地优化它们的空间表示。

除了用作数组或栈等，列表通常用作类内的粘合数据结构，以实现聚合和多样性。Unicon 列表对主流程序员的少数警告之一是，它们的第一个下标是 1，而不是 0。下面让我们将列表类型与非常有用的表数据类型进行比较。

3. 表

表有时称为**关联数组**，是一种极其灵活的结构，它将任意类型的索引映射到任意类型的值上。表以其实现命名，通常是哈希表。一个表感觉就像一个数组，其下标不限于从 1 开始的连续整数。表的键可以是非连续的、稀疏的、负的，也可以是字符串或任何其他类型。

字符串和整数几乎是唯一用作哈希键的类型。当然，可以使用实数，但舍入误差会使后续查找变得棘手。可以使用字符集作为表键，这比较少见。如果使用其他结构值作为表中的键，那么一切都会正常工作，但我们一般不会根据其内容计算其哈希值，因为内容是可变的。

4. 文件

Unicon 的文件类型是你所期望的。文件通常访问由操作系统管理的持久性存储空间，对一次性处理行有一些便捷功能。大多数形式的输入和输出都是文件类型的扩展，因此文件功能应用于网络连接、图形窗口等。

5. 其他类型

Unicon 还有许多其他功能强大的内置类型，如 Windows、网络连接和线程等。与有些语言不同，它没有全局解释器锁来减缓线程并发。给定这组丰富的数据类型中的值，Unicon 程序的主体使用各种表达式组合成计算。

A.3 表达式求值

Unicon 表达式是目标导向的。如果可以的话，Unicon 会计算一个结果，这就是所谓的判断是否为**真**，没有结果的表达式则称为**假**。条件为假通常会阻止执行周围的表达式，如果存在可以产生其他结果的表达式，则可能会触发回溯到表达式的早期部分。

这种以目标为导向的评估语义消除了对布尔数据类型的需要，而布尔数据类型通常在其他语言中也可以找到。它还极大地提高了语言的表达能力，消除了大量对哨兵值的烦琐检查，或编写显式循环以搜索可以通过目标导向评估和回溯找到的内容。编程人员需要时间来习惯这个特性，但一旦掌握，代码就会更短、更快。

A.3.1 使用运算符形成基本表达式

Unicon 的许多运算符在其他语言中都很常见，但有些运算符则是独一无二的。以下是 Unicon 运算符的汇总。当链接在一起时，运算符的执行顺序由它们的优先级决定，这在主流语言中通常是如此。一元运算符的优先级高于二元运算符，乘法先于加法，以此类推。当有疑问时，可以使用括号实现强制优先。

强制优先运算符：

(*exp*)

使用括号将表达式括起来，括号前面无表达式，只是强制运算符优先，否则无效。

大小运算符：

* *x* : int

一元星号运算符是一个大小运算符，用于返回字符串、字符集、队列或结构 *x* 中的元素数。

空运算符：

/ *x*

非空运算符：

\ *x*

如果测试为真，则这些谓词只产生 *x*，但如果测试为假，则失败。

取反运算符：

\- *num*

一元加法运算符：

\+ *num*

对一个数字取反就是把它的正负号颠倒过来。一元加法运算符强制将操作数变为数字，但不更改其数值。

对表达式结果取反：

`not` *exp*

not 运算符对表达式的结果取反，将表达式的结果由真转换为假，或者反过来。当表达式结果为真时，取反生成的结果为空值。

Tabmat 运算符：

= *str*

当操作数是字符串时，其一元 Tabmat 操作类似于 tab(match(s))。

二进制运算符：

num1 ^ *num2*

num1 % *num2*

num1 * *num2*　*num1* + *num2*

num1 / *num2*　*num1* - *num2*

通常的二进制数字运算符（包括用于求幂的插入符号）后面可以紧跟一个 := 运算符，以执行增量赋值。例如，x +:= 1 将 1 加到 x。几乎所有的二进制运算符都可以与 := 一起使用，以执行增量赋值。

连接运算符：

str1 || *str2*

列表连接运算符：

lst1 ||| *lst2*

连接运算是按顺序附加第一个和第二个操作数，并产生结果。

赋值运算符：

variable := *expr*

在赋值运算中，右侧的值存储在左侧的变量中。

比较运算符：

num1 = *num2*

str1 == *str2num1* ~= *num2*

str1 ~== *str2num1* < *num2*

str1 << *str2num1* <= *num2*

str1 <<= *str2num1* > *num2*

str1 >> *str2num1* >= *num2*

str1 >>= *str2ex1* === *ex2*

ex1 ~=== *ex2*

Unicon 提供了常用的数字比较运算符，以及通常重复运算符字符的字符串版本。波浪号表示 NOT，等价运算符 === 和非等价运算符 ~=== 不执行任何类型转换，而其他运算符通常根据需要将操作数强制转换为数字或字符串类型。比较运算符将产生第二个操作数，除非失败。

And 运算符：

ex1 & *ex2*

二进制与运算符对表达式 ex1 进行测试，如果 ex1 表达式成立，则整个表达式的结果为 ex2 的结果。如果 ex1 不成立，则不计算 ex2。

制作空列表：

[ ]

制作初始列表：

[*ex* [, *ex*]*]

制作表达式结果列表：

[: *ex* :]

制作初始化表：

[*ex* : *ex* [; *ex* : *ex*]*]

当括号包含零个或多个元素时，将创建列表和表。初始化元素以逗号分隔，表元素由键值对组成。

选择子元素：

ex1 [*ex2* [, *ex*]*]

切片：

ex1 [*ex2* : *ex3*]

添加切片：

ex1 [*ex2* +: *ex3*]

减小切片：

ex1 [*ex2* -: *ex3*]

对于列表和字符串，当括号左侧有表达式时，将获取该表达式的元素或切片。L[1,2] 表达式等价于 L[1][2]。常规元素引用从值（例如字符串或列表）中选择元素。元素可以在周围的表达式中读取和使用，也可以写入赋值并用赋值替换。下标通常以 1 开头，表示第一个元素。列表和字符串索引在索引超出范围时失败。切片是为列表和字符串定义的。如果原始字符串是变量，则可以分配字符串切片。列表切片将创建一个列表，其中包含基本列表中选定元素的副本。

表的下标是键，可以是任何类型。在查找未知键时，表索引将得到表默认值。记录接受字符串和整数下标，就好像它们是表和列表一样。

访问字段：

x . *name*

点运算符（.）从记录或类实例 x 中选择 name 字段。

A.3.2 调用过程、函数和方法

所有编程语言中最基本的抽象之一是调用在其他地方的另一段代码，以计算表达式中

所需的值。在 Unicon 中，你可以调用用户编写的过程、内置函数或类方法，方法是在其名称或引用后面加上括号，同时包含零个或多个值。

调用：

f ([*expr1* [, [*expr*ᵢ]]*])

方法调用：

object . *method*([*expr1* [, [*expr*ᵢ]]*])

调用过程或函数的方法是在它后面加上括号，括号中包含零个或多个参数表达式，以逗号分隔。省略参数会导致在该位置传递空值。执行移动到该过程或函数，并在产生结果或不可能产生结果时返回。可通过对象访问方法名来调用方法。

完成调用：

return [*expr*]

在完成调用时，return 生成 expr 作为方法或过程的结果，调用无法继续。如果未提供结果 expr，则表达式返回空。

产生结果：

suspend [*expr*]

suspend 生成 expr 作为方法或过程的结果。如果调用的表达式失败，则将继续调用以尝试另一个结果。如果未提供结果 expr，则表达式返回空。

无结果结束调用：

fail

fail 在没有结果的情况下终止过程或方法调用，调用无法恢复。

A.3.3 迭代并选择执行的内容和方式

几个 Unicon 控制结构覆盖了传统的控制流操作。其中包括排序、循环和选择要执行的代码片段。

按顺序执行：

{ *expr1* ; *expr2* }

大括号表示其中的表达式要按顺序执行，分号用于终止序列中的每个表达式。Unicon 具有自动插入分号的功能，因此除了两个或多个表达式位于同一行时，很少需要分号。

If-then：

if *ex1* **then** *ex2* [**else** *ex3*]

如果 ex1 成立，则执行 ex2，否则执行 ex3。

一直执行表达式，直到条件不再满足：

while *ex1* [**do** *ex2*]

while 循环迭代执行，直到 ex1 不再满足。

消耗生成器：

every *ex1* [**do** *ex2*]

不管怎样，every 循环都会失败。这将强制执行 ex1 中的所有结果。这会消耗生成器。

do 循环体：

do *ex*

do 循环体通常是可选的，它用于提供在循环迭代时要执行的循环主体。

永远评估：

repeat *ex*

repeat 表达式是一个反复重新评估 *ex* 的循环。除其他方式外，*ex* 可以使用 break、return、fail 或停止程序执行来退出循环。

跳出循环：

break [*ex*]

break 用于终止当前过程或方法中的循环，但始终终止最近的循环。循环终止后，将对 *ex* 表达式求值。可以写 break break 来跳出两重循环，或者用 break break break 来摆脱三重循环，以此类推。

扫描字符串：

str ? *ex*

该控制结构执行 *ex*、将 &subject 设置为 *str*，&pos 关键字从 1 开始。字符串扫描可以嵌套，它具有动态范围。

执行一个分支：

case *ex* **of** { [*ex1* : *ex2*] * ; [**default** : *exN*] }

case 语句求值表达式，并将结果与一系列 case 分支进行比较，按顺序进行测试。如果表达式等于 === 的定义，也就是说，在没有类型转换时，如果表达式等于冒号左边的一个表达式，则执行该冒号右边的表达式并完成 case。

首次调用时运行：

initial *ex*

initial 求值过程或方法前面的表达式，但仅在第一次调用该过程或方法时求值。

A.3.4 生成器

Unicon 中的某些表达式可以产生多个结果。生成器具有传染性，因为如果为第二个结果或后续结果恢复生成器，则可能会重新执行周围的表达式，并可能最终为其封闭表达式生成多个结果。例如，对于 ord("="|"+"|"-") 调用，返回 s 的 ASCII 代码的 ord(s) 函数不是生成器，但如果其参数表达式是生成器，则整个 ord() 表达式就是生成器。在这种情况下，"-"|"+"|"-" 就是一个可以生成三个结果的生成器。如果封闭表达式需要所

有这些，那么可以对 ord() 函数执行三次调用，并对封闭表达式生成三个结果。作为这个非常好的功能的另一个示例，可以考虑以下表达式：

```
\kids[1|2].first | genlabel()
```

此生成器可以从 kids[1] 或 kids[2] 中生成 .first 字段，前提是 kids 不为 null 或不为空，但如果这些字段没有出现或不满足周围的表达式，则此表达式将调用 genlabel() 并生成其结果（如果有）。

交替：

ex1 | *ex2*

交替从 ex1 和 ex2 生成结果，先 ex1，然后是 ex2。

生成组件：

! *ex* : *any**

一元 ! 运算符按某种顺序生成值的组成部分。整数是通过从 1 到数字的计数产生的。字符串、字符集、列表、记录和对象通过按顺序一次生成一个值来生成。表和集合的行为类似，但顺序未定义，文件一次生成一行内容。

有限数字序列：

ex1 **to** *ex2* [**by** *ex3*]

to 生成从 *ex1* 到 *ex2* 的数，默认步长为 1，但如果提供了 by，则每次序列步数为该值。

A.4　调试和环境问题

本节包含在 Unicon 中编程时可能会发现的有用信息，包括对 Unicon 调试器的简要介绍，可以设置用于修改 Unicon 运行时行为的一些环境变量，以及一个 Unicon 提供的简单预处理器。

A.4.1　学习 UDB 调试器的基础知识

Unicon 的源代码级调试器名为 udb，在 UTR 10 中有详细介绍，详见 http://unicon.org/utr/utr10.html。udb 的命令集基于 gdb，详见 https://www.gnu.org/software/gdb/。

在运行 udb 时，你将提供要调试的程序作为命令行参数。或者在调试器中，可以运行 load 命令来指定要调试的程序，调试器通常使用 quit（或 q）命令退出。

udb 提示符识别许多命令，通常使用缩写形式。也许在 quit 命令之后，下一个最重要的命令是 help（或 h）。

下一个最重要的命令是 run（或 r）命令，它可用于从头开始重新启动程序的执行。

要在行号或过程处设置断点，可以使用 break（或 b）命令，后跟行号或过程名称。当程序执行到达该位置时，程序将返回到 udb 命令提示符。此时，可以使用 step（或 s）一次执行一行，next（或 n）运行到下一行，同时跳过调用的任何过程或方法，print（或 p）用于获取变量值，或由 cont（或 c）继续全速执行。

A.4.2 环境变量

环境变量用于控制或修改 Unicon 程序或 Unicon 编译器的行为，这里总结了其中最重要的一些内容。默认情况下，Unicon 的块区域堆和字符串区域堆的大小与物理内存成比例，但可以显式设置几个运行时内存大小，如表 A.2 所示。

表 A.2 环境变量及其说明

环境变量	说明
BLKSIZE	块区域堆中的字节数
IPATH	搜索链接的目录列表
LPATH	搜索包含的目录列表
MSTKSIZE	主栈上的字节数
STKSIZE	共表达式栈上的字节数
STRSIZE	字符串堆上的字节数
TRACE	&trace 的初始值

IPATH 还用于查找超类和包导入，让我们现在看看 Unicon 的预处理器，它有点像一个简化的 C 预处理器。

A.4.3 预处理器

Unicon 预处理器执行文件包含操作，并用值替换符号常量。预处理器的目的是允许在编译时启用或禁用代码块，例如，这有助于为不同的操作系统编写不同的代码。

1. 预处理器指令

以下预处理器指令是以 $ 符号开头的行：

- $define *sym text*

将符号 *sym* 替换为文本，此构造中没有宏参数。

- $include *filenam*

名为 *filenam* 的文件包含在位于 $include 的源代码中。

- $ifdef *sym*

  $ifndef *sym*

```
$else
$endif
```

如果 *sym* 是由先前的 `$define` 引入的，则 `$ifdef` 中的行将传递给编译器。如果未定义符号，则 `$ifndef` 会传递源代码。这两个指令采用可选的 `$else`，后跟更多代码，并以 `$endif` 结尾。

- `$line` *num* [*filenam*]

下一行应该报告为从 *filenam* 文件的第 *num* 行开始。

- `$undef` *sym*

定义 *sym* 被删除，后续事件不会被任何内容替换。

2. 内置宏定义

这些符号标识可能存在并影响语言能力的平台和功能，内置宏定义的内容如表 A.3 所示。

表 A.3　内置宏定义

宏定义	含义	宏定义	含义
_CO_EXPRESS IONS	同步线程	_MESSAGING	HTTP, SMTP 等 .
_CONSOLE_WINDOW	模拟终端	_MS_WINDOWS	微软 Windows
_DBM	DBM	_MULTITASKING	load() 等 .
_DYNAMIC_LOADING	可加载代码	_POSIX	POSIX
_EVENT_MONITOR	代码已检测	_PIPES	单向管道
_GRAPHICS	图形	_SYSTEM_FUNCTION	system()
_KEYBOARD_FUNCTIONS	kbhit(), getc() 等	_UNIX	UNIX, Linux,...
_LARGE_INTEGERS	任意精度	_WIN32	Win32 图形
_MACINTOSH	Macintosh	_X_WINDOW_SYSTEM	X Windows 图形

这些符号可以在编译时使用 `$ifdef` 进行检查，它们具有相应的特征字符串，可以在运行时使用 `&features` 进行检查。有关详细信息，请参阅 *Programming with Unicon*。下面让我们看看 Unicon 的内置函数。

A.5　函数简略参考

本节将介绍 Unicon 内置函数的一个子集，这些函数被认为最可能与编程语言实现人员相关。完整函数列表请参阅 *Programming with Unicon* 的附录 A 部分。本节中参数所需类型由其名称给出：名称 `c` 或 `cs` 表示字符集；名称 `s` 或 `str` 表示字符串；名称 `i` 或 `j` 表示整数；`x` 或 any 等名称表示参数可以是任何类型。这些名称可以加数字后缀，以使其与相同类型的其他参数区分。参数后的冒号和类型指示返回类型以及返回值的数量。通常一个函数只有一个返回值。问号表示该函数是一个谓词，可以在零个或一个返回值的情况下失败。星号表示函数是一个具有零或多个返回值的生成器。

许多函数也有参数的默认值，在引用中使用冒号和名称后的值表示。参数以 s、i 和 j 结尾的函数是字符串分析函数。字符串分析函数的最后三个参数默认为 &subject、&pos 和 0。如果 i 大于 j，则交换 i 和 j 参数，因此提供索引的顺序无关紧要，并且始终从左到右进行分析：

❑ abs(n) : num

如果 n 为负，abs(n) 返回 -n，否则返回 n。

❑ any(cs, s, i, j) : integer?

当 s[i] 是字符集或 cs 的成员时，any(cs, s, i, j) 生成 i+1，否则失败。

❑ bal(c1:&cset, c2:'(', c3:')', s, i, j) : integer*

bal(c1, c2, c3, str, i1, i2) 在 str 中生成索引，其中 str[i:j] 中的 c1 成员与 c2 中的起始字符和 c3 中的较近字符保持平衡。

❑ char(i) : str

char(i) 返回 i 的单字母字符串编码。

❑ close(f) : file

close(f) 释放与 f 关联的操作系统资源并关闭它。

❑ copy(any) : any

copy(y) 生成 y。对于结构，它返回一个物理副本，对于嵌套结构，副本深度为一级。

❑ delay(i) : null

delay(i) 等待至少指定的毫秒时间量。

❑ delete(y1, y2, ...) : y1

delete(y1, y2) 从 y1 结构中删除键位置 y2 处的值以及后续元素。

❑ exit(i:0) :

exit(i) 退出程序运行并生成 i 作为退出状态

❑ find(str1, str2, i, j) : int*

find(str1, str2, i1, i2) 生成 str1 出现在 str2 中的索引，只考虑 i1 和 i2 之间的索引。

❑ getenv(str) : str?

getenv(str1) 从环境中生成一个名为 str1 的值。

❑ iand(i1, i2) : int

and(i1,i2) 返回 i1 与 i2 的按位“与”运算值。

❑ icom(i) : int

icom(i) 将 1 翻转为 0，或将 0 翻转为 1。

❑ image(x) : str

image(x) 生成表示 x 内容的字符串。

❑ insert(x1, x2, x3:&null) : x1

insert(x1, x2, x3) 在 x1 结构中放置 x2。如果 x1 是列表，则 x2 是位置；否则 x2 就是键。如果 x1 是表，则 x2 键与 x3 值相关联。insert() 生成该结构。

❑ integer(x) : int?

integer(x) 将 x 强制为整数类型，无法转换时失败。

❑ ior(i1, i2) : int

ior(i1, i2) 返回 i1 与 i2 的位“或”运算值。

❑ ishift(i1, i2) : int

ishift(i1, i2) 在 i1 内移动 i2 位的位置并返回结果。如果 i2 ＜ 0，则向右移动；如果 i2 ＞ 0，则向左移动。i2 个零以与移位相反的方向进入。

❑ ixor(i1, i2) : int

ixor(i1,i2) 返回 i1 位与 i2 的按位“异或”运算值。

❑ kbhit() : ?

kbhit() 返回键盘是否被按下对应的值。

❑ key(y) : any*

key(y) 生成可以访问结构的 y 元素的键 / 索引。

❑ list(i, x) : list

list(i, x) 构造一个包含 x 个元素的列表，每个元素都包含 x。对于列表中的每个元素，x 都不会被复制。因此，例如，如果你需要列表的列表，则可能必须单独分配它们。

❑ many(cs, str, i, j) : int?

many(cs,str, i, j) 生成在 str 中的位置，该位置跟随 str[i:j] 中尽可能多的 cs 相邻成员。

❑ map(str1, str2, str3) : str

map(str1, str2, str3) 返回已转换的 str1，以便在 str2 中找到 str1 的字符时，将其替换为 str3 中的相应字符。str2 和 str3 的长度必须相同。

❑ match(str, s, i, j) : int?

当 str1==s[i+:*str1] 时，match(str1, s, i, j) 返回 i+*str1。当没有匹配项时，函数将失败。

❑ max(num, ...) : num

max(...) 生成其参数的数值最大值。

❑ member(y, ...) : y?

当其他参数在 y 中时，member(y, ...) 生成 y，否则失败。

❑ min(num, ...) : num

min(...) 生成其参数的数值最小值。

❑ move(i) : str

move(i) 将 &pos 递增或递减 i，并在 &subject 中返回从旧位置到新位置的子字符串。如果恢复此函数，则位置将重置。

❑ open(str1, str2,...) : file?

open(str1, str2,...) 要求操作系统使用 str2 模式打开 str1 文件名。后续参数是可能影响特殊文件的属性。该函数识别 str2 参数中给出的如表 A.4 所示的模式。

表 A.4 模式及其说明

模式字母	说明	模式字母	说明
a	加 / 附加	nl	侦听 TCP 端口
b	打开供读写	nu	连接到 UDP 端口
c	产生新文件	m	连接到消息服务器
d	GDBM 数据库	o	ODBC（SQL）连接
g	2D 图形窗口	p	执行命令行并通过管道发送
gl	3D 图形窗口	r	读取
n	TCP 客户端	t	转换换行符
na	接收 TCP 连接	u	使用二进制非转换模式
nau	接收 UDP 报文	w	写入

❑ ord(s) : integer

ord(s) 返回单字母字符串 s 的序数（例如，ASCII 码）。

❑ pop(L) : any?

pop(L) 从 L 的前面返回一个值，并将其从列表中删除。

❑ pos(i) : int?

pos(i) 返回一个值，用于判断字符串扫描是否在位置 i。

❑ proc(any, i:1) : procedure?

proc(str,i) 生成一个名为 s 的过程，如果 i 为 0，如果有一个同名的内置函数，则会生成名为 s 的内置函数。

❑ pull(L, i:1) : any?

pull(L) 返回 L 的最后一个元素并删除它，可以删除 i 个元素。

❑ push(L, y, ...) : list

push(L,y1, ..., yN) 将一个或多个元素推到列表 L 的前面。

push() 返回其第一个参数，并添加新值。

❑ read(f:&input) : str?

read(f) 输入 f 的下一行，并返回它而不带换行符。

❑ reads(f:&input, i:1) : str?

reads(f, i) 从文件 f 中输入 i 个字节，如果没有更多字节，则失败。reads() 返回可用的输入，即使输入小于 i 字节。当请求 -1 字节时，reads() 返回包含文件中所有剩余字节的字符串。

❑ ready(f:&input, i:0) : str?

ready(f,i) 从文件 f 输入 i 个字节，通常是网络连接。它返回时没有阻塞，如果这意味着可用的字节数少于 i，那也只能这样。当还没有输入时，函数会失败。

❑ real(any) : real?

real(x) 将 x 强制转换为其浮点等效值，当无法强制时，函数会失败。

❑ remove(str) : ?

remove(str) 从文件系统中删除名为 str 的文件。

❑ rename(str1, str2) : ?

rename(str1, str2) 将 str1 文件的名称更改为 str2 文件的名称。

❑ repl(y, i) : x

repl(x, i) 生成 x 的 i 个连接实例。

❑ reverse(y) : y

reverse(y) 生成与 y 相反顺序的列表或字符串。

❑ rmdir(str) : ?

rmdir(str) 删除名为 str 的文件夹，如果无法删除，则失败。

❑ serial(y) : int?

serial(y) 为结构 y 生成一个标识整数，这些数字会在分配结构时分配。每个结构类型使用单独的计数器。标识整数提供了分配每种类型实例的时间顺序。

❑ set(y, ...) : set

set() 分配一个集合，参数为新集合的初始值，列表除外。这里，参数内容是新集合的初始值。

❑ sort(y, i:1) : list

sort() 分配对 y 元素进行排序的列表。当对表进行排序时，键在 i 为 1 或 3 时进行排序，值在 i 为 2 或 4 时进行排序。当 i 为 1 或 2 时，返回列表的元素是二元键值子列表；当 i 为 3 或 4 时，返回列表的元素在键和值之间交替。

❑ stat(f) : record?

stat(f) 生成关于 f 的信息。参数可以是字符串文件名或打开的文件。三个可移植字段是以字节大小衡量的 size、模式访问权限 mode 和最后修改时间 mtime。模式字符串类似于 ls(1) 中的长列表。stat(f) 在没有文件名或路径 f 时失败。

❑ stop(s, ...) :

stop(args) 将其参数写入 &errout，后跟换行符，然后退出程序。

❑ string(any) : str?

string(y) 将 y 强制转换为对应的字符串，当无法转换时，它将失败。

❑ system(x, f:&input, f:&output, f:&errout, s) : int

system(x) 运行作为字符串命令行或命令行参数列表给出的程序，该程序作为单独的进程运行。可选参数提供标准 I/O 文件，返回进程的退出状态。如果第五个参数是 "nowait"，则函数立即返回新的进程 ID，而不是等它完成。

❑ tab(i:0) : str?

tab(i) 将位置 i 分配给 &pos，它在新位置和前位置之间生成子字符串，如果函数继续，则 &pos 关键字将重置为其原来的位置。

❑ table(k, v, ..., x) : table

table(x) 构建一个值默认为 x 的表，table(k, v, ..., x) 通过交替的键和值参数初始化一个表。

❑ trim(str, cs:' ' , i:-1) : str

trim(str, cs, i) 生成 str 的子字符串，其中字符集、cs 的成员从前面（当 i=1 时）、后面（当 i=-1 时）或从前后（当 i=0 时）删除。默认情况下，它会从结尾处删除尾随空格。

❑ type(x) : str

type(x) 以字符串生成 x 的类型。

❑ upto(cs, str, i, j) : int*

upto(cs,str, i,j) 在 str 中生成索引，其中字符集、cs 的成员可以在 str[i:j] 中找到，否则函数失败。

❑ write(s|f, ...) : str|file

write(...) 将一个或多个由换行符附加的字符串参数发送到文件，默认为 &output。write() 函数生成最终参数。

❑ writes(s|f, ...) : str|file

writes(...) 将一个或多个字符串参数发送到文件，默认为 &output。writes() 生成最终参数

A.6 关键字节选

Unicon 有大约 75 个关键字。关键字是以“&”开头并具有预定义含义的全局名称。许多关键字是内置于语言中的常量值，而其他关键字则与内置的特定领域语言工具（如字符串扫描或图形）相关联。本节列出了最重要的关键字，其中许多关键字在本书的示例中出现过：

❑ &clock : str

&clock 只读关键字生成当前时间。

- &cset : cset

&cset 常量关键字表示包含所有内容的字符集。

- &date : str

&date 只读关键字生成当前日期。

- &digits : cset

&digits 常量关键字表示包含 0 到 9 的字符集。

- &errout : file

&errout 常量关键字表示错误输出的标准位置。

- &fail :

&fail 关键字表示一个无法生成结果的表达式。

- &features : str*

&features 只读关键字生成此 Unicon 运行时系统作为字符串执行的操作。例如，如果 Unicon 是用图形设备构建的，则会对其进行汇总。

- &input : file

&input 常量关键字表示输入的标准位置。

- &lcase : cset

&lcase 常量关键字表示包含字母 a 到 z 的字符集。

- &letters : cset

&letters 常量关键字表示包含字母 A 到 Z 和 a 到 z 的字符集。

- &now : int

&now 只读关键字生成自 1970 年 1 月 1 日（格林威治标准时间）以来的秒数。

- &null : null

&null 常量关键字表示任何其他类型之外的值。它是许多语言构造中的默认值，用于尚未初始化或已忽略的对象。

- &output : file

&output 常量关键字表示常规输出的标准位置。

- &pos := int

&pos 关键字是指 &subject 中执行字符串分析的位置。在每个字符串扫描环境中，它从 1 开始，其值始终是 &subject 中的有效索引。

- &subject := str

&subject 关键字是指字符串扫描控制结构中正在分析的字符串。

- &ucase : cset

ucase 常量关键字表示包含字母 A 到 Z 的字符集。

- &version : str

&version 常量关键字以字符串形式报告 Unicon 版本。

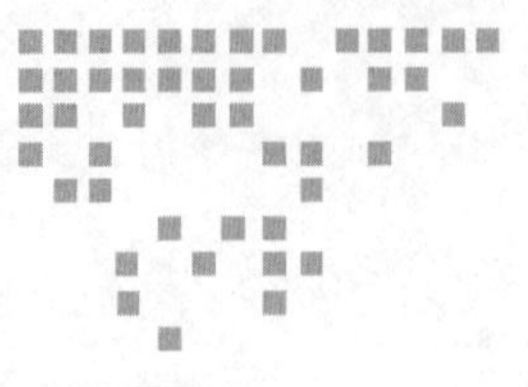

Appendix B 附录 B

部分章节要点

第 1 章

1. 生成 C 程序代码比生成机器代码容易得多，但生成的代码可能比本机代码更大，运行更慢，并且转译器依赖于可一定程度上作为移动目标的底层编译器。
2. 首先是词法、语法和语义分析，然后生成中间和最终代码。
3. 典型的痛点包括输入 / 输出过于困难，尤其是在新型硬件上，还有并发性，以及使程序在许多不同的操作系统和 CPU 上运行。编程语言用来简化输入 / 输出的一个特点是减少了通过一组人类可读格式的字符串与新硬件通信的问题，例如，播放音乐或读取触摸输入。我们通过使用内置线程和监视器的语言简化了并发性问题。可移植性在为其提供高级虚拟机实现的语言中得到了简化。
4. 这取决于你感兴趣的应用领域，但这里有一个。该语言将输入以类似 Java 的语法编写的程序，这些程序存储在扩展名为 `.j0` 的文件中，并以 HTML5+JavaScript 的形式生成在网站上运行的目标代码。该语言将通过 websockets 支持 JDBC 和 socket 通信，并通过 OpenGL 支持 2D 和 3D 图形。该语言将支持用于访问字符串元素和 HashMap 键的直观方括号语法，该语言将在源代码中以 HashMap 文本的形式支持 JSON 语法。

第 2 章

1. 保留字既有助于语言实现的可读性，也有助于解析，但它们有时也会排除程序中变量的最自然名称，保留字过多会使学习编程语言更加困难。
2. 举例来说，C 或 Java 中的整数可以表示为有符号数或无符号数、十进制数、八进制数、十六进制数，甚至二进制数格式，大小可以是小、中、大或超大。

3. 有几种语言实现了分号插入方法，使分号成为可选的。通常，这涉及使用换行符替换分号作为语句终止符或分隔符的角色。
4. 虽然大多数 Java 程序都没有利用这一功能，但将 main() 放在几个（或所有）类中可能在单元测试和集成测试中非常有用。
5. 虽然提供预先打开的输入 / 输出设备是可行的，但它们可能涉及大量资源和初始化成本，除非在程序中使用给定的输入 / 输入设备，否则程序不必为此开销。如果设计的语言专门针对某个领域，并保证了这些形式的输入 / 输出，那么考虑如何使访问尽可能简单是很有意义的。

第 3 章

1. 正则表达式的第一个近似值为 [0-3][0-9]"/"[01][0-9]"/"[0-9]{4}。虽然可以编写只匹配合法日期的正则表达式，但这样的表达式太长了，特别是考虑到闰年。在这种情况下，使用提供正确性最简单近似的正则表达式是有意义的，然后在语义动作或后续语义分析阶段检查其正确性。
2. yylex() 返回一个用于语法分析的整数类别，而 yytext 是一个包含匹配符号的字符串，yylval 保存一个名为标记的对象，该对象包含该词素的所有词法属性。
3. 当正则表达式不返回值时，其匹配的字符将被丢弃，yylex() 函数以新的匹配继续执行，从输入中的下一个字符开始。
4. Flex 会尽可能匹配最长的字符串，它通过选择与最长字符串匹配的表达式来打破多个正则表达式之间的联系。当两个正则表达式在给定的点上匹配相同的长度时，Flex 选择 lex 规范文件中最先出现的正则表达式。

第 4 章

1. 终结符不是由产生式规则根据其他符号定义的，这与非终结符相反，非终结符可以由定义该非终结符的生成规则右侧的符号序列替换或构建。
2. 移进操作从输入中移除当前符号，并将其压入到解析栈。归约操作从解析栈顶部弹出零个或多个与产生式规则右侧匹配的符号，并将产生式规则左侧的相应非终结符压入其位置。
3. yacc 仅在执行归约操作时才给程序员执行一些语义动作代码的机会。
4. 第 3 章中从 yylex() 返回的整数类别正是解析器在解析过程中看到并移进的终结符序列。成功的解析会移进所有可用的输入符号，并逐渐执行归约操作，回到文法的起始非终结符处。

第5章

1. yylex() 词法分析器为返回到 yyparse() 的每个终结符分配一个叶节点，并将其存储在 yylval 中。
2. 当文法中的产生式规则归约时，解析器中的语义动作代码分配一个内部节点，并初始化其子节点，以引用与该产生式规则右侧的符号相对应的叶子和内部节点。
3. yyparse() 维护一个值栈，该值栈在解析过程中与解析栈同步增长和收缩。叶节点和内部节点存储在值栈上，直到它们作为子节点插入包含的内部节点中。
4. 值栈是完全通用的，可以包含任何类型的值。在C语言中，这是使用 union 类型完成的，属于 unsafe 类。在Java中，这是使用 parserVal 类完成的，该类以通用方式包含树节点。在Unicon和其他动态语言中，不需要包装或展开。

第6章

1. 符号表允许在语义分析和代码生成阶段快速查找语法树中远端声明的符号，遵循语言的作用域规则。
2. 综合属性可使用直接位于节点处的信息或从其子节点获得的信息来计算。继承属性使用树中其他位置（例如父节点或兄弟节点）的信息计算。综合属性通常使用语法树的自底向上的后序遍历来计算，而继承属性通常使用前序遍历来计算。这两种属性都存储在添加到节点数据类型的变量中的语法树节点中。
3. Jzero语言为每个成员函数调用一个全局作用域、一个类作用域和一个局部作用域。符号表通常以与语言的作用域规则相对应的树结构组织，子符号表附着于（或关联于）封闭作用域中的相应符号表条目。
4. 如果Jzero允许在单独的文件中有多个类，则符号表需要一种机制来了解所述类。在Java中，这涉及在编译给定文件时的编译时读取其他源文件。这意味着必须在不引用其文件名的情况下轻松找到类，因此Java要求将类放在基名称与类名称相同的文件中。

第7章

1. 类型检查可以发现很多错误，这些错误会阻止程序正确运行。但这也有助于确定需要多少内存来保存变量，以及在执行程序中的各种操作时需要哪些指令。
2. 要表示任意深度的复合结构，需要一种结构类型，包括链表等递归结构。任何给定的程序都只有有限数量的此类类型，因此可以通过将它们放在类型表中来对其进行枚举，并使用整数下标加以表示，但对结构的引用提供了更直接的表示。
3. 如果真实的编译器对每一次成功的类型检查都报告一个OK行，那么非玩具程序在每次编译时都会发出数千次这样的检查，导致很难注意到偶尔出现的错误。

4. 挑剔的类型检查器对程序员来说可能是一件痛苦的事，但它们有助于避免隐藏逻辑错误的意外类型转换，并且还减少了语言运行缓慢的趋势，这一趋势是在程序运行时多次无提示自动转换类型导致的。

第 8 章

1. 对于具体的数组访问，下标运算符的结果是数组的元素类型。对于结构体或类访问，必须使用结构体中的（成员）字段的名称，该名称通过符号表查找或类似方法来确定结果类型。
2. 函数的返回类型可以存储在函数的符号表中，并可从函数体中的任意位置进行查找。一种简单的方法是将返回类型存储在非合法变量名称（例如 `return`）的符号下，另一种方法是将函数的返回类型作为继承属性向下传播到函数体中。这可能相对简单，但似乎在解析树节点中浪费了空间。
3. 通常，加法和减法等运算符具有为其定义的固定数量的操作数和固定数量的类型，这有助于将类型检查规则存储在表或某种 `switch` 语句中。函数调用必须对任意类型的任意数量的参数执行类型检查。函数的参数和返回类型存储在其符号表条目中，其可被查找并用于对调用该函数的每个站点进行类型检查。
4. 除了成员访问之外，当复合类型被创建、赋值、作为参数传递，以及在某些语言中被销毁时，还要进行类型检查。

第 11 章

1. 复杂的指令集需要更多的时间和逻辑来解码，并可能使字节码解释器的实现变得更困难或难以移植。另一方面，最终代码越接近于中间代码，最终代码生成阶段就越简单。
2. 使用硬件地址实现字节码地址可以为你提供希望的最佳性能，但这可能会使实现更容易受到内存安全和安全问题的影响。使用字节数组内的偏移量实现地址的字节码解释器可能会发现其内存问题较少，性能可能是问题，也可能不是问题。
3. 一些字节码解释器可能受益于在运行时修改代码的能力。例如，使用字节偏移信息链接的字节码可以转换为使用指针的代码，不可变的代码使这种自我修改行为更加困难或不可能。

第 12 章

1. 多操作数指令的操作数通过压入指令压入栈。实际操作计算出结果，该结果通过 `pop` 指令存储到内存中。

2. 我们构造了将每个标签映射到字节偏移 120 的表。在标签的表条目存在之后遇到的标签的使用被值 120 简单地替换。在表条目存在之前遇到的标签的使用是正向引用，该表必须包含一个前向引用的链接列表，当遇到标签时，这些前向引用被回填。
3. 在 Jzero 字节码栈机上，操作数可能已经在栈上，PARM 指令可能是冗余的，从而允许进行实质性的优化。此外，在 Jzero 机器上，函数调用序列调用要在操作数之前压入的方法的引用 / 地址。这与三地址中间代码中使用的调用约定大不相同。
4. 我们不会在对象实例上调用静态方法。对于没有参数的静态方法，你需要在 CALL 指令中压入过程地址，因为它前面没有 PARM 指令。
5. 如果你确定对嵌套调用的三地址代码实际上会导致嵌套的 PARM...CALL 序列，那么你需要 PARM 指令栈来加以管理，并且仔细搜索正确的 CALL 指令，跳过嵌套的 CALL 指令，这些指令的 PARM 指令数位于栈中搜索的 PARM 指令之后。玩得开心！

第 13 章

1. 本机代码中有许多新概念，包括多种类型和大小各不相同的寄存器，以及主存储器访问模式。从许多可能的底层指令序列中进行选择也很重要。
2. 即使在需要运行时添加的情况下，作为相对于指令指针的偏移量存储的地址可能更紧凑，并且可以利用流水线架构中的指令预取，以提供比使用绝对地址指定全局变量更快的访问。
3. 函数调用速度很重要，因为现代软件通常由许多被频繁调用的微小函数组织而成。如果函数利用在寄存器中传递前六个参数的优势，x64 架构将执行快速函数调用。x64 架构的几个方面特征似乎有可能降低执行速度，例如需要在调用前后将大量寄存器保存并还原到内存中。

第 14 章

1. 虽然库很好，但其也有缺点。与内置在语言中的功能相比，库往往存在更多的版本兼容性问题。库无法提供一种简洁易读的内置符号。最后，库不适合与新的控制结构交互，以支持新的应用领域。
2. 如果新计算只需要一个或两个参数，在域中的典型应用程序中多次出现，并且计算出一个没有副作用的新值，那么这就是一个很好的运算符。运算符被限制为两个操作数，最多三个，否则，与函数相比，它不具备可读性优势。
3. 最终，我们必须阅读 Java 语言发明人编写的书籍，以了解他们给出的理由，但其中一个答案可能是 Java 设计者希望将字符串用作类，并决定为了引用透明性问题，类不能自由实现运算符。

第 15 章

1. 非常高级和领域特定语言中的控制结构最好比 `if` 语句和循环强大得多，否则，程序员最好只用主流语言编写代码。
2. 我们提供了一些示例，其中控制结构为 0 参数提供默认值，或确保打开的资源随后关闭。领域特定的控制结构当然可以提供额外的高级语义，例如执行领域特定的输入 / 输出操作，或者以在主流控制流的上下文中难以实现的方式访问专用硬件。
3. 应用领域包括字符串分析。也许有些额外的运算符或内置函数可以提高 Unicon 对字符串分析的表达能力。你能想到可以添加到六字符串分析函数或两个位置移动函数的候选函数吗？你可以很容易地在常见的 Icon 或 Unicon 应用程序上运行一些统计信息，并发现 `tab()` 或 `move()` 以及六字符串分析函数的组合在代码中出现频率最高，并且除了 `tab(match())` 之外，还可以成为运算符。我怀疑 `tab(match())` 是最常见的。但是请注意：如果你添加了太多的原语，则会使控制结构更难学习和掌握。此外，该控制结构的思想可以应用于其他序列数据的分析，例如数值或对象实例值的数组 / 列表。
4. 将尽可能多的附加语义绑定到域控制结构中可以使代码更简洁。然而，如果大量的 `wsection` 构造不基于分层 3D 模型，也不使用 `PushMatrix()` 和 `PopMatrix()` 的内置功能，那么将其绑定到 `wsection` 中可能会不必要地降低构造的执行速度。

第 16 章

1. 在检查值是限定符还是指针之前，可以修改 `PostDescrip()` 宏以检查空值。这种检查是否能自我支付开销取决于按位 AND 运算符的成本，以及在这些检查期间遇到的不同类型数据的实际频率，这些频率可以被测量，但可能会因应用而异。
2. 如果每个类的类型都有自己的堆区域，那么实例就不需要跟踪它们的大小，这可能会为具有许多小实例的类节省内存成本。释放的垃圾实例可以在链接列表上进行管理，并与标记清理收集进行比较，并且实例可能永远不需要移动或更新指针，从而简化垃圾收集。另一方面，某些程序运行可能只使用少数几个不同的类，为这些类分配一个专用的堆区域可能是一种浪费。
3. 虽然在垃圾收集期间不移动数据可能会节省一些时间，但随着时间的推移，大量内存可能会因碎片化而丢失。小块空闲内存可能会无法使用，因为稍后的内存分配请求需要更大的内存量。

推荐阅读

现代CPU性能分析与优化

我们生活在充满数据的世界，每日都会生成大量数据。日益频繁的信息交换催生了人们对快速软件和快速硬件的需求。遗憾的是，现代CPU无法像以往那样在单核性能方面有很大的提高。以往40多年来，性能调优变得越来越重要，软件调优是未来提高性能的关键因素之一。作为软件开发者，我们必须能够优化自己的应用程序代码。

本书融合了谷歌、Facebook等多位行业专家的知识，是从事性能关键型应用程序开发和系统底层优化的技术人员必备的参考书，可以帮助开发者理解所开发的应用程序的性能表现，学会寻找并去除低效代码。

推荐阅读

C++20代码整洁之道：可持续软件开发模式实践（原书第2版）

作者：[德] 斯蒂芬·罗斯（Stephan Roth） 译者：连少华 李国诚 吴毓龙 谢郑逸 ISBN：978-7-111-72526-8

资深C++工程师20余年实践经验分享，助你掌握高效的现代C++编程法则

畅销书升级版，全面更新至C++20

既适用于“绿地项目”，又适用于“棕地项目”

内容简介

本书全面更新至C++20,介绍C++20代码整洁之道，以及如何使用现代C++编写可维护、可扩展且可持久的软件，旨在帮助C++开发人员编写可理解的、灵活的、可维护的高效C++代码。本书涵盖了单元测试、整洁代码的基本原则、整洁代码的基本规范、现代C++的高级概念、模块化编程、函数式编程、测试驱动开发和经典的设计模式与习惯用法等多个主题，通过示例展示了如何编写可理解的、灵活的、可维护的和高效的C++代码。本书适合具有一定C++编程基础、旨在提高开发整洁代码的能力的开发人员阅读。